先进制造技术

主编　王　磊

参编　王晓云　徐九龙　李兴山

机械工业出版社

本书讲述了新时代先进制造技术的研究内容和关键技术，全书共 6 章，主要介绍了先进制造技术发展与概述、现代设计技术、先进制造工艺技术、先进制造自动化技术、先进制造模式、现代制造管理技术等。本书针对现有内容进行精简，对结构进行编排、调整，突出先进制造技术研究的热点和关键问题，使新技术在编写内容中得到体现。各章涉及各知识点皆利用工程实例进行了分析和介绍，这些工程实例应用都以工程实践为主，体现了培养应用型人才的特点。

本书可作为高等院校机械工程及自动化、机械电子工程、机械设计及自动化等专业的教材，也可供相关工程技术人员参考。

图书在版编目（CIP）数据

先进制造技术/王磊主编. —北京：机械工业出版社，2024.2
ISBN 978-7-111-75086-4

Ⅰ.①先… Ⅱ.①王… Ⅲ.①机械制造工艺 Ⅳ.①TH16

中国国家版本馆 CIP 数据核字（2024）第 041612 号

机械工业出版社（北京市百万庄大街 22 号 邮政编码 100037）
策划编辑：侯宪国　　　　　　　责任编辑：侯宪国
责任校对：杨　霞　张　征　　　封面设计：马若濛
责任印制：郜　敏
中煤（北京）印务有限公司印刷
2024 年 5 月第 1 版第 1 次印刷
184mm×260mm · 15.25 印张 · 394 千字
标准书号：ISBN 978-7-111-75086-4
定价：49.80 元

电话服务　　　　　　　　　　　网络服务
客服电话：010-88361066　　　机 工 官 网：www.cmpbook.com
　　　　　010-88379833　　　机 工 官 博：weibo.com/cmp1952
　　　　　010-68326294　　　金 书 网：www.golden-book.com
封底无防伪标均为盗版　　　机工教育服务网：www.cmpedu.com

前　言

制造业是国民经济的主体，是技术创新的主战场。近年来，全球先进制造业快速发展，实现制造业的先进性、高端化和智能化，智能技术改造和传统行业升级是制造业领先的先决条件。

先进制造技术涉及内容广泛，学科跨度大，随着以信息物联网、服务互联网与制造业的融合创新，制造技术的先进性和颠覆性突破越来越重要，其领域包括智慧和数字制造、工业机器人、人工智能、高性能材料、增材制造、电子器件、生物、医疗、农业、食品等方方面面。

本书以先进制造科学与技术理论为基础，重点对制造领域内的数控技术、自动装配技术、工业机器人及其他机器人、精密和高速加工技术、增材制造技术、柔性制造、智能物流、智能制造技术、现代管理技术等进行了介绍、使机械及相关学科的学生能全面，系统地认识先进制造技术及发展。本书针对现有内容进行精简，对结构进行编排、调整，突出先进制造技术研究的热点和关键问题，对新技术的发展进行内容补充或替代，使新技术在编写内容中得到体现。为开阔专业视野，掌握制造技术的最新发展，本书章节编写突出以工程实践为主的实例应用，通过工程实例展示先进制造技术涉及知识点的前沿性、综合性和交叉性，突出培养应用型人才的特点。

本书由沈阳理工大学王磊教授、王晓云副教授、徐九龙讲师、李兴山教授编写。第1章和第2章中2.1~2.3和第4章中4.1、4.2.1、4.2.2、4.2.4、4.2.5、4.3~4.6由王磊编写，第3章中3.1~3.3、3.5~3.6和第5章由王晓云编写，第2章2.4~2.6和第3章中3.4和第6章由徐九龙编写，第4章中4.2.3由李兴山编写，全书由王磊进行统稿。

本书在编写时参考了相关同类教材，同行的最新期刊论文，对这些教材、期刊的作者表示诚挚的感谢，同时对给予本书出版大力支持的沈阳理工大学教务处和沈阳理工大学机械工程学院、装备工程学院深表感谢。

由于编者水平有限，本书难免有遗漏和错误之处，恳请读者批评指正。

编　者

目　录

第1章　先进制造技术发展与概述

改革开放以来，我国制造业技术不断发展，多年持续保持世界第一制造大国地位，我国综合国力大幅度提升，全民也由基本温饱进入小康社会，迈入了"新时代"。这一切靠的就是制造业，未来继续强大仍然需要靠先进的制造业。对于我国这样一个人口大国来说，过去、现在、将来制造业都是国之根本。

在通信、航空航天、智能手机、轨道交通、核电等领域，中国先进制造的实力全球领先；在家电、半导体、汽车等领域，中国制造也拥有强大竞争力。综合来看，中国在先进制造领域的综合实力相比于美国、日本、德国等少数先进国家，差距在逐渐缩小。

1.1　新时代的先进制造技术及特点

1.1.1　制造、制造系统和制造业

1. 制造

制造是通过人的生产活动，将原材料或半成品经加工和装配后形成最终产品的过程，把其看成是一个输入输出系统，其输入是生产要素，输出是具有使用价值的产品。

传统上，制造过程包括毛坯制作、零件加工、检验、装配、包装、运输等，其核心是通过制造技术使物料形态按照预先设定来达到预期的目标。在信息时代，制造的概念已有所变化，制造过程包括市场分析、经营决策、工程设计、加工装配、质量控制、生产管理、市场营销直至产品报废的产品生命周期的全过程。

2. 制造系统

关于制造系统的定义，至今还未统一，目前仍在发展和完善之中。一般以国际生产工程学会及世界学者和工程专家等较权威的定义为参考，制造系统是制造过程及其所涉及的硬件、软件和人员所组成的一个将制造资源转变为成品或半成品的输入/输出系统，它涉及产品生命周期（包括市场分析、产品设计、工艺规划、加工过程、装配、运输、产品销售、售后服务及回收处理等）的全过程或部分环节。

综上，可将制造系统从结构、功能、过程方面进行定义。

（1）制造系统的结构定义　制造系统是制造过程中所涉及的硬件（包括人员、设备、物料流等）及其相关软件所组成的一个统一整体。

（2）制造系统的功能定义　制造系统是一个将制造资源（原材料、能源等）转变为成品或半成品的输入/输出系统。

（3）制造系统的过程定义　制造系统可看成是制造生产的运行过程，包括市场分析、产品设计、工艺规划、制造实施、检验出厂、产品销售等各个环节的制造全过程。

3. 制造业

制造业是所有与制造活动有关的实体或企业机构的总称，是将可用资源与能源通过制造过程，转化为可供人和社会使用和利用的工业产品或生活消费品的行业，它涉及国民经济的各个领域，如机械、电子、轻工、食品、石油、化工、能源、交通和航空航天等。制造业是满足人类及各经济主体物质需要的支柱产业，是一个国家经济发展的主要动力和重要支柱。在工业文明时代，决定国家命运的是工业化水平，其核心是制造业水平。

制造业门类涉及电气、机械、仪器仪表、食品、医药、金属等。制造是指经物理变化或化学变化后成了新的产品，不论是动力机械制造，还是手工制作；也不论产品是批发销售，还是零售。

1.1.2 全球制造业现状与发展

近年来，全球先进制造业快速发展。

制造业第一群体以美国为核心，包括日本、德国、法国、英国、瑞典、瑞士等，总体看，这些国家处于制造业全球价值链的上游环节，依靠先进制造技术的领先创新优势，以及关键核心技术设备与零部件的垄断优势，获得了较高的全球价值链收益分配主控权，并借此实现了远高于全球平均水平的增加值率。其中，美国、日本和德国作为全球制造业技术创新的引领者和核心技术拥有者，比全球平均增加值率高 10%，由此获取的超额利润占全球制造业增加值的 6%以上。

制造业第二群体以中国为核心，包括印度、巴西、马来西亚、越南，新加坡等。过去十多年中，这一群体国家更多地突出了产业规模的快速扩张，依靠规模经济和生产效率的持续提升，通过大进大出地承接全球制造业的中低端生产能力，建立自身的产业优势，并获得相应的发展机遇。

制造业第三群体包括韩国、意大利、墨西哥、俄罗斯、西班牙、加拿大等，产业规模较小，总体在制造业全球价值链上处于链接第一群体和第二群体的过渡地带，并依托相对先进的制造能力，发挥着承上启下的作用。

概括来说，全球制造业发展中，美德英在其工业战略中都强调了第四次产业革命带来的机会和挑战；占据第四次产业革命的制高点，是维持美德英在制造业全球领先地位的先决条件。近年来，美德英都强调"再工业化"及制造业回流，但是这些制造业回流不是简单的对传统制造业的保护或回归，而是实现制造业的先进性、高端化和智能化，用智能技术改造和升级传统行业。在技术领域，美德英三国所重视的颠覆性技术较为一致，这些颠覆性技术也体现了当前国际社会最关注的前沿技术。美国在其工业战略中提到的重点发展的领域包括智慧和数字制造、工业机器人、人工智能、高性能材料、增材制造、电子器件、生物、医疗、农业、食品等方面。

美德英三国的工业战略目标既具有共同点，也具有不同的侧重点。三国工业战略目标的共同点为：都强调制造业在国民经济中的地位和比重；维护本国在国际制造业中的领先地位；提高制造业的就业规模和收入，使制造业成为解决就业和地区繁荣的基础。但是三国目标的侧重点仍有不同。相对来讲，美国更强调制造业为美国军事工业服务，重视制造业供应链的安全性；而德国强调制造业在国民经济中的比重，强调制造业的先进性和全行业性；英国则强调制造业的创新能力以及最终的获利能力。美德英三国的工业战略总体目标见表 1-1。

表 1-1　美德英三国的工业战略总体目标

项目	美国	德国	英国
总体目标	实现美国在各工业行业保持先进制造业的领导力,确保国家安全和经济繁荣	第一,维持和获得在欧洲和全球相关领域的经济和技术能力、竞争力和工业领导力;第二,增强德国的整体经济力量、工作岗位和经济繁荣	不断提升英国的劳动生产率和盈利能力,到 2030 年发展成世界上最具创新力的国家
实施途径	第一,发展和推广新制造技术,使美国在未来的新技术领域获得领先地位;第二,培育先进制造业所需要的劳动力;第三,扩展国内制造业供应链的能力,实现美国在制造业和国防工业中全产业链模式,实现在美国生产、在美国购买和在美国本土拥有完整的供应链	第一,提高制造业比重,到 2030 年德国和欧盟工业在各自总附加值中的比例分别提高到 25% 和 20%;第二,遵守市场经济原则;第三,在全球范围捍卫多边主义的全球贸易体系和社会市场经济原则	第一,使英国成为世界最具创新力的经济体;第二,成为能提供大量高质量和高收入岗位的经济体;第三,提升英国的基础设施;第四,成为企业创业和发展的最佳场所

美德英三国在其工业战略中都对各自存在的主要问题进行了反思。总体而言,美国的主要问题是金融业严重挤压制造业,制造业在国民经济中的比重急剧下降,影响到了美国的工业基础和军事工业基础;德国的主要问题是信息技术这一关键领域落后,影响德国"工业4.0"战略的发展;英国的主要问题是企业竞争力严重不平衡,只有少数头部企业具有国际竞争力,大量中小企业竞争力落后,影响了英国的整体竞争力。美德英三国政策措施比较见表 1-2。

表 1-2　美德英三国政策措施比较

政策领域	共同点	差异点
技术领域	三国都将颠覆性技术作为突破重点,并强调全方位、全覆盖、无短板的技术突破	美国强调制定技术标准、数据安全、网络安全和保护知识产权等软性措施;德国更多地从维护市场条件入手;英国更多地侧重于初创企业的融投资领域
产业领域	三国都重视提升制造业在国民经济中的比重、再工业化;三国都重视在本国或本地区构建封闭的制造业或先进制造业领域的产业链、价值链、服务链和供应链;三国都重视国家对制造业的投入和扶持	美国主要采取政府采购,将国家实验室的科技成果转移给中小企业方式;德国通过国家参股和国家参与制的方式打造巨型企业;英国主要利用国家资金,赞助成立各类研究中心、孵化中心和中小企业发展中心等
基础设施领域	三国都强调智慧基础设施建设	美国主要强调智慧基础设施中的软件因素;德国主要强调构建智慧基础设施中的平台建设;英国主要强调构建智慧基础设施需要的硬件设施,包括 5G 和全光纤铺设等

世界制造业格局面临重大调整,新一轮科技革命和产业变革深入推进,逆全球化思潮开始涌现,全球制造业竞争格局面临重大调整,全球价值链重构已经拉开序幕。相对于传统制造技术,先进制造及其技术新时期的发展特点与发展方向如下:

1) 在制造的生产规模上,多品种变批量的发展;在生产方式上,呈现知识密集型变化;在制造装备方面,体现为柔性自动线向智能自动化的发展;在制造技术和工艺方法上,重视辅助工序,工艺装备和集工艺方法、工艺装备和工艺材料为一体的成套技术,重视物流、检验、包装及储藏,使制造技术成为覆盖加工全过程的综合技术,涉及产品设计、生产准备、加工装配、销售服务甚至回收再生的全生命周期的所有技术;在管理技术上,强调系统化及其技术和管理的集成,将技术和管理有机地结合在一起,引入先进的管理模式,使制造技术及制造过程成为覆盖整个产品的生命周期。

2) 学科交叉、知识技术融合,使制造业知识技术含量迅速提高。以微电子、信息(计算机与通信、控制理论、人工智能等)、新材料、系统科学为代表的新一代工程科学与技术的迅猛发展及其在制造领域中的广泛渗透、应用和衍生，极大地拓展了制造活动的深度和广度，急剧地改变了现代制造业的设计方法、产品结构、生产方式、生产工艺和设备、生产组织结构，产生了一大批新的制造技术和制造模式。

3）日趋严格的环境与资源的约束，日益增长的环保压力，强调优质、高效、低耗、清洁、灵活生产，使绿色制造业显得越来越重要，是新时期先进制造技术的重要特征，与此相应，绿色制造技术也将获得快速的发展，实现低耗、清洁、可持续发展。

4）除了生产过程中的物质流和能量流，信息技术还促进着设计技术的现代化，加工制造的精密化、快速化，自动化技术的柔性化、智能化，整个制造过程的网络化、全球化。采用计算机技术、信息技术、传感技术、自动化技术以及先进管理技术等，使先进制造技术成为一个能够驾驭生产过程中的物质流、信息流和能量流的系统工程。

5）先进制造技术内涵扩大，先进制造技术涵盖产品生产整个生命周期的各个环节，最重要的特征是包括了生产体系和经营策略，也可以说这一点是先进制造技术与传统制造技术显著区别之一。

6）先进制造技术是动态发展，不断更新的技术。先进制造技术的特点之一就是要不断吸收各相关技术的突破性发展和创新性成就并融合于自身之中，先进制造技术在其发展过程中更为鲜明和突出。

7）制造国际化是发展的必然趋势。制造企业在世界范围内的重组与集成，制造技术信息和知识的协调、合作与共享，全球制造的体系结构、制造产品及市场的分布及协调等，这些都是制造国际化体现。先进制造技术的竞争正在导致制造业在全球范围内的重新分布和组合，新的制造模式将不断出现，更加强调实现优质、高效、低耗、清洁、灵活的生产。

1.1.3　中国制造业的现状与发展

改革开放以来，中国制造业在国际市场上占有独特的地位，取得了长足进步。从装备来看，我国的一些制造装备已经处于世界领先或者先进水平，高端装备在重点领域取得了全面突破，实现了从主要依赖进口到基本自主化的跨越。然而，中国只能算是制造业大国而非制造业强国。与先进制造业强国相比，中国工业既不具备德国工业的雄厚基础，也没有美国工业的先进技术，工业发展还处于2.0和3.0并行的阶段。为了发挥互联网在生产要素中的优化配置作用，将其创新成果广泛应用于社会经济的各个领域。2015年5月国务院印发了《中国制造2025》，这一纲领描绘了中国实现2.0到4.0的跨越发展、中国制造由大到强的宏伟蓝图。

目前，中国制造业在产业规模上具有明显优势，但在质量效益、产业结构、可持续发展方面与发达国家还有较大差距。从生产要素的投入、组织过程和最终产品来看，中国制造业与德国等发达国家的差距还很明显。中国制造业规模庞大，出口商品数量多，全球市场覆盖率大。但中国制造的商品大多依靠低价劳动和矿产资源获得竞争优势，缺乏核心竞争力。近年来，中国劳动力成本逐渐上升，环境污染加重，加上印度、朝鲜等自然资源、劳动力成本等优势的突显，以及发达国家制造业回流，"再工业化"的实施让西方国家加速发展高端产业，并向全球产业价值链高端迅速转移，中国制造业在出口方面面临巨大挑战。中国部分高端制造业处于世界领先地位，但是保持并发展其地位又需要大量资金以及行业尖端技术的支持。因此，中国制造业转型升级的核心是关键技术的创新。

长期以来，在全球化的大背景下，很多中国企业已经习惯了在国内解决不了的配套问题就通过全球采购、全球配套来解决。我国制造业仍面临一个严重的问题，那就是制造业所需要的一些关键零部件、基础材料等不是国产的，仍然依赖进口。现在我国制造业依赖进口严重的诸如集成电路及其专用制造装备、操作系统和工业软件、航空发动机等，这些都是《中国制造2025》的发展重点。对这些关键技术、产品，需要集全国之力，尽快攻克。只有攻克了"卡脖子"的技术难关，中国制造业才能打造安全可控的产业链。

另外，目前中国制造业智能化生产水平还较低，如图1-1所示为2019—2022年各国每万人拥有工业机器人数量对比表，可以看出，与发达国家相比，中国每万人拥有工业机器人数量较低，但近年增长较快，在人工成本上升与设备成本下降双重影响下，机器代人的优势会不断凸显，推动自动化行业发展，从而使高增长率发展趋势得以延续。

从智能生产、智慧物流、智慧会展、智慧零售四方面来看，虽然中国传统制造业质量不高，

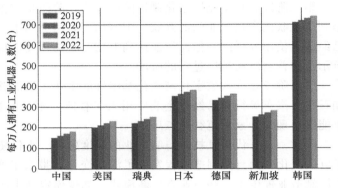

图1-1　2019—2022年各国每万人拥有工业机器人数量对比

能力不够的缺点短时间内不会有很大的提高，但是还是有很多机遇可以抓住，从而结合自身状况加速转型升级。一方面，政府的强力助推给传统制造业提供了强有力的保障，帮助企业逐渐实现经济增长；另一方面，中国早在2013年就超越美国成为世界上最大的贸易国。面对如此庞大的产业基数，对于传统制造业的转型升级是一个巨大的挑战，但是正基于此，中国制造业才拥有着更多的机遇，有着更多的尝试，可以积累更多的经验，向世界制造强国迈进。

目前，中国制造业有以下特点：

1）中国已经拥有完整的制造体系。传统制造业、高技术制造业均得到了迅速发展，能够适应低端、中端、高端不同的需求。各个细分行业的产业链已经形成，抗风险的韧性很强。

2）中国劳动力成本的优势仍将长期保持，中国劳动力成本还有一定的优势，而且中国的劳动力性价比较高，吃苦耐劳，素质高。

3）中国有超大规模的国内市场需求。2019年中国人均GDP超过1万美元，进入到中等收入国家的上层，并具有4亿多的中产阶级。因此，国内市场需求在不断升级。中国已经形成低、中、高端需求并举的局面，这就拥有了超大规模、多元化的市场需求。

4）中国对全球产业链有影响力的特大企业将会越来越多，在世界500强中的占比也会越来越大。中国企业越来越重视创新能力的提高，中国的制造业正在从过去的技术引进、消化吸收、再创新，即跟随式的创新，开始向自主创新、原始创新转变。现在中国制造业已经有通信设备、轨道交通装备、输变电装备、纺织、家电五个产业居于世界领先地位，这是体现中国创新能力不断提高的重要标志。

5）制造业是国民经济的主体，是技术创新的主战场。中国制造业已经迈入高质量发展阶段，但是制造业低端产能严重过剩与中高端产品供给能力严重不足，企业投资信心不强、有效投资疲软的矛盾日益突出。2012年，国家发展改革委、财政部、工业和信息化部办公厅印发《关于组织实施2012年智能制造装备发展专项的通知》，提出加快智能制造装备的创新发展和产业化，推动制造业转型升级；2015年，国务院发布《中国制造2025》，提出

制造强国战略，为此要抓好五大工程，智能制造是其中之一。《中国制造2025》的出台，使智能制造"热潮"蔓延至全国。

中国的智能制造发展可以分为三个阶段：

第一阶段是数字化制造阶段。企业大量采用数字化装备，制造过程采用传感器采集大量信息，并对信息进行分析。目前，数字化制造在中国制造业已经得到普及。

第二阶段是数字化网络化制造阶段。第一阶段是在企业内部实现数字化，而第二阶段则是利用互联网实现企业间的互联。中国的互联网应用水平位于世界前列，中国的制造业企业已经普遍使用互联网，但还没能达到万物互联的程度。目前，数字化网络化制造已进入从试点示范向普遍应用推广过渡的阶段。

第三阶段是少数数字化网络化基础好的企业已经能够向更高层面的智能化制造迈进。比如石化、汽车等行业已经有企业应用人工智能技术，向真正的智能制造发展。预计到2025年能够呈现几十家示范智能工厂。

同时，新一代信息技术与制造业的深度融合，不仅使产品的功能、性能和使用价值发生了巨大变化，而且使制造过程发生了深刻变化，带来了产业模式、产业形态的革命性变化，中国制造业催生了一些新业态、新模式，如规模定制生产、远程运维服务、共享制造等。但目前，我国智能制造发展得还不是很均衡，呈现出地区差异大和行业差异大的格局。从地区来看，上海、苏州、宁波、东莞、长沙等城市发展较好，数字化制造已经全面推广，数字化网络化制造正在积极开展；南京、镇江、常州、无锡等城市在一些重点行业开展数字化网络化试点示范；成都、重庆、西安等城市只在重点企业推广数字化、网络化；还有些地区处于起步阶段。

1.2 先进制造技术的内涵与体系结构

1.2.1 先进制造技术的内涵和特点

先进制造技术（Advanced Manufacturing Technology-AMT）是为了适应时代要求和提高竞争力，对制造技术不断优化而形成的。它是传统制造技术、信息技术、计算机技术、自动化技术与管理技术等多个技术的融合，并应用于制造工程之中所形成的一个学科体系。

通过对先进制造技术发展历程及其特征的分析研究，可以认为：先进制造技术是在吸收机械、电子、信息、自动化、能源、材料以及管理等众多技术成果的基础上，并将其综合应用于产品设计、制造、检测、管理、销售、使用、服务的制造全过程，以实现优质、高效、低耗、清洁、灵活的生产，提高对动态多变市场的适应能力和竞争能力的制造技术的总称。

根据美国总统科技咨询委员会的定义，先进制造是一系列活动的融合，主要表现有：

1）依赖于信息技术、自动化技术、计算机、软件、传感器和网络技术的使用和合作。

2）使用尖端材料和基于纳米技术、化学实验、生物科技等带来的新兴能力。新兴制造既包括现存产品新的生产方式，也包括使用新的先进技术生产新的产品。

3）先进制造包括了生产制造的方方面面，包括通过生产工序的创新和供应链管理的创新，以快速响应消费者的需求。随着制造业的先进化发展，借助于信息科技、建模和仿真技术，制造业生产逐渐朝着知识密集型方向转变。先进制造企业也关注环境的可持续性，通过改善生产方式减少资源浪费。在经济全球化背景下，先进制造业被誉为"人类首席产业"，先进制造业的实质就是通过信息化、智能化和数字化创新改造，打造制造业未来竞争力。

先进制造业的特点主要有：

1）先进制造业是制造业发展的高级阶段，它既包括对传统制造业的技术改造，又包括基于新技术的潜在新兴产业。

2）先进制造业的先进性体现在采纳先进的生产技术，例如使用先进传感器、增材制造（3D打印）、工业机器人、智能化工厂等。

3）先进制造业重视客户体验并对消费需求的变动做出快速反应。

4）先进制造业重视技术创新和可持续发展。

1.2.2　先进制造技术的体系结构

现在普遍被人们接受的先进制造技术的定义是：先进制造技术是以人为主体，以计算机为重要工具，不断吸收机械、光学、电子、信息（计算机和通信、控制理论、人工智能等）、材料、环保、生物以及现代系统管理等最新科技成果，涵盖产品生产整个生命周期的各个环节的先进工程技术的总称。先进制造技术是面向包括机械制造、电子产品制造、材料制造、石油、化工、冶金以及民用消费品制造等在内的大制造业。它以提高对动态多变的产品市场的适应竞争能力为中心，以实现优质、灵活、高效、清洁生产和提供优质、快捷服务，取得理想经济效益为目标。在不同国家、不同发展阶段，先进制造技术有不同的技术内容和结构体系。美国联邦科学、工程和技术协调委员会（FCCSET）提出了三位一体的先进制造技术体系结构（见图1-2），美国机械科学研究院（AMST）提出的是三层次体系结构，其描述如下：

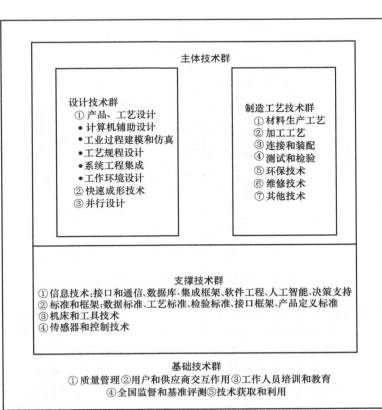

图1-2　FCCSET 先进制造技术体系结构

FCCSET 将先进制造技术分为主体技术群、支撑技术群和基础技术群三大组成部分。这三个技术群相互独立，又相互联系，组成了一个完整的体系。其中，主体技术群是先进制造技术的核心，包含了设计与制造工艺两个子技术群；支撑技术群包含了诸如接口通信、决策支持、人工智能、数据库等技术，它是主体技术群赖以生存并不断取得发展的相关技术；基础技术群中的相关技术是使先进制造技术适用于具体企业的应用环境，是先进制造技术赖以生长的机制和土壤。

FCCSET 体系结构从宏观的角度描述了先进制造技术的结构组成以及各组成部分在制造过程中的作用。由此定义，可以得出如下几个要点。

1）强调学科交叉和技术融合与信息（计算机与通信、控制理论、人工智能等）技术的集成，是制造技术发展成为先进制造技术最核心、最关键的一环。物质、能量和信息是构成制造产业的三要素，而信息是最活跃的驱动因素。

2）材料的转变是最根本的特征，无论如何发展，如何与新技术相结合，从制造技术的科学价值和社会价值上来说，将材料"转变"为有用物品的工艺过程始终是第一性。

3）先进制造技术的内涵扩大，先进制造技术涵盖产品生产的整个生命周期的各个环节；先进制造技术是动态发展、不断更新的技术，它不断吸收各相关技术的突破性发展和创新性成就并融合于自身之中。

在先进制造技术分类中，美国机械科学研究院（AMST）所提出的先进制造技术体系结构受到普遍认可，它将先进制造技术划分为基础制造技术层、新型制造单元技术层与系统集成技术层等三大层次，如图 1-3 所示。

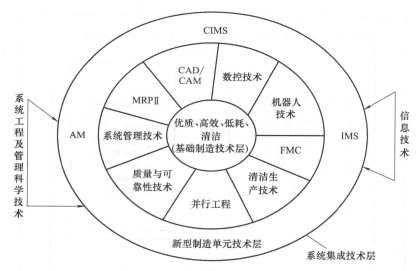

图 1-3　AMST 先进制造技术体系结构

1）面向基础制造技术层，以材料受迫成形工艺技术、超精密加工技术、高速加工技术为代表的通用性技术，在机械加工、铸造、锻压、焊接、热处理、表面保护等领域保证制造系统高效、低耗、清洁地进行生产，它是先进制造技术的基础和核心。

2）新型制造单元技术层，强调现代科学成果与传统制造技术相结合，以增材制造技术、微纳制造技术、再制造技术、仿生制造技术、工业机器人、数控机床、计算机辅助设计技术为代表。这些单元制造技术大大提高了不同领域、不同生产过程的自动化程度，简化了生产过程，提高了生产效率，降低了资源消耗。

3）系统集成技术层，主要应用信息技术、网络通信技术以及系统工程及管理科学技术将独立的单元制造技术进行有效集成，以 ERP（企业资源计划）系统为代表，将一个个单元制造技术进行有效的集成，形成大制造系统，发挥了制造系统最大的综合效益。

1.3　先进制造系统的关键技术及发展趋势

全球工业革命先后经历了以蒸汽机、电气和信息技术为代表的三次变革，目前正迈入以人工智能、机器人技术、虚拟现实、量子信息技术、可控核聚变、清洁能源以及生物技术等先进制造技术为代表的第四次工业革命时代，四次工业革命的变迁如图 1-4 所示。

在全球化市场中，先进制造技术已成为一个国家制造业的核心竞争力。世界各国纷纷把先进制造技术提升到国家发展战略计划中，美国提出工业互联网，主旨在于通过信息技术重塑工业结构，激活产业活力。通过创新来促进产业升级或创造新的高技术产业。德国部署"工业4.0"，侧重于借助信息产业将原有的先进工业模式智能化和虚拟化。日本政府提出了"社会5.0"概念，强调科技创新服务于人类社会变革的重要作用，并要先于世界其他国家实现"超智慧社会"。

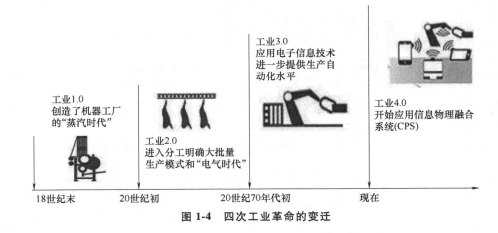

图 1-4　四次工业革命的变迁

1.3.1　先进制造系统的关键技术

纵观美国、德国、英国等世界先进制造的强国，在技术领域，紧紧抓住第四次工业革命先机，实现颠覆性技术的全领域、全方位、全覆盖、无短板式的突破，而不是局部性或单一性技术的突破。

美德英发展的突破技术包括所有重要领域，涵盖数字技术、制造技术、材料技术、生物技术、医疗技术、外空技术等方面。由于第四次产业革命以人工智能技术为主，并配合其他领域的新技术，单一技术的突破已经很难适应未来发展的需要，任何一个技术领域的缺失都会影响其他技术的突破，因此，技术突破和研发必须本着全方位、无短板的原则进行。美德英发展的突破技术见表 1-3。

未来新兴市场将由多种技术共同驱动，包括智能制造和数字制造系统、工业机器人、人工智能、增材制造、高性能材料、半导体和混合电子、光子学、先进纺织品、生物制造、食品和农业制造等，尤其高性能材料对于开发新产品以及国家和经济安全至关重要。

根据 AMST 提出的三层次体系结构，将先进制造技术分为计算机辅助设计技术，材料受

表 1-3　美德英发展的突破技术

国家	技术领域	突破途径
美国	重点发展的颠覆性技术领域包括智慧和数字制造、工业机器人、人工智能、高性能材料、增材制造（3D 打印）、电子器件、生物、医疗、农业、食品等	强调企业应围绕技术标准、数据安全、网络安全等领域进行技术研发和创新
德国	强调将平台经济、人工智能、自动驾驶、医疗诊断、云计算、生物技术、轻型建筑、物联网（工业 4.0）等确定为需要重点扶持和发展的颠覆性技术	从维护市场条件入手，降低电力和能源价格、公司税税率和社会保险的上交比率，帮助企业减少创新成本
英国	重点开发的新技术确定为四大领域：人工智能与数据经济，新能源和低碳经济，电动汽车、无人驾驶和智慧交通，生物制药和健康医疗技术	侧重于改善融投资条件，构建了独特的"国家基金银行孵化私人资金入股"的融投资模式

迫成形工艺技术、超精密加工技术、高速加工技术、增材制造技术、微纳制造技术、再制造技术、仿生制造技术、数控机床、工业机器人、计算机辅助设计技术、企业资源计划等 11 类子领域。通过对全球先进制造技术子领域 82888 件专利授权划分出的技术子领域的整理分析，技术关键词和子领域专利授权数量检索结果见表 1-4。

表 1-4　先进制造技术专利分类检索

先进制造技术分类	技术关键词	专利授权数量
计算机辅助设计技术	交互技术、图形变换技术、几何造型技术等	20116
材料受迫成形工艺技术	精密铸造、精密粉末冶金、精密锻造成形、高分子材料注塑、熔融沉积成形等	2751
超精密加工技术	超精密加工机床技术、超精密加工刀具技术、精密测量技术、固体磨料加工技术、游离磨料加工技术、离子束加工技术、激光束加工技术等	1021
高速加工技术	高速切削加工机床技术、超高速轴承技术、高速切削刀具等	1555
增材制造技术	光固化成形、叠层实体制造、选择性激光烧结、三维印刷成形	11783
微纳制造技术	电子束光刻技术、反应离子刻蚀技术	5153
再制造技术	无损拆解、绿色清洗技术、无损检测与寿命评估技术、再制造成形加工技术等	1108
仿生制造技术	生物组织与结构仿生、生物遗传制造、仿生体系统集成、生物成形技术等	1670
数控机床	数控系统、伺服驱动、主传动系统、强电控制柜等	18113
工业机器人	发动机、机械臂、抓取技术、多智能体系统、触觉识别、机器人可靠性、控制系统、传感器等	16710
企业资源计划	面向对象技术、软构件技术、多数据库集成、图形用户界面、电子数据交换等	2908

　　通过表 1-4，从专利授权数量进行观察，可知数控机床的饱和值最大，表明目前全球在该技术领域创新活动较为活跃，专利大量涌现。从技术增长速度进行分析，增材制造技术的增长速度是最快的，约为超精密加工技术增长速度的 8 倍，反映出增材制造技术领域创新效率更为明显。

　　此外，智能制造作为新一轮科技革命的核心技术之一，将人工智能等领域的最新技术成果嵌入到"生产-消费"循环中，从"生产制造方式、技术经济范式和产业组织形态"三个主要方面，构建以"可重构生产系统、个性化制造、快速市场反应和网络化协同"为特征的智能制造体系，从而颠覆了传统制造业的竞争模式，深刻改变了全球制造业的竞争格局和全球价值链的分配模式。智能制造作为未来制造的主要形态，是全球制造业新一轮竞争的高地，将从根本上改变人类自工业革命以来形成的生产制造方式和技术经济范式。当前，智能制造产业仍处于发展初期，表现为"市场规模持续增长、各国政府强力推进和竞争主体多元"三个典型特征。未来全球智能制造业将在人工智能技术的引领下向新一代的智能体系升级，传统制造业也将加速智能化转型升级的步伐。

智能制造业的未来发展趋势体现为：

1）智能制造将向新一代智能制造体系升级。

2）人工智能技术将引领智能制造业的发展。

3）传统制造业将加速智能技术的推广和应用。

据全球智能制造产值规模统计和预测情况分析显示，2006—2022 年，12 年间智能制造产值增长率为 83%，如图 1-5 所示，这充分说明新一轮工业革命，也必将是一场深刻的智能化变革。

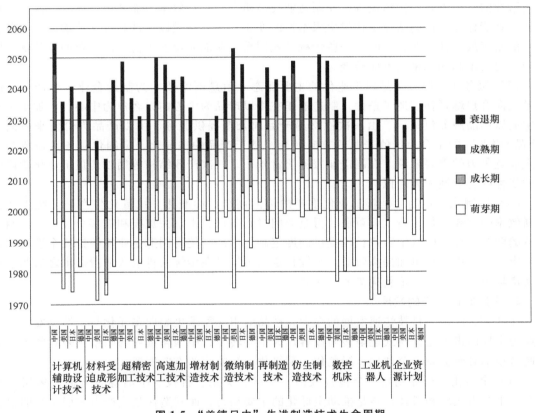

图 1-5　"美德日中"先进制造技术生命周期

1.3.2　制造业与先进制造技术的发展

1. 新技术对工业发展模式的影响

近年来，以新一代信息技术、新材料、新能源、生命科学等领域的科技爆发为主要特点的新一轮科技革命和产业变革正在全球兴起。制造业发展呈现出绿色化、智能化、服务化和定制化的趋势，这四个趋势性变化标志着新工业革命的开始，并从根本上改变着传统工业的生产模式、产业形态和组织方式，同时也包括对传统工业化的反思和修正。

（1）绿色化　绿色化是新工业化区别于传统工业化的价值观。制造业发展的绿色化是指制造业向能源和资源节约、环境友好和低温室气体排放方向的转变。绿色化的趋势，一方面源于技术创新引发生产方式、商业模式等变革，这不但提高了高耗能、高污染、资源型行业能源转化效率和资源利用效率，而且将促使各个制造业部门、制造业产业链的全流程和全生命周期的每个环节普遍采用更加绿色的生产设备、生产工艺和发展方式。另一方面，世界各国对制造业的原材料、生产工艺、最终产品、环境影响、回收循环等提出更高的环境标准，绿色发展越来越成为共识。绿色化的趋势既会促进节能环保产业成为主导产业，也会使制造业的环境成本有所增加。对于那些缺乏绿色制造技术的企业来说，环境成本的增长可能会抵消已有的成本优势。

（2）智能化　智能化是迈向新工业化阶段的关键变量。新一代信息技术的发展使制造业向数据驱动、实时在线、智能主导的智能化方向发展。在人工智能技术的赋能下，生产设备和产品将具有自感知、自学习、自决策、自执行、自适应的能力。制造业的智能化将会重构制造业的生产方式、价值流程，使制造业提高研发与生产效率、加强市场反应、改善用户服务。智能化还将使制造业结构发生根本性的变化，形成一批以软件和数字传输、集成分析为主的新兴战略性产业，同时使一些传统产业因数字赋能而焕发生机。制造业的竞争优势因此向人力资本和知识密集方向转变。

（3）服务化　服务化是新工业化的主要业态。信息网络技术为制造企业在生产分工的基础上向客户端延伸创造了条件。制造业正在由以产品为中心向以客户为中心、由加工组装为主向以产品服务包集成、由一次性交易产品向长期提供服务、由以产品为价值来源向以"产品+服务"的组合为价值来源的方向转变，基于产品的集成化、定制化服务日益成为制造企业竞争力的重要来源。在制造业服务化背景下，三次产业结构等用以衡量工业化阶段演进的指标的有效性大为降低。

（4）定制化　定制化是新工业化重要的价值创造。标准化、批量化生产是传统工业化提高效率的主要途径，新工业革命使得企业同时具备低成本、大规模和极端个性化的定制化制造的两个条件。向特定客户精确提供高度定制化的产品使得制造企业能够扩展个性化的市场需求，获得更多订单和提高效益。个性化定制市场是在传统的排浪式消费需求之后制造业扩展市场规模、形成竞争新优势的"金矿"。

2. 先进制造技术的发展

在社会、经济、科技快速发展的今天，产品的市场需求更趋向多元化与个性化发展，以企业为主导的市场运营模式逐渐转向以客户为中心转变，中国与世界的联系越来越紧密，先进制造技术必然会朝着全球化、绿色化、网络化、智能化的方向发展。

（1）全球化　全球化是一个包含政治、经济、文化、科技、生活等多方面、多层次的概念，生产力发展和科技进步是推动全球化的主要动力，而制造业是生产力发展水平的根本驱动，在"互联网+"时代，全球制造一体化成为必然趋势，小到一个笔记本，大到航天飞机，每一个零部件都可能来自世界的不同地方。所谓的"中国制造"再也不会像瓷器和茶叶那样，百分百来自中国，产品所依赖的价值链也是全球合作的结果。新的生产方式、生产工具和营销模式不断改造，甚至某一个核心部件的创新，都可能带来整体个产业链的重组，从而使研发和生产中心发生全球范围的迁移和利益重配。只有抓住全球化生产机遇，才能促进制造业内部研发国际化的发展，只有加强研发合作才能形成强大的技术创新能力，集中优势资源，提高核心竞争力，实现技术进步、降低市场成本、打造中国品牌。

（2）绿色化　绿色制造也称环境意识制造。近年来盲目的工业发展造成环境污染，生态与环境危机加剧，传统发展模式给人类带来的环境危机，逐渐被世界各国所意识。新一轮的工业革命发生了以自然要素投入向绿色要素的转变，从材料选择、产品包装、回收处理等环节，加强对产品的动态测试、分析和控制，成为衡量产品性能的重要因素。消耗大、环境污染严重的传统产业必将不断朝着节能降耗、降低环境影响因素的绿色制造发展。

（3）网络化 网络化是在信息通信和计算机技术的基础上，通过指定的网络协议，将位于不同空间位置的设备终端互相连通，从而实现用户软件、硬件和资源共享的技术。网络化制造技术是一项系统工程，既包括纵向信息化的全产品生命周期，也涵盖了制造业横向信息化所有产品类别的相互交织。网络化产品设计、物料选择、零件制造是降低创新成本的最佳途径。作为新一轮工业革命，"工业4.0"跟前三次工业革命最根本的差异就是网络化，由于生产制造核心价值体系大量采用网络化技术，原有的价值体系将发生革命性的改变，互联网技术在制造领域的应用，必将给人们生活带来翻天覆地的改变。

（4）智能化 20世纪80年代以来，随着人们对产品个性化要求的提高，对产品的精密度也提出了更高的要求，产品结构和功能越来越多样化，这促使产品从研发设计到生产全过程信息量的增加，制造系统由能力驱动向信息驱动发展，先进制造设备离开了信息传输就可能全面瘫痪，于是对制造系统提出了柔性化和智能化的需求。随着大数据、互联网、无线射频识别、激光技术、微型电机系统等的日益成熟，人们对制造技术的认识和掌握逐渐趋向"泛在感知"的多维时空与透明化方向发展。基于"泛在信息"的智能制造技术，成为我国制造技术发展的核心驱动力。

1.4 国内外先进制造技术发展概况

1.4.1 美国的先进制造计划

美国工业战略的总体目标是实现美国在全球先进制造业的领导地位，确保美国制造业供应链的安全，为美国军事工业和全球军事行动能力提供技术、物资和供应保障。《美国先进制造业领导力战略》提出的总目标是：实现美国在各工业行业保持先进制造业的领导力，以确保国家安全和经济繁荣。为了实现该总目标，还需从新技术、劳动力、产业链三个维度来确定三大分目标，发展和推广新制造技术，使美国未来在新技术领域获得领先地位，未来新技术领域包括智慧和数字制造、工业机器人、人工智能、新材料、电子、生物、医疗等。美国在技术领域和产业领域的突破途径和具体措施见表1-5。

表1-5 美国技术领域与产业领域的突破途径和具体措施

	技术领域	产业领域
突破途径和具体措施	强调企业应围绕技术标准、数据安全、网络安全等领域进行技术研发和创新，并通过保护知识产权以及国家实验室与企业合作来鼓励企业创新	美国将把国防部掌握的军民两用技术转移给企业，包括复合材料、微电子、雷达、全球定位系统（GPS）、互联网、生命探测器等

美国正积极准备开发先进材料及加工技术，此目标包含高性能材料、增材制造技术和关键材料研发3个方向。

（1）高性能材料 现代轻质金属、复合材料和其他先进材料的发现和发展，在国防、能源、运输和其他部门具有显著作用。美国部分高科技公司使用昂贵的先进材料和加工技术，使其产品性能保持国际前沿；使用高性能计算机预测材料行为的强大新方法将促进这种知识转移。例如，材料基因组计划开创的计算方法，可以计算出先进材料系统在加工和使用中的可能属性，从而最大限度地减少目前设计新材料所需的昂贵且耗时的实验。

（2）增材制造 使用三维印刷和相关技术直接创建结构材料的能力，正在从每个部件的成本到系统性能多方面、深刻地影响着美国的商业和国防制造。例如，单片高性能金属零件的增材制造可以为航空航天领域带来可观的重量减轻和性能提升。类似的,生物细胞印刷有望在未来直接培育出人体组织和器官,增材制造能否在制造行业充分应用取决于能否可靠地设定加工参数,从而在不同机器和不同地点之间产生可靠和可重复的生产,达到可靠成分的材料质量。

(3)关键材料研发 研究开发新的方法来测量、量化材料和加工技术之间的相互作用,可以更好地理解材料-工艺-结构的关系。建立新的标准来支持增材制造过程数据的表示和评估,以确保零件的质量和重复性。同时要扩大研究工作,将计算技术应用于增材制造技术,包括仿真和机器学习。

企业应围绕技术标准、数据安全、网络安全等领域进行技术研发和创新,并通过保护知识产权、国家实验室与企业合作来鼓励企业创新。不同技术密集度的产业在一个国家发展结构中所占的比例可以体现出一个国家的产业发展情况,经济合作与发展组织(OECD)对制造业进行了四个层面的划分,分别是低端技术、中低端技术、中高端技术、高端技术。出口方面,美国的高端和中高端技术产业的出口额占到了制造业总出口额的三分之二。而中高端技术产业又在制造业出口总额中占有最高的比例,高达39%。

1.4.2 德国的工业4.0计划

德国是发达国家和制造强国的典型代表,长期以来,占据全球价值链高端。德国运用本国高技术为他国提供中间品,其间接增加值出口占比也会显著高于其他国家增加值,德国在其制造业处于领先地位的基础上,丝毫没有放松对制造业的重视和进一步发展。为了在国际竞争中继续保持优势,德国推出了工业4.0发展战略。

德国于2013年正式推出工业4.0战略,国内外不同学者对"工业4.0"战略的理解不尽相同。一些学者认为:工业4.0是在德国产业界和学术界共同建议之下,随后被德国政府所采纳而形成德国的一项国家级发展战略,是工业生产方式的一种革新,是继世界首台自动纺织机、首条流水线和首个可编程逻辑控制器诞生之后,互联网、物联网、云计算和大数据等新技术给工业生产带来的一场革命性的改变。另一些学者认为:工业4.0是指以全方位的网络化、智能化、绿色化为代表的新一轮工业革命,是继机械化、电气化、信息化之后第四次工业革命,其战略的基本内容包括如下五个层次:正在积极做试点的网络化,数据到信息化的转变,虚拟网络化管理,问题的识别与决策,装备重组。德国工业4.0战略是第四次工业革命的重要组成部分,其核心是构建信息物理系统(CPS),德国工业4.0的三大主题是"智能工厂"、"智能生产"和"智能物流",将实现制造业全方位的系统整合。与之相呼应,德国几乎同时创建工业4.0平台。2015年4月14日,德国政府有关负责人又在汉诺威工业博览会上宣布启动"升级版"工业4.0平台。旨在通过该平台促进德国政府、企业、高校和研究机构等相关利益主体加强合作,为第四次工业革命的顺利进行提供助力,而且工业4.0平台升级之后,这种分工合作关系将变得更加紧密。关于"升级版"的工业4.0平台内容见表1-6。

德国制造业高度发达,"德国制造"享誉世界,其成功经验在于,大中小企业间的合理分工及紧密合作体系造就了整个产业生态链的强大竞争力;多元主体合作创新体系奠定了制造业持续发展的科技基础;"双元制"职业教育体系为制造业发展提供了坚实的人才保障;行业协会、商会在政府和市场之间充分发挥了服务协调作用。在整个制造业科技创新体系中,德国的政产学研的大致分工如下:政府负责搭建平台、提供服务、部分资金支持和产业政策的制定,而企业则是科技创新的主体,经费、人员、成果产出企业占比最高。在德国,

表1-6　"升级版"工业4.0平台

领导组			
德国经济能源部长,教育部长;德国信息技术、电信和新媒体协会(BITKOM),德国机械设备制造业联合会(VDMA),德国电气电子行业总会协会(ZVEI),德国工业联合会(BDI),德国汽车工业联合会(VDA),德国能源水力经济联盟(BDEW),德国冶金工业工会(IG Metall),弗劳恩霍夫应用研究促进会			
指导委员会	德国经济能源部、德国教育研究部;德国电信、ABB、德国INM、FESTO、西门子、蒂森克虏伯等大企业	德国指导委员会:指导委员会,德国总理办公室,德国经济能源部,联邦各州政府,德国信息经济、电信和新媒体协会,德国机械设备制造业联合会,德国电气电子行业总会协会,德国工业联合会,德国汽车工业联合会,德国能源水力经济链噩梦代表	行业联盟和行动组
重点工作部门及人员	德国经济能源部、德国教育研究部、德国内政部、德国司法部、德国劳动和社会事务部	科学技术咨询委员会:高校及专业机构的前20名制造、自动化、信息技术和劳动社会学领域的教授及专家	国际标准化工作组:相关联盟和协会,如德国电气电子与信息技术委员会等
办事处:日常工作			

不仅大企业重视研发和创新,许多中小企业也非常重视研发投入。在工业4.0框架下,通常由大型龙头企业牵头制定相关标准,众多中小企业则广泛参与。德国的大学一方面为制造业培养人才,另一方面也是科技创新的重要力量。如前所述,研究机构也是德国制造业科技创新体系的重要组成部分,它们和大学一起为德国制造业提供基础性的科学研究、部分应用技术研究,以及提供有利于制造业长远发展的其他智力支持。此外,德国政府还通过一系列产学研合作的孵化中心和科技园区,来促进产学研合作。德国政府以及有关方面还致力于打通科技人才在大学、研究机构和企业之间的"跨界"流动。德国在注重产品品质和工艺技术的同时,更注重产业生态和支撑体系建设。具体表现见表1-7。

表1-7　德国产业生态和支撑体系建设

序号	产业生态和支撑体系建设	具体内容
1	大中小企业间合理的分工和紧密的合作体系造就了整个产业生态链的竞争力	极具竞争力的产业链条中,不仅有诸如奔驰、宝马、大众、巴斯夫、西门子这样的国际巨头,还有很多技术领先的中小型配套企业
2	多元主体创新体系奠定了制造业持续发展的技术基础	联邦和州政府、公共研究机构、大学、基金会以及企业等主体
3	"双元制"职业教育体系为制造业发展提供了人才保障	"双元制"职业教育指的是学生的职业教育由企业与非全日制职业学校合作进行;职业教育面向企业的实际需求,注重实践,突出技能培训
4	行业协会支撑体系在政府和市场之间充分发挥了服务协调作用	德国政府高度重视行业协会或商会的作用,专门制定《德国工商会法》,要求德国企业必须加入本地商会,各地商会再纵向相连形成工商联合会

1.4.3　英国的高价值制造

英国在工业战略中强调要发展先进制造业,重点发展人工智能、绿色能源、智慧交通和生物医疗等先进制造业,强调:创新是关于新创意、新方法、新产品、新服务、新技术和新商业模式,创新涉及激进的技术突破和渐进的技术升级,包括科学领域的颠覆性发明和发现、新工艺开发和已知技术在新流程中的运用。鉴于英国在基础研究和商业服务方面的领先地位,它强调要成为全球创新领先国,尤其强调通过创新来促进产业升级或创造新的高技术产业。英国的先进制造业产业链和附加值链的构建并不仅限于生产领域,还包括前端的研发和后端的服务业。

英国主要是以"高价值制造"引领先进制造业的发展,并且努力打通从基础研发到技术市场化的路径。英国的"高价值制造"（HVM）是指应用前沿和尖端的技术及专业知识，创造能带来持续增长和高经济价值的产品、生产过程和相关服务。据此，英国确定了一些具备开展高价值制造相关条件的重点行业，包括交通、药物和生物科学、特殊化学、高价值精密设备、系统和机械、特殊材料、石油天然气等。同时，英国也提出了高价值制造的部分关键技术领域，如材料、纳米技术、生物科学、信息交互技术（ICT）等。

英国还通过确定产业投资重点、使用"制造业能力"作为投资依据以及设立"高价值制造弹射中心"等措施，大力推动技术的商业化利用。一是通过研发强度和增长率判定产业的发展潜力，将能保证英国在全球市场中占据重要技术地位的产业作为投资重点。英国通过将产业按研发强度由小到大、增长率由低到高进行排序，重点选择研发强度大或增长率高的产业。二是设立"制造业能力"标准，将其作为投资的重要参考依据。英国把"能力"作为推动创新活动的必要条件，并且形成了包括5大领域22项"制造业能力"的标准体系，并以此作为投资的参考依据。三是设立"高价值制造弹射中心"，确保政府资助精准有效。这个弹射中心由英国政府出资1.4亿英镑设立，其职能是通过推动科学家、工程师和市场之间的协同，实现从基础研发到应用技术，再到商业化的过程，促进研发和科技成果产业化，打造与制造业紧密结合的创新体系。

1.4.4 日本的互联工业

日本长期坚持"引进-消化吸收-再创新"的创新政策，重视高端装备制造业发展并及时发布引领报告和战略、注重促进产学研结合和技术成果的推广、普遍重视创新政策的支撑和创新生态的构建。进入21世纪，日本提出了完全自主创新的科技政策，逐步建立起一套"官产学"相结合的完整的自主研发体系，在高端装备制造业领域走出了一条自强振兴之路。日本政府2016年发布的第五期《科学技术基本计划》中首次提出的"社会5.0"概念，即超越"工业4.0"的"超智慧社会"概念，将其作为日本今后科技创新的一个主要目标和任务，强调科技创新服务于人类社会变革的重要作用，并要先于世界其他国家实现"超智慧社会"。

"新层次日本创造"体现在智慧化、系统化和全球化三个方面。智慧化着眼于各个产业的知识产业化。通过在各个产业领域引入和应用信息技术，提高国民生活的便利性和经济活动的效率和生产率，促进开拓新业态、新模式和新领域，这与我国的"互联网+"类似。但是，智慧化的重点是通过信息化和网络化传递、处理、积蓄和应用数据与信息，促进各个产业。自身的知识产业化以及社会生活的便利化。系统化着眼于集成优势，放大附加价值。日本拥有许多世界第一或唯一的高品质产品及技术，但未必都获得了其应有的市场份额。因此，促进这些优势产品和技术集成，使其系统化，提升其附加价值，能够助力日本提高产业国际竞争力，从而获得更多的国际市场份额。全球化着眼于全方位的国际化视野，全面实行开放式创新。不仅在国家层面，从个人到企业、大学以及区域的所有创新主体都将参与全球化的"知识"竞争，开拓国际视野。同时，还要引进海外的人才、技术、资金，推进开放式创新，使日本成为"世界的科技创新平台"。

为了推进互联工业的实施，日本致力于物联网、人工智能、机器人等领域核心技术的突破，通过产业升级引领不同行业快速发展，融入人们生活并带来社会变革。但是，人口老龄化、人力资源匮乏、社会环境等因素严重制约着日本社会的发展，日本尝试发挥自身强大的创新优势，逐步构建一个引领未来社会发展的超级智能社会，即"社会5.0"，以缓解社会问题。"社会5.0"历经工业社会、信息社会等社会形态，从产业相对独立发展过渡到融合发展，形成以人工智能为引领，信息高度集成的超智能社会，社会 5.0 形成过程的工业互联演化见表 1-8。

表 1-8 社会 5.0 形成过程的工业互联演化

发展阶段	工业 2.0	工业 3.0	工业 4.0	社会 5.0
社会形态	工业社会	工业社会	信息社会	超智能社会
驱动因素	第一次产业革命	第二次产业革命	第三次产业革命	第四次产业革命
工业特征	获取动力	动力创新	自动化发展	信息集成
标志性技术	蒸汽汽车	电力电机	计算机	人工智能
产业关联	产业各自发展		产业融合	

提出互联工业概念后，日本发布了最具代表性和影响力的"汉诺威宣言"和"东京倡议"，推进互联工业的实施。德日联合声明"汉诺威宣言"提出要发展通过连接人、设备、技术等实现价值创造的互联工业，在物联网相关技术的国际标准规格上进行共同提案、促进日德在人工智能、电动交通、自动驾驶等领域的技术合作，"东京倡议"提出推进互联工业的五个重点领域见表 1-9。

表 1-9 "东京倡议"提出推进互联工业的五个重点领域

重点领域	数据共享与使用	基础设施建设	国内外合作与推广
无人驾驶技术	创新数据合作模式	开发应对物流等的服务方案	强化人才培养
机器人技术	数据格式等的国际化标准	面向中小企业的物联网工具基础建设	加强网络安全等领域的企业合作
新材料技术	协调领域的数据合作	构建实用化 AI 技术平台	提高社会认可度
基础设施安全	企业间数据协调	有效利用物联网设施的自主安保技术	推进规章制度改革
智慧生活	通过企业联盟开展数据合作	智能制造的融合应用	发掘需求服务具体化

日本的先进制造业，既包括具有传统优势制造业的升级改造，如以人工智能结合物联网的方式改造汽车、家用电器、机械制造等；也包括新技术的应用与普及，如与大数据、物联网、纳米技术密切相关的智能家居、纳米材料产业等。日本主要是通过政策引导促进先进制造业发展，特别是他们聚焦公共领域、实施普惠性政策，取得了较好的效果。

日本发布的《制造业白皮书》，确定了以机器人、3D 打印等智能技术为基础，以物联网、大数据、云计算等信息技术为手段，对制造业生产服务系统和运营模式进行优化升级的战略规划。日本于 2016 年正式提出"互联工业"概念，即通过人工智能和数字信息技术，实现物与物、人与机器、企业与企业间的连接和协作，进而创造出新的附加值。近年来，日本在智能制造产业上实施了一系列行之有效的战略举措，《日本制造业白皮书》构建出智能制造的顶层设计体系，为科学技术创新综合战略提供了坚实的规划支撑，辅之以工业价值链计划、机器人新战略、互联工业战略等重要举措，不断强化日本智能制造的国际领先地位。日本强调自动化和智能化技术应用，推进精益生产与智能技术结合，工业结构向技术密集型和节能节材方向发展，成为全球先进制造业最为发达的国家之一。

1.4.5 中国的先进制造与智能制造

1. 中国的先进制造

中国已成为全球制造业规模最大的国家，中国制造业现状可以总结为：大而强却不是全球最强。在 2021—2023 年间，中国的先进制造业已经取得了显著进展和发展。其中包括高科技制造业的外国直接投资（FDI）增长，2023年1月至11月，中国高科技制造业的外国直接投资增长了1.8%；政府支持的贷款增加，例如广东省对高科技和先进制造业的贷款增加了约45%；重点发展高端领域和核心技术，半导体产业显著进步，尤其是在存储市场、硅碳（SiC）竞赛、先进封装技术和先进制造设备方面；软件和高科技产业的发展：高科技产业预计将在2022至2027年间以14.67%的年增长率增长，达到500.5亿美元的市场规模。尽管面临一些挑战，如国际贸易紧张和内部市场需求的波动，中国在先进制造业的整体实力仍然显示出其作为全球制造业大国的地位。

截至2013年底，中国装备制造业在总体产值上，已经达到了20万亿元，相比于2008年，乃是后者的2.3倍，年均增速达到了17.4%，而在全世界装备制造业当中所占比重达1/3，因而在各个国家中位居首位。2016年，中国发电设备产量为1.6亿千瓦，其在全世界总发电量中所占据比重为65%；而在造船完工量方面，已突破6000万吨，在世界范围内的占比为47%；在汽车产量方面，已经成功突破3000万辆，达到了3104.7万辆，在世界当中所占比重是26%；而在机床方面，总产量为101.4万台，在全球中所占比例为41%。与此同时在高端装备自主研发方面，同样取得了令世人瞩目的成就。装备自主化取得重大进步。诸如高铁技术，探月工程、载人航天、北斗导航系统、大型锻压机、超级计算机及"蛟龙"载人深潜器等，均已经得到了巨大突破；另外，无论是在大型客机上，还是在大型运输机上，均已经取得巨大进展，有的已成功列装，而且现在还在不断的研制与推新。还需要指出的是，当前一大批重大技术装备也已经成功研制，比如百万千瓦级水电机组、核电机组等，其在整个市场当中已经得到较好应用。其次，已研制许多高端技术装备，有力推动着高新产业的快速发展。比如海洋工程装备、智能制造装备、海洋国防装备、新能源汽车及轨道交通装备等，已呈现出快速、健康的发展势头。据相关数据统计得知，当前，中国在高端装备制造业的总产值方面，在整个装备制造业当中的比例，已经达到了21%。2018年，我国的海洋工程装备在具体单量方面，在全球市场中所占比重达30.8%，新能源汽车生产量突破4万辆，另外，许多新兴装备产业也呈现出快速的发展势头，如增材制造、工业机器人及智能化仪器仪表等。

中国已经拥有完整的制造体系。传统制造业、高技术制造业均得到了迅速发展，能够适应低端、中端、高端不同的需求。各个细分行业的产业链已经形成，抗风险的韧性很强。第二，中国劳动力成本的优势仍将长期保持。2019年，世界500强企业中，中国首次超过美国的121家，达到129家，2022年，中国为136家，美国为124家。中国企业越来越重视创新能力的提高，中国的制造业正在从过去的技术引进、消化吸收再创新，即跟随式的创新，开始向自主创新、原始创新转变。现在中国制造业已经在通信设备、轨道交通装备、输变电装备、纺织、家电五个产业居于世界领先地位，这是中国创新能力不断提高的重要标志。

中国在先进制造业的大多数领域拥有全球领先的技术，但在部分高精尖领域，距离制造业强国仍有差距。在高端芯片、动力系统、高精度加工设备、高端传感器等领域，中国先进制造业还存在大量短板。高端装备制造和尖端半导体产业对于未来智能时代先进制造业的发展至关重要，中国在这些领域的技术短板会制约中国先进制造业的发展。目前，中国企业在绝大多数高精尖产品生产领域技术实力距离美、日、德等制造业强国企业还有一定差距，在部分关键零部件以及关键生产装备领域，中国技术距离先进水平还有不小差距，中国制造业企业运营管理水平较美、日、德等制造业强国企业仍有较大差距。

《中国制造2025》是中国实施制造强国战略第一个十年行动纲领，在中国经济转型和制造业结构升级的关键历史机遇期，从多方面为中国制造业发展指明了方向，《中国制造

2025》给制造业以重要定位：制造业是国民经济的主体，是立国之本、兴国之器、强国之基。没有强大的制造业，就没有国家和民族的强盛。打造具有国际竞争力的制造业，是我国提升综合国力、保障国家安全、建设世界强国的必由之路。《中国制造2025》指出，中国制造业的未来发展必须坚持创新驱动战略和两化深度融合战略，实现我国制造业发展三大阶段性目标：第一步，力争用10年时间，迈入制造强国行列；第二步，到2035年，我国制造业整体达到世界制造强国阵营中等水平，全面实现工业化；第三步，到新中国成立100年时，制造业大国地位更加巩固，综合实力进入世界制造强国前列，建成全球领先的技术体系和产业体系。为促进中国制造业的转型升级和制造强国目标的实现，《中国制造2025》确立了十大优先发展的技术领域，分别是新一代信息技术产业、高档数控机床和机器人、航空航天装备、海洋工程装备及高技术船舶、先进轨道交通装备、节能与新能源汽车、电力装备、农机装备、新材料、生物医药及高性能医疗器械等。

"十四五"时期，中国工业的发展需要立足于规模大的传统产业，重点领域具体包括：

（1）新科技驱动的战略性新兴产业　当前正在兴起的新一轮科技革命和产业变革是后发达国家实现"换道超车"的机遇。中国工业需要及早进行战略布局，按照主动跟进、精心选择、有所为有所不为的方针，明确中国科技创新主攻方向和突破口。对看准的方向，要超前规划布局、加大投入力度，着力攻克一批关键核心技术，加速赶超甚至引领步伐。加快推动先进技术、前沿技术的工程化转化和规模化生产，在抢占新兴产业发展先机的同时，力争形成一批不可替代的"杀手锏"产品，破解西方发达国家对中国"卡脖子"的制约。

（2）应用数字技术的智能制造产业　在中国低成本逐步减弱的背景下，必须着力提高产品品质和生产管理效率，而应用数字技术的智能制造产业正是提升制造业竞争力的重要途径。目前，国内汽车、家电等行业自动化和信息化程度相对较高，食品饮料、化工等行业正在加快自动化和信息化进程。虽然在政府层面的政策制定、企业层面的转型升级、研究层面的技术突破都将智能制造作为重点支持的方向，但中国智能制造在实际应用上尚处于起步阶段。缺乏专业化的智能制造解决方案提供商，成为中国工业智能化转型的阻碍之一。加速培育应用数字技术的智能制造产业不但成为切实推动制造业高质量发展的当务之急，而且该产业有成为经济增长新动能的巨大潜力。

（3）促进生态文明建设的绿色制造产业　绿色制造是指既保证产品质量和生产成本，也能兼顾环境影响和资源使用效率的先进制造模式。

2. 中国的智能制造

智能制造已正式迈入了智能化的发展阶段。机器人、数字化制造、3D打印等技术的重大突破和广泛应用正在重构制造业技术体系，基于信息物理系统（CPS）的智能工厂正在引领制造方式向智能化方向转变，云制造、网络众包、异地协同设计、大规模个性化定制、精准供应链、电子商务等网络协同制造模式正在重塑产业价值链体系。全球制造业孕育着制造技术体系、制造模式、产业形态和价值链的巨大变革。智能制造以信息的泛在智能感知、自动实时处理、智能优化决策为核心，驱动各种制造业业务活动的执行，实现跨企业产品价值网络的横向集成，贯穿企业设备层、控制层、管理层的纵向集成，以及从产品设计开发、生产计划到售后服务的全生命周期集成，从而极大地提升产品创新能力，增强快速市场响应能力，提高生产制造过程的自动化、智能化、柔性化和绿色化水平，促进制造业向产业价值链高端迈进。目前，着力解决基于工业互联网的大数据制造中存在的关键技术问题，在车间工业物联网的构建、制造系统云平台的实现、基于云平台的网络协同制造系统的集成与管理等大数据制造关键技术方面形成突破，对于实现生产过程透明化、协同化、智能化至关重要。

中国作为积极践行智能制造的大国，涉及物联网、云计算、大数据、互联网、工业机器人等智能制造的关键使能技术和装备，中国制造企业对智能制造的焦点分为宏观政策、范式特征、使能技术、关键装备及工具、辐射（或应用）领域五大类，"智能制造"关键词见表1-10。

表 1-10 "智能制造"关键词

类别	关键词
宏观政策	中国制造 2025；工业 4.0；互联网+
范式特征	自动化；信息化管理应用、数字化；网络化、集成化、虚拟化；智能化
使能技术	物联网、虚拟现实、3D 打印；人工智能、生物识别、模式识别、神经网络；云计算、云平台、云服务、云技术；大数据、海量数据、数据中心、数据存储、数据分析、数据挖掘；互联网、移动互联网、互联
关键装备及工具	机器人、工业机器人；数控机床；数控系统；传感器
辐射（或应用）领域	智能物流；智能服务；智能终端；绿色制造；高端装备制造；军民融合；智能电网；能源互联网、智慧能源；智能家具；智慧城市、智慧交通、智慧医疗、智慧社区、电子政务；新能源汽车、电动汽车、电动车、动力电池、充电桩

由表 1-10 可知，中国制造企业的"智造"焦点全面覆盖了智能制造的各方面，机器人、数控机床等关键智能装备；物联网、人工智能、云计算、大数据等赋能制造业转型的新一代信息技术群；智能化发展的阶段范式以及智造技术和产品的辐射领域。

当前，中国正处于制造业转型升级的关键期，5G 技术不断走向成熟，其商用范围的扩大为中国制造业转型升级提供了可靠的技术平台和创新动力，并且随着与制造业融合程度的不断加深，为推动制造业向绿色化、智能化和网络化等纵深方向发展，为中国制造业未来发展趋势提供了无限可能和想象空间。得益于 5G 技术和互联网技术的支撑，中国制造业从物理到网络、从硬件到软件、从普通到智能化的升级落地过程，如图 1-6 所示。

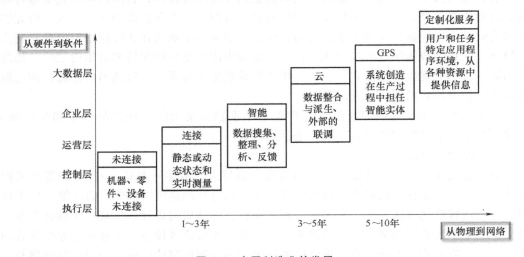

图 1-6 中国制造业的发展

从横向时间轴来看，借助 5G 技术，制造业企业的设备从传统的物理化、机械化运行到相互之间的物物相连，又从物理相连到智能化运转，再进一步向云、GPS、定制化服务等更加高速化、网络化的趋势转变。从纵向组织轴来看，制造业企业从着力于硬件建设到软件建设，从执行层到大数据层，推动制造业企业发展从实体空间不断向虚拟空间延展，摆脱实体空间的边界约束，在无限虚拟空间中争取更多的发展机会，这为中国制造业发展提供了无限空间。

本 章 小 结

　　制造业是国民经济的主体，是国家和民族强盛的有力保证。打造具有国际竞争力的制造业，是提升综合国力、保障国家安全、建设世界强国的必由之路。新中国成立以来，中国工业发展取得了巨大成就，已成为全球制造业增加值第一大国。实现中国制造强国的关键在于核心生产技术的创新和掌握，中国应加快制造业转型升级，瞄准新一轮科技革命和制造业发展趋势，抢占制造业未来国际竞争的制高点。

　　随着信息技术快速发展，制造业逐步进入了智能制造的时期。机器人、数字化制造、3D 打印等技术的重大突破和广泛应用正在重构制造业技术体系。云计算技术、大数据技术、物联网技术以及 CPS 在智能制造中的融合集成、应用和云制造模式是目前和今后智能制造领域研究的热点内容之一。全球制造业孕育着制造技术体系、制造模式、产业形态和价值链的巨大变革。中国制造业向智能制造转型的方向发展已经明确，发展智能制造，推动制造业转型升级，最终实现从"制造大国"到"智造强国"的转变。

复习思考题

1. 简述制造、制造系统与制造业的概念，比较广义制造与狭义制造的区别。
2. 简述制造业在国民经济中的地位和作用。
3. 简述先进制造技术的内涵及特点。
4. 简述中国制造业的发展战略。
5. 分析智能制造的关键技术及其发展阶段。
6. 查阅资料，了解中国智能技术的现状及特点。

第2章　现代设计技术

设计是一种创造性活动，设计的核心是创造性，如果没有创新，就不叫设计。综合理解设计的含义，即为了满足人类与社会的功能要求，将预定的目标通过人的创造性思维，经过一系列规划、分析和决策，产生载有相应的文字、数据、图形等信息的技术文件，以取得最满意的社会与经济效益为目的，然后或通过实践转化为某项工程，或通过制造成为产品，进而造福于人类。产品的设计过程从本质上说就是创造性思维的活动过程，是将创新构思转化为有竞争力产品的过程。

产品设计是制造业的灵魂。现代设计方法则是基于计算机技术、信息处理技术以及数据库等现代化高新科技而形成的，具有鲜明的特点。现代设计技术是面向市场、面向用户的设计。企业制造出来的产品要面对竞争激烈的市场，用户的满意程度就是竞争胜负的标志。改革开放以后，国内市场与国际市场正在加速向统一市场发展，全世界的制造业在一个统一的大市场中竞争。制造是设计中要考虑的一个重要因素，面向制造的设计只强调了加工质量，没考虑使用性能随时间的变化。面向制造的设计是设计全过程中的一个不可缺少的部分，但绝不是全部。

2.1　现代设计方法概述

现代设计理论方法是动态发展的，现代设计理论是为设计的创造性过程而建立的各种数学模型，现代设计方法是对这些数学模型的求解过程，或者为实施创造性过程而提供的各种手段。

2.1.1　现代设计的特征与内涵

传统设计是以经验总结为基础，运用力学和数学而形成的经验、公式、图表、设计手册等作为设计依据，通过经验公式、近似系数或类比等方法进行设计，但有一定的局限性：

1）由于所用的计算方法和参考数据偏重于经验的概括和总结，往往忽略了一些难解或非主要的因素，造成设计结果的不确切。

2）在信息处理、参量统计和选取、经验或状态的存储和调用等还没有一个理想的有效方法，解算和绘图也多用手工完成，所以不仅影响设计速度和设计质量，也难以做到精确和优化的效果。

3）传统设计对技术与经济、技术与美学也未能做到很好地统一。

为保证设计质量、加快设计速度、避免或减少设计失误，使设计工作现代化，引发了现代设计方法的研究。现代设计方法的特点是动态的、科学的、计算机化的，将那些在科学领域内得到应用的所有科学方法论应用到工程设计中。现代设计技术是在传统设计方法基础上继承和发展起来的，是一门多专业和多学科交叉、综合性很强的基础技术科学。它继承了传统设计的精华，吸收了当代科技成果和计算机技术。与传统设计相比，它是一种以动态分析、精确计算、优化设计和 CAX 为特征的设计方法。

常见的现代设计理论方法很多，如创新设计法、智能设计法、系统分析设计法、优化设计法、可靠性设计法、有限元分析法、相似性设计法、虚拟设计法、反求工程设计法、动态设计法等。机械系统动态设计就是对满足工作性能要求的机械系统的初步设计图样，或是对需要改进的系统进行动力学建模，并作动态特性分析。

传统设计是以生产经验为基础，以运用力学和教学形成的计算公式或经验公式、图表，手册为依据进行。随着理论研究的深入，许多工程现象不断升华和总结为揭示事物内在规律和本质的理论，如摩擦学理论、模态分析理论、可靠性理论、疲劳理论、润滑理论等。

现代设计是基于理论形成的方法，其特征是以计算机技术为核心（现代设计的主要特征），以设计理论为指导。用这种方法指导设计可减少经验设计的盲目性和随意性，提高设计的主动性、科学性和准确性。因此，现代设计是以理论指导为主，经验为辅，以计算机为核心的设计。

现代设计就是以满足应市产品的质量、性能、时间、成本、综合效益最优为目的，以计算机辅助设计技术为主体，以知识为依托，以多种科学方法及技术为手段，研究、改进、创造产品活动过程所用到的技术群体的总称。

现代设计的主要技术特征如下：

（1）设计方法现代化　设计方法包括产品动态分析和设计、产品可靠性、可维护性及安全设计、产品优化设计、快速响应设计、创新设计、智能设计、仿真与虚拟设计、价值工程设计、模块化设计等。新的设计思想和方法不断出现，例如并行设计、面向"X"的设计（Design For X，DFX）、健壮设计（Robust Design）、优化设计（Optimal Design）、反求工程技术（Reverse Engineering）等。

现代设计技术对传统设计理论与方法的继承、延伸与扩展不仅表现为由静态的设计原理向动态的延伸，由经验的、类比的设计方法向精确的、优化的方法延伸，由确定的设计模型向随机的模糊模型延伸，由单级思维模式向多维思维模式延伸，而且表现为设计范畴的不断扩大。如传统的设计通常只限于方案设计、技术设计，而先进制造技术中的面向"X"的设计、并行设计、虚拟设计、绿色设计、维修性设计、健壮设计等是工程设计范畴扩大的集中体现。

（2）设计手段计算机化　传统设计往往是先建立假设的理想模型，然后考虑复杂的载荷、应力和环境等影响因素，最后考虑一些影响系数，这样导致计算的结果误差较大。现代设计则采用可靠性设计来描述载荷等随机因素的分布规律，通过采用有限元法、动态分析等分析工具和建模手段，以获得比较符合实际工况的真实解，从而提高设计的精确程度。表现在广泛应用有限元法、优化设计、计算机辅助设计、反求工程技术、CAD/CAM 一体化技术、工程数据库。当前突出反映在数值仿真或虚拟现实技术在设计中的应用，以及现代产品建模理论的发展上，并且向智能化设计方向发展。

计算机替代传统手工设计，已从计算机辅助计算和绘图发展到优化设计、并行设计、三维特征建模、面向制造与装配的设计制造一体化，形成了 CAD/CAPP/CAM 集成化、网络化和可视化。

（3）现代设计技术是多种设计技术、理论与方法的交叉与综合　现代的机械产品，如数控机床、加工中心、工业机器人等，正朝着机电一体化、信息一体化、集成化、模块化方向发展，从而对产品的质量、可靠性、稳健性及效益等提出了更为严格的要求。因此，现代设计技术必须是多学科的融合交叉，多种设计理论、设计方法、设计手段的综合运用，必须根据系统的、集成的设计概念来设计出符合时代特征与综合效益最佳的产品。

（4）向全寿命周期设计发展　传统的设计只限于产品设计，全寿命周期设计则由简单的、具体的、细节的设计转向复杂的总体设计和决策，通盘考虑包括设计、制造、检测、销售、使用、维修、报废等阶段的产品的整个生命周期，而现代设计实现了面向产品寿命周期全过程的可靠性设计。除了要求满足一定功能，客户还对产品的安全性、可靠性、寿命、使用的方便性和维护保养条件有要求，因此需对产品进行动态的、多变量的、全方位的可信性设计，以满足市场与用户对产品质量的要求。

（5）现代设计技术实现了设计过程的并行化、智能化　并行设计是一种综合工程设计、制造、管理、经营的系统化工作模式，其核心是在产品设计阶段就考虑产品寿命周期中的所有因素，强调对产品设计及其相关过程进行并行的、集成的一体化设计，使产品开发一次成功，缩短产品开发周期。例如，智能CAD系统模拟人脑对知识的处理，并拓展了人在设计过程中的智能活动。原来由人完成的设计过程，已转变为由人和计算机相结合、共同完成的智能设计活动。

（6）由单纯考虑技术因素转向综合考虑技术、经济和社会因素　注意考虑市场、价格、安全、美学、资源、环境等方面的影响。

（7）管理水平的提高　产品设计是一个复杂的系统工程，设计工程中涉及大量数据和行为的管理。数据库技术的发展改变了传统的手工管理模式，各种项目全流程管理（PDM）系统的广泛应用大大提高了设计的管理水平，保证了设计过程的高效、协同和安全。

（8）组织模式的开放　传统的局限于企业内部的封闭设计正在向不受行政隶属关系约束的，多企业共同参与的异地设计转变。

运用现代设计方法，产品的设计必须满足产品结构分析的定量化，产品工作状态分析的动态化，产品质量分析的可靠化，产品设计结果的最优化，并根据产品的设计目标、性能及要求构造数学模型，应用数学规划理论和数值计算方法，通过计算机求得最优结果，还要满足产品设计过程的高效化和自动化，以及通过计算机完成设计过程的高效化和自动化。

2.1.2　现代设计的体系结构

现代设计作为一个研究领域，包含范围极其广泛，既包含指导设计及逻辑规律的设计方法学，也包含能用来提高设计效率和设计质量的各种单项技术（如CAD技术、有限元分析、可靠性设计等），同时还包含有高产品市场竞争优势的技术（如产品化技术、工业造型技术、市场预测与分析技术等），贯穿其中很重要的一点就是平行工程的应用。在产品设计开始时就要同时考虑制造、使用及全生命周期的各个因素。另外，对于一个任务，可以以网络技术为基础组织不同制造商来共同完成。现代设计可以理解为以计算机为工具，专业设计技术为基础，网络为效率，市场为导向的一种综合设计，其实现代设计没有固定的模式，其体系结构如图2-1所示。

涉及的相关技术如下：

（1）基础技术　基础技术是指传统的设计理论与方法，包括运动学、静力学、动力学、材料力学、热力学、电磁学、工程数学基本原理与方法等，它是现代设计技术发展的源泉。

（2）主体技术　主体技术是指计算机辅助技术。现代设计技术的诞生和发展与计算机技术的发展息息相关，相辅相成。计算机科学与设计技术结合产生了计算机辅助设计、智能

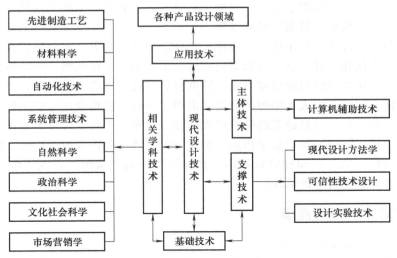

图 2-1　现代设计的体系结构

CAD（Intelligent CAD，ICAD）、优化设计、有限元分析、模拟仿真、虚拟设计、工程数据库等，运用现代设计技术的多种理论与方法，如优化设计、可靠性设计、模糊设计等构建数学模型，绘制计算机应用程序，可以更广泛、深入地模拟人的推理与思维，从而提高计算机的"智力"。

（3）支撑技术　支撑技术主要包括现代设计方法学、可行性设计技术、试验设计技术等。现代设计方法涉及内容很广，如并行设计、系统设计、功能设计、模块化设计、价值工程、质量功能配置，反求工程、绿色设计、模糊设计、面向对象设计、工业造型设计等；可行性设计是广义的可靠性设计的扩展，主要指可靠性与安全性设计，动态分析与设计、防断裂设计、健壮设计，耐环境设计等；试验设计技术是为了有效地验证设计目标是否达成，并检验设计、制造过程的技术措施是否适宜，全面把握产品的质量信息，在产品设计过程中，就需要根据不同产品的特点和要求，进行物理模型试验、动态试验、可靠性试验、产品环保性能试验与控制等，并由此获取相应的产品参数和数据，为评定设计方案的优劣和对几种方案的比较提供一定的依据，也为开发新产品提供有效的基础数据。另外，人们还可以借助功能强大的计算机，在建立数学模型的基础上，对产品进行数字仿真试验和虚拟现实试验，预测产品的性能，也可运用 RP 技术，直接利用 CAD 数据，将材料快速转化为三维实体模型，该模型可直接用于设计外观评审和装配试验，或将模型转化为由工程材料制成的功能零件后再进行性能测试，以便确定和改进设计。

（4）应用技术　应用技术是解决各类具体产品设计领域的技术，如机床、汽车、工程机械、精密机械的现代设计技术派生出来的具体技术群等设计。

2.2　优化设计

优化设计（Optimal Design）是随着计算机的广泛使用而迅速发展起来的一种现代设计方法，它是优化技术和计算机技术在设计领域应用的结果。优化设计能为工程及产品设计提供一种重要的科学设计方法，在解决复杂设计问题时，能从众多的设计方案中寻得尽可能完善的或最适宜的设计方案，从而大大提高设计质量和设计效率。目前，优化设计方法在机械、电子、电气、化工、纺织、冶金、石油、航空航天、航海、道路交通及建筑等领域都得到了广泛的应用,并取得了显著的经济效果。

特别是在机械设计中,对于机构、零件、部件、工艺设备等基本参数,以及一个分系统的设计,都有许多优化设计方法,并取得良好的经济效果。实践证明,在机械设计中采用优化设计方法,不仅可以减轻机械设备自重,降低材料消耗与制造成本,而且可以提高产品的质量与工作性能,同时还能大大缩短产品设计周期。因此,优化设计已成为现代设计理论和方法中的一个重要领域,并且越来越受到广大设计人员和工程技术人员的重视。进行优化设计时,首先必须将实际问题加以数学描述,形成一组由数学表达式组成的数学模型,然后选择一种最优化数值计算方法和计算机程序,在计算机上运算求解,得到一组最佳的设计参数,这组设计参数就是设计的最优解。

2.2.1 优化设计流程与建模

优化设计过程一般分为以下四步:

(1)设计课题分析 首先确定设计目标,设计目标可以是单项设计指标,也可以是多项设计指标的组合。从技术、经济观点出发,就机械设计而言,机器的运动学和动力学性能、体积与总量、效率、成本、可靠性等,都可以作为设计所追求的目标。然后分析设计应满足的要求,主要包括某些参数的取值范围、某种设计性能或指标按设计规范推导出的技术性能,还有工艺条件对设计参数的限制等。

(2)建立数学模型 将实际设计问题用数学方程的形式予以全面、准确地描述,其中包括:确定设计变量,即哪些设计参数参与优选;构造目标函数,即评价设计方案优劣的设计指标;选择约束函数,即把设计应满足的各种条件以等式或不等式的形式表达。建立数学模型要做到准确、齐全,即必须严格地按各种规范做出相应的数学描述,必须把设计中应考虑的各种因素全部包括进去,这对于整个优化设计的效果是至关重要的。

(3)选择优化方法 根据数学模型的函数性态、设计精度要求等选择使用的优化方法,编制出相应的计算机程序。

(4)上机计算择优 将所编程序及有关数据输入计算机,进行运算,求解得最优值,然后对所算结果做出分析判断,得到设计问题的最优设计方案。上述优化设计过程的核心一是分析设计任务,将实际问题转化为一个最优化问题,即建立优化问题的数学模型;二是选用适用的优化方法在计算机上求解数学模型,寻求最优设计方案,具体流程如图 2-2 所示。

一般工程问题的设计优化,可以表达为一组优选的设计参数在满足一系列限制条件下,使设计指标达到最优。因而,优化设计的数学模型由设计变量、目标函数和设计约束三部分组成,被称之为优化设计三要素。

(1)设计变量 在优化设计过程中需要调整和优选的参数,称为设计变量。概括起来参数可分为两类:一类是按照具体设计要求事先给定,且在设计过程中保持不变的参数,称为设计常量;另一类是在设计过程中须不断调整,以确定其最优值的参数,称为设计变量。也就是说,设计变量是优化设计要优选的量。优化设计的任务,就是确定设计变量的最优值以得到最优设计方案。针对不同的设计对象,可以选取不同的设计变量。设计变量可以是几何参数,如零件外形尺寸、截面尺寸、机构的运动尺寸等;也可以是某些物理量,如零部件的重量、体积、力与力矩、惯性矩等。设计变量是一组相互独立的基本参数。一般用向量 X 来表示。

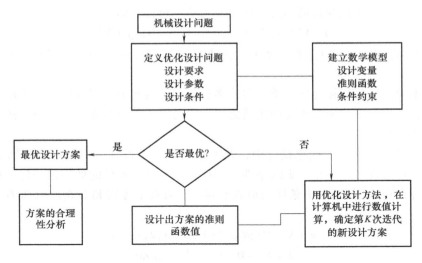

图 2-2　优化工作一般流程图

$$X = \begin{pmatrix} x_1 \\ x_2 \\ \cdots \\ x_n \end{pmatrix} = (x_1, x_2, \cdots, x_n)^T$$

　　设计变量的每一个分量都是相互独立的，n 称为优化问题的维数，它表示设计的自由度。以 n 个设计变量为坐标轴所构成的实数空间称为设计空间，或称 n 维欧式空间。当 $n=2$ 时，向量 X 是二维设计向量；当 $n=3$ 时，其是三维设计向量。当 $n>3$ 时，设计空间是一个想象的超越空间，称 n 维欧式空间。在不同设计方案的集合构建的设计空间中，工程优化问题就是在该设计空间中寻找最优的设计点。当设计变量 $n<10$ 时，称为小型优化问题；当 $n=10\sim50$ 时，称为中型优化问题；当 $n>50$ 时，称为大型优化问题。对于一个优化设计问题来说，应该恰当地确定设计变量的数目，尽量减少设计变量的个数，使优化设计的数学模型得以简化，得到最优设计方案。

　　（2）目标函数　为了评价设计方案的优劣，可以采用目标函数，又称为评价函数，用来衡量设计指标。这些设计变量的目标函数可以表示为：

$$F(X) = F(x_1, x_2, \cdots, x_n)^T$$

式中，$X = (x_2, x_2, \cdots, x_n)^T$ 为设计变量，代表设计中某项最重要的特征，如机械零件设计中的重量、体积、效率、可靠性、承载能力。

　　目标函数是一个标量函数。目标函数值的大小是评价设计质量优劣的标准。优化设计就是要寻求一个最优设计方案，即最优点 X，从而使目标函数达到最优值 $F(X)$。在优化设计中，一般取最优值为目标函数的最小值，记为 $\min F(X)$，如求产品的重量最轻、成本最低问题等。

　　优化设计中，当目标函数只包含一项设计指标时，称为单目标优化；当目标函数包含多项设计指标时，称为多目标优化。对于单目标优化问题，由于指标单一，易于衡量设计方案的优劣，求解过程比较简单明确；而多目标优化问题求解比较复杂，但可获得更佳的最优设计方案。工程设计中，优化函数通常是多目标函数，较为简单的方法是将一些优化目标转化

为约束函数，或采用线性加权的形式，使之成为单一目标，即

$$F(X) = \omega_1 f_1(X) + \omega_2 f_2(X) + \cdots + \omega_q f_q(X)$$

式中，$f_1(X)$，$f_2(X)$，$\cdots$，$f_q(X)$ 为 q 个优化目标；ω_1，ω_2，$\cdots$，ω_q 为各目标量的加权系数。

通过对不同的优化目标分配权重，可将多目标问题转化为单目标问题的求解。确定合适的目标函数，是优化设计中最重要的决策之一。因为这不仅直接影响优化方案的质量，而且还影响到优化过程。

（3）设计约束　实际的优化设计中，并不是任何一个设计方案都可行，因为设计变量的取值范围有限制或必须满足一定的条件，这种对设计变量取值时的限制条件，称为约束条件（或称设计约束）。按照约束条件的形式不同，约束有不等式和等式约束两类，一般表达式为

$$g_u(X) \leqslant 0 \text{ 或 } g_u \geqslant 0 \quad u = 1, 2, \cdots, m$$
$$h_v(X) = 0 \quad v = 1, 2, \cdots, p < n$$

式中，p 为等式约束个数。

根据约束性质的不同，可将设计约束分为区域约束和性能约束。性能约束是满足某种规定要求推导出来的约束条件，如由强度条件 $\sigma \leqslant [\sigma]$ 推导出的性能约束为 $g(x) = \sigma - [\sigma] \leqslant 0$；边界约束则直接规定设计变量的取值范围，如对于 $a_i \leqslant x_i \leqslant b_i$，则其边界约束为 $g_1(x) = a_i - x_i \leqslant 0$ 和 $g_2(x) = b_i - x_i \geqslant 0$。

满足约束条件的可行性方案的集合称为设计可行域，简称可行域；反之称为非可行域。优化设计的约束最优点是指满足约束条件下使得目标函数达到最小值的设计点 $X^* = [x_1^*, x_2^*, \cdots, x_n^*]^T$，相应的函数值 $F(X^*)$ 称为最优值。最优点 X^* 和最优值 $F(X^*)$ 构成了一个约束最优解。

为便于表达和计算，一般将由目标函数、设计变量和设计约束优化组成的数学模型写成如下规格化形式：

目标函数：$\min F(X)$

设计变量：$X = (x_1, x_2, \cdots, x_n)^T$

设计约束：$g_u(X) \leqslant 0 \quad u = 1, 2, \cdots, m$

$h_v(X) = 0 \quad v = 1, 2, \cdots, p < n$

对于约束优化问题，若目标函数和约束条件是设计变量的线性函数，则称为线性优化问题；若目标函数和约束条件是设计变量的非线性函数，则称为非线性优化问题，工程中以非线性优化问题居多。

2.2.2　优化计算方法

优化计算是用于求解优化设计数学模型的方法或寻优方法。工程设计中的优化方法有多种类型，有不同的分类方法。若按设计变量数量的不同，优化可分为单变量优化和多变量优化；若按约束条件的不同，优化可分为无约束优化和有约束优化；若按目标函数数量的不同，优化可分为单目标优化和多目标优化；按求解方法的不同，优化方法可分为准则法和数学规划法两大类。以机械设计为例，包括一维优化、无约束优化、约束优化、多目标优化在内的优化设计方法，以及优化设计的新方法（如工程遗传算法等），优化算法原理及特点见表 2-1。

表 2-1　优化算法原理及特点

优化计算方法			
算法名称		原理	优缺点
一维优化算法	黄金分割法（0.618 法）	区间消减法原理	简单、有效、成熟的一维直接搜索方法，应用广泛
	二次插值算法	函数逼近	二次插值法不需要导数
	三次插值算法	函数逼近	需要导数
无约束优化方法	坐标轮换法（降维法）	它将一个多维无约束优化问题转化为一系列一维优化问题求解，即依次沿着坐标轴的方向进行一维搜索，求得极小点	计算稳定，可靠性好，收敛速度较慢，不用导数
	牛顿法	此法为梯度法的进一步发展，它的搜索方向是根据目标函数的负梯度和二阶偏导数矩阵来构造的	使用导数，利用多元函数的极值原理，寻求合理搜索方向，迭代次数较少；当用差分法求近似导数值时，存在误差干扰，计算的可靠性和稳定性较差
约束优化方法	遗传算法	模拟生物在自然环境中的遗传和进化过程而形成的一种自适应全局优化概率搜索算法	
	惩罚函数法（间接解法）	是将一个约束的优化问题转化为一系列的无约束优化问题求解	构造无约束极值子问题的解法，方法比较简单，计算效率较低
	复合形法（直接解法）	是求解约束优化问题的一种重要的直接解法，在可行域构造初始复合形，对该复合形各顶点的目标函数值进行比较，构成新复合形，逼近最优点	方法直观易懂，计算效率较低
多目标优化方法	主要目标法	假设按照设计准则建立了多个分目标函数，根据这些准则的重要程度，构成一个新的单目标优化问题	单目标问题的最优解作为所求多目标问题的相对最优解；目标函数较多时，计算量大，确定有效解复杂
	统一目标法	将各个分目标函数按照某种关系建立一个统一的目标函数，包括目标规划、乘数法、加权线性组合法等	通过单目标函数的最优解确定有效解集

2.2.3　优化设计方法典型实例

例　单级直齿圆柱齿轮传动减速器的优化设计。

假设单级直齿圆柱齿轮减速器的传动比 $i = 5$，输入扭矩 $T_1 = 2674\text{N} \cdot \text{m}$，在保证承载能力的条件下，要求确定该减速器的结构参数，使减速器的自重最轻。大齿轮选用四孔辐板式结构，小齿轮选用实心轮结构，其结构尺寸如图 2-3 所示，图中 $\Delta_1 = 280\text{mm}$，$\Delta_2 = 320\text{mm}$。

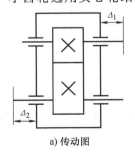
a) 传动图

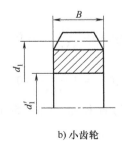
b) 小齿轮

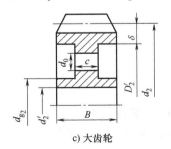
c) 大齿轮

图 2-3　单级直齿圆柱齿轮减速器结构图

解

（1）数学模型的建立

1）齿轮参数的计算。

$$d_1 = mz_1, d_2 = mz_2, \delta = 5m, D'_2 = mz_1 i - 10m$$

$$d_{g_2} = 1.6d'_2, d_0 = 0.25(mz_1 i - 10m - 1.6d'_2), c = 0.2B$$

$$V_1 = \frac{\pi(d_1^2 - d'^2_1)B}{4}$$

$$V_2 = \frac{\pi(d_2^2 - d'^2_2)B}{4}$$

$$V_3 = \pi(D'^2_2 - d_{g_2}^2)(B - c)/4 + \pi(4d_0^2 c)/4$$

$$V_4 = \pi l(d'^2_1 - d'^2_2)/4 + 280\pi d'^2_1/4 + 320\pi d'^2_2/4$$

由上可得，减速器的齿轮与轴的体积之和为

$$V = V_1 + V_2 - V_3 + V_4$$

2）设计变量的确定。从上述齿轮减速器体积（简化为齿轮和轴的体积）的计算公式可知，体积 V 取决于轴的支承跨距 l、主动轴直径 d'_1、从动轴直径 d'_2、齿轮宽度 B、小齿轮齿数 z_1、模数 m 和传动比 i 等 7 个参数。其中传动比 i 由已知条件给定，为常量。故该优化设计问题可取 6 个设计变量：

$$X = [x_1, x_2, x_3, x_4, x_5, x_6]^T = [B, z_1, m, l, d'_1, d'_2]^T$$

3）目标函数的建立。以减速器的自重最轻为目标函数，而此减速器的自重可以以齿轮和两根轴的自重之和近似求出，钢的密度 ρ 为常数，故减速器的自重

$$W = (V_1 + V_2 - V_3 + V_4)\rho$$

所以，可取减速器的体积为目标函数。将设计变量代入减速器的体积公式，经整理后最终得目标函数为

$$f(X) = V = V_1 + V_2 - V_3 + V_4$$

$$= 0.785398 \times (4.75x_1 x_2^2 x_3^2 + 85x_1 x_2 x_3^2 - 85x_1 x_3^2 + 0.92x_1 x_6^2 - x_1 x_5^2$$

$$+ 0.8x_1 x_2 x_3 x_6 - 1.6x_1 x_3 x_6 + x_4 x_5^2 + x_4 x_6^2 + 280x_5^2 + 320x_6^2)$$

4）约束条件的确定。

① 传递动力的齿轮要求齿轮模数一般应大于 2mm，故得

$$g_1(X) = 2 - x_3 \leqslant 0$$

② 为了保证齿轮承载能力，且避免载荷沿齿宽分布严重不均匀，要求 $16 \leqslant \dfrac{B}{m} \leqslant 35$，由此得

$$\begin{cases} g_2(X) = \dfrac{x_1}{35x_3} - 1 \leqslant 0 \\ \\ g_3(X) = 1 - \dfrac{x_1}{16x_3} \leqslant 0 \end{cases}$$

③ 根据设计经验，主、从动轴的直径范围取 $150\text{mm} \geqslant d'_1 \geqslant 100\text{mm}$，$200\text{mm} \geqslant d'_2 \geqslant 130\text{mm}$，则轴直径约束为

$$\begin{cases} g_4(X) = 100 - x_5 \leqslant 0 \\ g_5(X) = x_5 - 150 \leqslant 0 \\ g_6(X) = 130 - x_6 \leqslant 0 \\ g_7(X) = x_6 - 200 \leqslant 0 \end{cases}$$

④ 为避免根切，小齿轮的齿数 z_1 不应小于最小齿数 $z_{\min}$，即 $z_1 \geqslant z_{\min} = 17$，于是得到约束条件

$$g_8(X) = 17 - x_2 \leqslant 0$$

⑤ 根据工艺装备条件，要求大齿轮直径不得超过 1500mm，若 $i = 5$，则小齿轮直径不能超过 300mm，即 $d_1 - 1300 \leqslant 0$，写成约束条件为

$$g_9(X) = \frac{x_2 x_3}{300} - 1 \leqslant 0$$

⑥ 按齿轮的齿面接触强度条件，有

$$\sigma_H = 670 \sqrt{\frac{(i+1)KT_1}{Bd_1^2 i}} \leqslant [\sigma_H]$$

式中，T_1 取 $2674000\text{N} \cdot \text{mm}$，$K = 1.3$，$[\sigma_H] = 855.5\text{N/mm}^2$。将各参数代入上式，整理后可得接触应力条件

$$g_{10}(X) = \frac{670}{855.5} \sqrt{\frac{(i+1)KT_1}{x_1(x_2 x_3)^2 i}} - 1 \leqslant 0$$

⑦ 按齿轮的齿根弯曲疲劳强度条件有

$$\sigma_F = \frac{2KT_1}{Bd_1 mY} \leqslant [\sigma_F]$$

若取 $T_1 = 2674000\text{N} \cdot \text{mm}$，$K = 1.3$，$[\sigma_{F_1}] = 261.7\text{N/mm}^2$，$[\sigma_{F_2}] = 213.3\text{N/mm}^2$

若大、小齿轮齿形系数 Y_2、Y_1 分别按下面二式计算，即

$$Y_2 = 0.2824 + 0.0003539(ix_1) - 0.000001576(ix_2)^2$$
$$Y_1 = 0.169 + 0.006666x_2 - 0.0000854x_2^2$$

则得小齿轮的弯曲疲劳强度条件为

$$g_{11}(X) = \frac{2KT_1}{261.7 x_1 x_2 x_3^2 Y_1} - 1 \leqslant 0$$

大齿轮的弯曲疲劳强度条件为

$$g_{12}(X) = \frac{2KT_1}{213.3 x_1 x_2 x_3^2 Y_2} - 1 \leqslant 0$$

⑧ 根据轴的刚度计算公式，有

$$\frac{F_n l^3}{48EJ} \leqslant 0.003l$$

式中，$F_n = \frac{F_1}{\cos\alpha} = \frac{2T_1}{mZ_1 \cos\alpha} = \frac{2T_1}{x_2 x_3 \cos\alpha}$，$E = 2 \times 10^5 \text{N/mm}^2$，$\alpha = 20°$，

$$J = \frac{\pi d_1'^4}{64} = \frac{\pi x_4^5}{64}$$

得主动轴的刚度约束条件为

$$g_{13}(X) = \frac{Fn x_4^2}{48 \times 0.03 EJ} - 1 \leqslant 0$$

⑨ 主、从动轴的弯曲强度条件为

$$\sigma_w = \frac{\sqrt{M^2 + (\alpha_1 T)^2}}{W} \leqslant [\sigma_{-1}]$$

对主动轴：轴所受弯矩

$$M = F_1 \cdot \frac{l}{2} = \frac{T_1 l}{m Z_1 \cos\alpha} = \frac{T_1 x_4}{x_2 x_3 \cos\alpha}$$

假设取 $T_1 = 2674000 \text{N} \cdot \text{mm}$，$\alpha = 20°$，扭矩校正系数 $\alpha_1 = 0.58$，

实心轴：$W_1 = 0.1 d_1'^3 = 0.1 x_5^3$；$[\sigma_{-1}] = 55 \text{N/mm}^2$。

得主动轴弯曲强度约束为

$$g_{14}(X) = \frac{\sqrt{M^2 + (\alpha_1 T_1)^2}}{55 W_1} - 1 \leqslant 0$$

从动轴：$W_2 = 0.1 d_2'^3 = 0.1 x_6^3$；$[\sigma_{-1}] = 55 \text{N/mm}^2$

可得从动轴弯曲强度约束为

$$g_{15}(X) = \frac{\sqrt{M^2 + (\alpha_1 T_1)^2}}{55 W_2} - 1 \leqslant 0$$

⑩ 轴的支承跨距按结构关系和设计经验取，有

$$l \geqslant B + \Delta_{\min} + 0.25 d_2'$$

式中，$\Delta_{\min}$ 为箱体内壁到轴承中心线的距离，现取 $\Delta_{\min} = 20\text{mm}$，则有 $B - l + 0.25 d_2' + 40 \leqslant 0$，写成约束条件为

$$g_{16}(X) = \frac{x_1 - x_4 + 0.25 x_6}{40} + 1 \leqslant 0$$

5）优化问题的数学模型。综上所述，可得该优化问题的数学模型为

$$\min f(X), \quad X \in R^6$$
$$\text{s.t.} \quad g_u(X) \leqslant 0 \quad (u = 1, 2, \cdots, 16)$$

即本优化问题是一个具有 16 个不等式束条件的 6 维约束优化问题。

（2）优化方法的选择及优化结果　对本优化问题，现选用内点惩罚函数法求解。可构造惩罚函数为

$$\phi[X, r^{(k)}] = f(X) + r^{(k)} \sum_{u=1}^{16} \frac{1}{g_u(X)}$$

参考同类齿轮减速器的设计参数，现取原设计方案为初始点 $X^{(0)}$，即

$$X^{(0)} = [x_1^{(0)}, x_2^{(0)}, x_3^{(0)}, x_4^{(0)}, x_5^{(0)}, x_6^{(0)}]^{\text{T}} = [230, 210, 8, 420, 120, 160]^{\text{T}}$$

则该点的目标函数值为

$$f(X^{(0)}) = 87139235.1 \text{mm}^3$$

采用鲍威尔法求解惩罚函数 $\phi(X, r^{(k)})$ 的极小点，取惩罚因子递减系数 $C = 0.5$，其中一维搜索选用二次插值法，收敛精度 $\varepsilon_1 = 10^{-7}$；鲍威尔法及罚函数法的收敛精度都取 $\varepsilon_2 = 10^{-7}$；得最优化解

$$X^* = [x_1^*, x_2^*, x_3^*, x_4^*, x_5^*, x_6^*]^{\text{T}} = [130, 93, 18.74, 8.18, 235.93, 100.01, 130.00]^{\text{T}}$$
$$f(X^*) = 35334358.3 \text{mm}^3$$

该方案与原方案的体积计算相比，减小了 59.4%。

上述最优解并不能直接作为减速器的设计方案，根据几何参数的标准化要进行圆整，最

后得

$B^* = 130\text{mm}$，$Z_1^* = 19$，$m^* = 8\text{mm}$。

$l^* = 236\text{mm}$，$d_1'^* = 100\text{mm}$，$d_2'^* = 130\text{mm}$

经过验证，圆整后的设计方案 X^* 满足所有约束条件，其最优方案与原设计方案的减速器体积相比，减小了 53.9%。

2.3 计算机辅助设计技术

对于计算机辅助设计技术来说，英文名称为 Computer Aided Design，简称 CAD，是一种将计算机软件或其他设备运用到设计当中，实现对工程项目设计的实用性技术。在机械制造与计算机辅助设计技术的相互结合后，其生产水准以及产品质量得到了大幅度的提升，并且整个机械制造领域也得到了相应的快速发展。这个技术至今已经存在了十多年，其普遍被运用到各行业，特别是机械制造设计行业之中，计算机辅助设计技术有着非常多的优点，利用其能够实现对产品的 3D 模型创建以及高效的结构或运动仿真，可对一些符合模块化设计的产品或结构的数据参数按照现实设计情况做出调整，从而对于产品设计以及项目规划做出及时有效的优化。

CAD 技术随着计算机绘图技术的进步而发展。传统 CAD 技术的出发点是用通俗的三视图技术来表达零件结构，最初的二维计算机几何设计技术就是通过二维图纸来交流的，但还不能完全表达三维实体，主要是通过较简单的线框造型来表示三维结构，但是这种初期的造型技术只能表达基础的结构信息，无法清楚表达其几何结构之间的拓扑关系，更无法实现 CAM（计算机辅助制造）与 CAE（计算机辅助工程）。后来，CAD 技术出现了参数化实体造型这一新的方向，其主要特征在于基于特征、全尺寸约束等。随着计算机技术的快速发展，计算机硬件成本大幅度下降，CAD 技术也广泛在中小企业内应用，参数化技术进一步发展与完善，使得其在通用零部件设计上的特点得到了充分体现。在参数化技术的基础上，变量化技术在继承其主要优点的同时，进行了更进一步的优化与创新。变量化技术的应用为 CAD 技术的发展带来了更大空间和机遇。目前 CAD 技术的基础理论主要是以 PRO/E 为代表的参数化造型技术和以 SDRC 公司的 I-DEAS 为代表的变量化造型技术，这两大技术都是基于实体造型技术的计算机辅助几何设计技术。

CAD 技术广泛地运用到机械制造、航天、汽车以及工程设计等方面，相应的设计可用于结构构件的建模过程，可用于对结构图形、地基、平面与钢结构等的设计以及有限元、高层架构等的分析。对于机械设计来说，CAD 技术也能发挥出其优势所在，在现代生产要求高精度的统一和精准度的情况下，在符合各个行业对机械设计的要求和标准的过程中，也依托与现代的网络技术、计算机软件、数据平台等，加强相关技术的集效率；同时，在高速发展的计算机技术领域中，人们对更加高效、快捷的智能化操作和生产的需求增加，也使得对应 CAD 技术向智能化方向发展。

2.3.1 计算机辅助设计系统的组成与技术优势

现有的 CAD 技术能够满足机械产品的机构计算、绘制加工图、三维建模和虚拟仿真等方面的工作，并且设计精度和准确度高。机械产品 CAD 技术可以在面向机械产品的整个设计过程中，将设计经验、知识形式化、数字化并以显示的方式保存下来，并且采用符合设计思维的知识模型和知识处理技术以延伸、启发和提高设计者的设计能力。机械产品 CAD 技术是现代机械产品设计过程的重要内容，它的一般设计流程如图 2-4 所示。

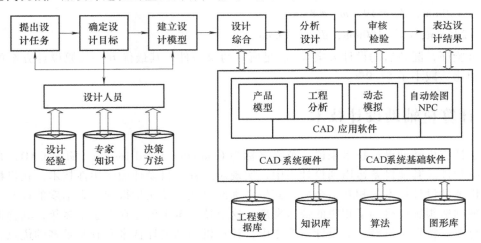

图 2-4 机械产品 CAD 技术设计流程

CAD 系统主要针对设计需求、辅助方案设计、几何建模、工程分析，设计文档生成、工程数据的管理等过程各个阶段开展的辅助设计，其内容主要包括：

（1）现代设计理论与方法 主要体现在基于计算机的设计理论与方法，如协同设计、并行设计、虚拟设计、分形设计等。

（2）与设计环境相关的技术 研究协同设计环境的支持技术，基于 B/S 和 C/S 协同设计的平台体系结构技术、协同设计的管理技术、产品共享信息的交换技术、产品设计建模技术等。

（3）与设计工具相关的技术 研究产品数字化建模技术，研究集成的 CAX 和 DFX 工具，将它们与 CAD 系统有机的集成起来，使现代 CAD 系统支持产品设计的全过程。

CAD 系统的优势主要体现在提升机械设计制造效率、优化机械设计制造工艺和提升机械设计制造质量，见表 2-2。

表 2-2 CAD 优势具体体现

优势	具体体现
提升机械设计制造效率	将计算机辅助技术运用到机械设计制造过程中，能很好地互补以往机械设计制造相应的缺点，实现对于设计、制造以及计算三者的改善
优化机械设计制造工艺	实现对机械特定性质与运作条件进行充分的衡量，采取行业产品对应的专业化软件对产品设计及制造流程进行优化，进而达到弥补其存在问题的效果，促进了机械设计能够快速并且高效率实现
提升机械设计制造质量	能够大幅度地增加机械设计制造效能和品质，保障制造的机械产品具有优质的特性

2.3.2 计算机辅助设计的关键技术

1. 参数化设计

所谓参数化设计，就是在工程设计中，用可变参数而不是固定尺寸表达零件形状或部件的装配关系，可以完成零件的形状或装配关系的修改。设计过程中，有些设计对象的结果比较定型（即拓扑关系保持不变），只是在不同规格的产品设计中它们的尺寸往往由于相同数量和类型的已知条件下取不同值而有所差异，如常用的系列化、标准化、通用化的定型件属于这种类型。随后将已知条件和随着产品规格而变化的基本参数用相应的变量代替，然后根究这些已知条件和基本参数，由计算机自动查询图形数据库，由专门软件绘制自动生成图形，这种驱动图形的思想就是参数化设计。参数化设计是系列化、规格化产品设计的常用方法。任何一个参数的改变，其相关的特征也会自动修正，以保持设计者的意图，其设计原理如图 2-5 所示。

参数化设计的理论和方法经过多年的发展，已得到较大的完善，在几何约束的表示、约束求解、参数化模型构建及其表达方法等方面形成了各种新方法和新思路。在参数化设计系统中，设计人员根据工程关系和几何关系来指定设计要求。要满足这些设计要求，不仅需要考虑尺寸或工程参数的初值，而且要在每次改变这些设计参数时来维护这些基本关系。这些设计参数可以分为两类：其一为各种尺寸值，称为可变参数；其二为几何元素间的各种连续几何信息，称为不变参数。参数化设计的本质是在可变参数的作用下，系统能够自动维护所有的不变参数。

图 2-5　参数化设计原理图

要实现参数化设计，参数化模型的建立是关键。参数化的基本模型数据是各种体素特征尺寸和平面图形的几何尺寸，中间模型或最终模型是运算生成的。对于标准化系列化产品来说，由于加工环境、生产规模、产品相似性程度、标准化和系列化程度各异，采用参数化设计方法进行特征设计时，各个部件的变化可由一组参数来控制，或用某种变异规律来描述。参数化模型表示了零件图形的几何约束和工程约束。

1）几何约束。几何约束包括结构约束和尺寸约束。结构约束是指几何元素之间的拓扑关系，如平行、垂直、相切、对称等；尺寸约束则是通过尺寸标注来表示的约束，如距离尺寸、角度尺寸、半径尺寸等。

2）工程约束。工程约束是指尺寸之间的约束关系，通过定义尺寸变量及它们之间在数值上和逻辑上的关系来表示。

在参数化建模中，要考虑几何特征之间的拓扑关系，用以实现尺寸驱动；同时还要考虑建模方法与在不同三维 CAD 中所涉及的参数化尺寸驱动技巧，这样才能减少系统运算量，更好地完成参数化设计。目前的参数化建模都是基于特征的，这里所说的特征就是具体的零件或部件，它包含了零部件的形状特征，还可以包含多种与工业相关的信息，它能够为结构设计师提供模仿真实环境的平台。

参数化设计的应用越来越广泛，主要是针对特征的几何和拓扑信息，使得特征具有可调整性。可以利用混合法来建立特征模型，将参数化法引入到特征造型中去，使形状特征可以根据需求调整变化，这就是基于特征的参数化设计。采用多平台工具融合，三维 CAD 建模平台和脚本引擎、程序编译器、数据库系统等交互融合，共同实现参数驱动模块化设计的计算机辅助支撑。例如，为了实现结构设计自动化，要对产品进行优化设计。首先，根据产品功能要求建立优化目标函数，将刚度、强度等约束条件参数化，利用拓扑优化方法计算冗余材料所在单元，进行材料边界单元和节点的遍历搜索，结合实际生产资源情况建立边界关键点，对原模型进行参数化变形设计，得到拓扑优化后的模型；其次，根据结构力学特性要求对模型进行边界形状优化和尺寸参数的优化，并通过参数化驱动实现模型的更新，最终得到满足刚度、强度要求的 CAD 模型。

2. 特征分析与建模技术

（1）特征分类　所谓特征，就是描述产品结构和工艺信息的集合，也是构成零部件设计与制造的基本几何体，它既能反映零件的几何信息，又能反映零件的加工工艺信息。零件特征一般包括：形状特征、精度特征、技术特征、材料特征、装配特征等。这些特征可以更好地体现设计意图，使产品模型便于理解和组织生产，还有助于加强产品设计、分析、加工制造、检验等各个部门之间的联系。因此，基于特征的建模技术更适合于 CAD/CAM 集成以及 CIMS 建模的需要。

基于特征的产品建模技术是产品设计发展的里程碑，着眼于完整表达产品本身，用户能在更高层次上设计产品，直接操作的对象从原始的线条与体素等变为孔等体现工程设计意图的功能要素。通过定义特征可确保内部实体模型与外部特征数据的统一，目前在不同领域（设计、分析等）中分析问题的不同出发点使得特征具有不同的意义和表现形式。

在机械领域对特征进行分类，可以利用零件或体素的几何相似性，兼顾各要素的功能和形状，进行分组分类处理，提取、制订体素规范和图素规范。目前尚无统一的特征分类方法，一般来说有形状特征、材料特征、精度特征、工艺特征等。形状特征有不同的分类方法，可以将各种槽、凹坑、凸台、孔、壳、壁等作为形状特征，对于不同的应用，特征的表现形式是不同的。不同的应用领域和不同的对象，特征分类有所不同，对于机械产品，基本上可将产品的特征分成 6 类，如图 2-6 所示。

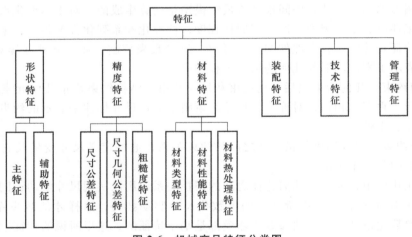

图 2-6　机械产品特征分类图

图中，主特征构造零件总体形状结构，可以单独存在，且不与其他特征发生关系，如拉伸、旋转、扫描、混合等；辅助特征不能单独存在，要与基本特征发生联系，如孔、圆角、槽等；装配特征是描述零件的性能和技术要求的信息集合；附加特征是描述与零件管理有关的信息集合等。

（2）特征描述　对于特征可以利用面向对象的语言来描述，利用封装来包含特征所需的信息，使用成员变量来表示特征的静态属性以及与其他特征的关系属性，用成员函数来描述特征特定的设计、制造和行为规则方法，并且也可以通过继承来产生新的特征，发展已有的特征来满足造型的需要，其结构如图 2-7 所示。

（3）特征建模　CAD 的造型建模过程也就是对被设计对象进行描述，用合适的数据结构存储在计算机内，以建立计算机内部模型的过程。被设计对象的造型建模技术的发展，经历了线框模型、表面/曲面模型、实体建模、特征造型、特征参数模型、产品数据模型的演变过程。可以说，CAD 建模技术的发展是 CAD 技术发展的一个缩影。线框模型、表面/曲面模型和实体建模均属于实体模型。实体模型能够较好地反映被设计对象的几何信息和拓扑信息，但缺少产品后续制造过程所需的工艺信息和管理信息。为了便于 CAD 技术与其他 CAX 系统集成，相继出现了特征造型、特征参数模型等建模技术。以特征作为建模的基本元素描述产品的方法称为基于特征的建模技术，可分为三种，见表 2-3。

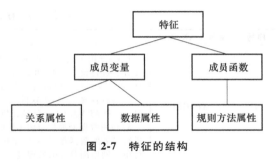

图 2-7　特征的结构

表 2-3　特征建模的分类

分类	具 体 描 述
交互式特征定义 （Interactive Feature Difinition）	首先利用现有的几何造型系统建立产品的几何模型；用户直接通过图形来提取定义特征的几何要素；将特征参数或精度、技术要求、材料热处理等信息作为属性添加到几何模型中，建立产品的数据结构
特征识别 （Feature Recognition）	建立几何模型后，通过专门的程序，利用实体建模信息，自动处理几何数据库，搜索并提取特征信息从而产生特征模型
基于特征的设计 （Design by Feature）	利用预定义的标准特征或用户自定义的特征存储到特征库；以标准特征或用户自定义的特征为基本建模单元建立特征模型从而完成产品设计；此方法使用范围广，数据易于共享，应用范围大

2.3.3　计算机辅助设计与其他技术集成

CAD 设计结果建立了所设计对象的基本三维数字化模型。然而，这仅是计算机参与的产品生产过程的一个环节。为了使产品生产的后续环节也能有效地利用 CAD 设计结果，充分利用已有的信息资源，提高综合生产效率，须将 CAD 技术与其他 CAX 技术（X 指产品设计、工艺设计、数控编程、工装设计等）、优化设计、有限元分析、模拟仿真、虚拟设计、工程数据库等进行有效的集成，包括 CAD/CAM 技术的集成、CAD 与 CIMS 等其他功能系统的集成。

CAD 所建立的三维数据模型为其他功能系统提供了共享的产品数据，成为与其他功能系统集成的关键和基础。目前，CAD 与其他系统的集成包括：CAD/CAE/CAPP/CAM 集成、CAD 与 PDM 集成、CAD 与 ERP 集成等，这些系统模块的集成为企业提供了产品生产制造一体化解决方案，推动了企业信息化进程。将 CAD 算法、CAD 功能模块以及 CAD 整个系统以专用芯片的形式加以固化，一方面可提高 CAD 系统的运行效率，另一方面可供其他系统的直接调用。在网络计算环境下实现 CAD 异地、异构系统的企业间集成，如全球化设计、虚拟设计、虚拟制造以及虚拟企业就是该集成层次的具体体现。

CAD/CAE/CAPP/CAM/PDM 技术主要用于实现产品的设计、工艺和制造过程及其管理的数字化；企业资源计划 ERP 是以实现企业产、供、销、人、财、物的管理为目标；供应链管理 SCM 用于实现企业内部与上游企业之间的物流管理；客户关系管理 CRM 可以帮助企业建立、挖掘和改善与客户之间的关系。

上述技术的集成，可以整合企业的管理，建立从企业的供应决策到企业内部技术、工艺、制造和管理部门，再到用户之间的信息集成，实现企业与外界的信息流、物流和资金流的顺畅传递，从而有效地提高企业的市场反应速度和产品开发速度，确保企业在竞争中取得优势，主要的技术体现见表 2-4。

表 2-4　CAD 与其他技术集成

序号	其他 CAX 技术	要　点
1	CAD/CAE	1）CAD 用于几何建模，而 CAE 技术用于性能分析；进行三维建模和装配，利用计算机有限元方法进行设计计算，并进行后续的运动仿真和模拟计算以及虚拟样机制造与虚拟装配设计，可以在设计阶段通过极小的代价和时间，进行产品的优化和改进设计 2）各种商业化 CAD 软件（Pro/E、UG、Solidworks、Catia 等）与 CAE 软件（ANSYS、Nastran、Fluent 和 ABAQUS 等）已经在机械行业得到广泛应用 3）利用数据交换接口将 CAD 几何模型输入 CAE 系统（如 ANSYS、NASTRAN 等）、对模型进行必要的数据修复、对模型中局部细小特征进行简化、定义载荷与添加边界约束条件、进行单元网格剖分等前处理过程，方程求解及可视化后处理
2	CAD/CAM	1）曲面建模技术、曲面与实体集成技术、实体建模技术、大型组件设计技术等 2）PDM 与 CAD/CAPP 的集成技术：当前和今后一个时期，主要集中在封装、接口和集成技术 3）数字化设计与虚拟制造的无缝连接：基于 CAD 技术和以计算机支持的仿真技术，形成虚拟环境，虚拟制造过程、虚拟产品、虚拟企业，大大缩短产品开发周期，提高一次成功率 4）数字化设计正在向网络化和协作性强的方向发展；设计软件行业的主要趋势包括集成创新技术，以及通过数字线程提高设计过程的效率和准确性
3	CAD/CAPP	1）产品设计、工艺规划、加工制造和管理的整个过程，各过程之间的关联性要求越来越高，因此对系统集成化程度的要求也越高 2）加工工艺设计系统 3）可视化装配工艺设计系统：提供可视化的装配工艺设计工具，解决设计与装配对象在研发过程中难以协调的问题 4）基于 PDM 平台的工艺设计系统代表着产品设计和制造过程中的数据管理和流程集成的前沿技术，这种集成允许企业更高效地管理和协调设计和制造过程中的数据，提高生产效率和产品质量
4	CAFD	计算机辅助夹具设计（CA Fixture Design，CAFD）包含的 4 个研究方面（安装规划，装夹规划，夹具构形设计，夹具性能评价）是基于人工智能（包括知识和专家系统的应用，算法，推理及功能分析方法等的应用）的计算机辅助夹具设计研究

2.3.4　计算机辅助设计的发展趋势

在未来，计算机辅助设计的发展趋势及研究热点主要体现在智能化、集成化、标准化、协同化/网络化这四个方面。

1. 智能化

智能化 CAD 系统是通过引用专家系统、人工智能等技术，使 CAD 作业过程具有某种智能程度的系统。这样的系统能够模拟人类专家的思维方式，模拟领域专家如何运用他们的知识与经验来解决实际问题的方法与步骤，能在设计过程中适时地给出智能化提示，告诉设计人员下一步该做什么、当前设计存在的问题、建议解决问题的途径及方案等。智能 CAD 是将人工智能技术与 CAD 技术融为一体而建立的系统，人类思维模型的建立和表达还有待继续研究和完善。

2. 集成化

虚拟现实（Virtual Reality，VR）技术是利用计算机生成的一种模拟现实环境的技术，通过数据头盔、数据手套等多种传感设备构造虚拟环境，向设计者提供诸如视觉、听觉、触觉等直观而又自然的实时感知。

CAD 技术与 VR 技术的有机结合，能够快速地显示设计内容、设计对象性能特征，以及设计对象与周围环境的关系，设计者可与虚拟设计系统进行自然的交互，灵活方便地修改设计，大大提高设计效果与质量。目前，VR 技术所需的软硬件价格还相当昂贵，技术开发的复杂性和难度还较大，VR 技术与 CAD 技术的集成还有待进一步研究和完善。

3. 标准化

计算机辅助几何设计标准化在未来主要体现在以下三个方面：

1）数据格式标准化：推广统一的数据格式标准，便于不同系统间的数据交换和协作。

2）设计流程标准化：建立通用的设计流程标准，提高设计质量和效率。

3）质量控制标准：制定严格的质量控制标准，确保设计输出的准确性和可靠性。

4. 协同化/网络化

计算机辅助几何协同化/网络化主要体现在以下三个方面：

1）协同工作平台：建立在线协同平台，支持团队成员在不同地点进行实时协作。

2）云计算和数据共享：利用云计算资源，实现大数据处理和存储，支持数据共享和远程访问。

3）供应链整合：将设计流程与供应链管理相结合，实现设计到生产的高效转换。

这些趋势和热点反映了计算机辅助几何设计领域正在朝着更加智能化、高效和协作化的方向发展，旨在提升设计质量、优化设计流程，并促进多学科、多领域间的交流和合作。随着技术的不断进步，这些领域将持续发展和创新。

2.3.5 计算机辅助设计的工程举例

数字化是通过计算机、通信、网络收集管理对象与管理行为的信息，通过统计技术将其量化，再通过数学模型予以分析，以进行智能化决策和管控。简单来说，数字化的核心就是互联、大数据与商业智能。互联是数字化的手段和工具，即通过人与人、人与设备、设备与设备的互联、互通而传递信息；大数据是数字化的基础，即通过对信息的收集、整理、量化而产生大数据；商业智能是数字化的目的，即通过对数据的关联和分析管理对象与管理行为产生透视、理解以及预测，并随之做出相应的决策。自动化则是设备、装备或流程按照既定程序自动进行监测、运行和风险预警，它没有互联，更没有形成大数据并随之产生商业智能。信息化则是通过 IT 系统将管理与业务流程电子化，虽然它有一定程度的互联，但只是达到了可视化的目的，而并没有对大数据进行整合和处理，也就没有商业智能的产生。

数字化研发不仅仅是采用计算机辅助技术（CAX），而是将数字化技术在研发各个环节中广泛应用和彼此协同，同时建立产品数据平台，打造开放、并行的研发工作机制，其框架如图 2-8 所示。

图中数字化研发可以分为战略规划层、开发运营层和项目管理层。其中，战略规划层主要是结合内外部的大数据，对市场需求和产品信息进行全面的分析，并以此为依据对产品组合、产品的全生命周期和平台做出精准的、有预见性的规划。当然，这种规划必然是动态的，是紧随着大数据的分析结果而不断调整的。在开发运营层，数字化的运用主要是在计算机辅助技术（CAD、CAE、CAM、PDM 等）的引入、运用和协同上。在项目管理层，数字化的运用主要是通过系统辅助和历史数据的积累与分析，对项目的质量、项目的成本和项目的变更做准确的、实时的管理。

下面以汽车行业的数字化研发举例。早在 20 世纪 90 年代初，世界领先的汽车主机厂就纷纷利用数字化研发技术来应对挑战。比如，丰田汽车就通过二十多年数字化研发能力的建设来大幅度地提升研发质量，并成功地降低了研发成本，缩短研发周期。

福特汽车也在 20 世纪 90 年代开始投入大量资金进行数字化研发平台建设（C3P），最

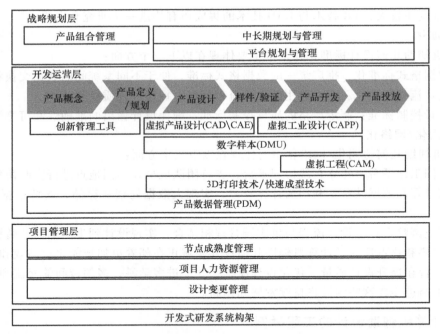

战略规划层

产品组合管理　　　中长期规划与管理

平台规划与管理

开发运营层

产品概念　→　产品定义/规划　→　产品设计　→　样件/验证　→　产品开发　→　产品投放

创新管理工具　　　虚拟产品设计(CAD\CAE)　　　虚拟工业设计(CAPP)

数字样本(DMU)

虚拟工程(CAM)

3D打印技术/快速成型技术

产品数据管理(PDM)

项目管理层

节点成熟度管理

项目人力资源管理

设计变更管理

开发式研发系统构架

图 2-8　数字化研发框架

终降低成本 50%（5 亿美金/年），缩减时间 30%。迄今为止，福特汽车已经开始第二代数字化平台建设（C3P NG），目标将开发周期缩减至 16 个月。福特汽车的 C3P 项目着重于工具的集成和协同工作环境的建立，如图 2-9 所示。

该系统将 CAD、CAE、CAM、PIM 并用，强调使用单一的核心系统和产品数据模型，并要求全球范围内的集成。同时，利用系统、工具、信息的整合和组织结构以及业务流程的优化，创建了高度协同的、虚拟的研发工作环境，以实现市场人员、设计人员、工艺人员和供应商等都能在任何时间、任何地方得到所需的数据，

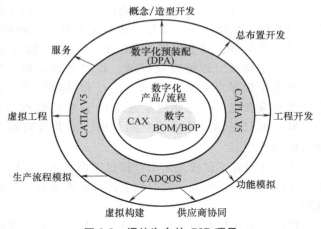

图 2-9　福特汽车的 C3P 项目

并能组成各种工作小组在一定的形式下并行地工作。

汽车产品的数字化开发是建立在 CAD 技术的基础之上，CAD 技术的发展使三维设计和虚拟装配成为现实，逆向工程技术（RE）极大地缩短了从造型到产品的转换周期，CAE 技术使结构分析和运动校核可以在设计阶段完成，避免了反复试验和试制，CAM 技术使设计数据直接用于加工，大大缩短了产品的制造周期。这些技术的广泛使用使汽车产品的开发发生了根本性的变革，使汽车产品也可以按照不断变化的客户需求及时响应，开发一个全新车型的周期已经从 4~5 年缩短到 18 个月左右。利用数字化手段完全可以解决这一问题。比如，数字化样车（DMU）和 3D 打印技术就可以大大缩短验证的时间，降低验证的成本，如图 2-10 所示。

再比如，克莱斯勒汽车公司通过一系列的信息管理措施，使得设计者、工程师、制造人员和零件供应商等相关人员共用同一数据模型。同时，通过计算机工具集成、组织、流程优化等手段，使得以前分阶段进行的串行设计流程向更为协同的并行研发流程。德国奔驰和美国通用等公司也都陆续借助相应的 PDM（产品信息管理）手段实现了产品数据的融合及开发流程的同步。

图 2-10　数字化样车（DMU）安全测试

蔚来汽车选择了 3DEXPERIENCE 平台及其提供的电动交通运输加速器行业解决方案，作为其企业级研发（R&D）工作的基础平台。将开发与制造团队中的不同学科汇聚一体。工程师能够在任何时间、任何地点快速访问完整的车辆数据，并验证车辆的数字工程样机，仅靠一个系统就能完成所有工作。通过中国、美国和欧洲地区团队之间的协作，以更快的速度设计和推出新车型。

在实施 3DEXPERIENCE 平台之前，蔚来汽车的设计人员和工程师在工作时各自为政，只能专注于自己本地的产品开发活动。大量流程为离线流程和纸质流程，这使得位于中国、美国和欧洲不同地点的工作人员难以获取他们所需的信息并共享。自从使用了 3DEXPERIENCE 平台上的 ENOVIA 以来，协作不再是问题。传统汽车制造商开发和推出新车型可能需要 4～5 年，甚至是更长时间，但蔚来汽车发布的 ES8 只用了三年时间。通过全球团队与合作伙伴之间的有力协作，ES8 车型从概念设计到推出，仅用了三年时间。凭借完全一体化的设计与制造流程以及准确的数据，蔚来汽车能够在持续壮大业务的同时着力开展创新。

所有的产品开发都通过统一的系统来进行。这套系统甚至还将合作伙伴纳入其中，包括瑞典和印度的合作伙伴。无论是流程数据还是阶段数据，所有利益相关方都能访问相同数据。在 ENOVIA 的协助下，设计团队的不同专业以及开发部门和制造部门间能够快速实现协作。工程师能够随时快速访问完整的车辆数据，并验证车辆的数字化原型，从而节省大量时间。此外，能够借助仿真与协作，在开发的最早阶段发现问题并解决问题。这不仅缩短了开发周期，使工作效率突飞猛进。通过 3DEXPERIENCE 系统，能够在 3D 环境下直观地开展设计和审核工作，可以采用直接、简单、快速的方式与其他团队进行协作。该平台还贯穿所有信息流，将产品数据、物料清单（BOM）数据、制造数据甚至合作伙伴的零部件等数据都集成在统一的平台上，实现无缝共享。加载完整的整车模型只需 15min，设计人员可随时随地在三维模型环境下进行现场会议及问题讨论，快速定位问题，优化设计方案，如图 2-11 所示。

在设计工程师设计的同时，整车集成工程师实时地打开整车三维设计模型数据，进行整车级的空间浏览、刨切、测量及 DMU 校核，如图 2-12 所示。

图 2-11　三维环境下快速定位、优化设计方案

图 2-12　整车级的空间浏览、刨切、测量及 DMU 校核

2.4 逆向工程

2.4.1 逆向工程的概念

在当今竞争激烈的全球市场中，企业不断寻求新的方法来缩短新产品开发的周期，以满足客户的期望。一般来说，企业已经投资于 CAD/CAM、快速原型制造等一系列新技术。目前，逆向工程（Reverse Engineering，RE）被认为是缩短产品开发周期提供商业利益的技术之一。

逆向工程是以产品设计方法学为指导，以现代设计理论、方法和技术为基础，运用各种领域工程技术人员的设计经验、知识和创新思维，通过对已有产品进行测量和重构模型，在探索和熟悉设计图样的基础上，运用产品设计的关键技术，实现对产品的修复和再设计，达到设计创新、产品更新及产品开发的目的。

新产品开发是设计、制造、装配和维护产品和系统的过程。目前新产品开发包括两种类型：正向工程（见图 2-13）和逆向工程（见图 2-14）。正向工程是传统的开发方式，是从抽象和逻辑设计到系统物理实现，历经设计、制造、装配等直到新产品开发出来的过程。在某些情况下，可能会出现一个没有技术资料的零部件或者产品，如缺乏设计图样、物料清单和工程数据等。在没有图样和模型等技术资料的情况下，通过数字化方式获取零部件和产品物理实体重构的过程被称为逆向工程。逆向工程通过数字化采集设备获取零部件和产品物理实体的几何结构信息，利用数字处理软件和计算机辅助设计系统对所采集的零部件和产品物理实体信息进行处理和三维重构，在计算机上复现原来实物样本的几何结构模型，通过对零部件和产品模型的分析、再设计和创新，快速地加工出新产品。

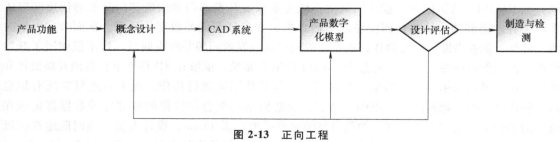

图 2-13 正向工程

图 2-14 逆向工程

根据零部件和产品信息源不同，可将逆向工程分为：

（1）实物逆向 其信息源为零部件和产品的物理实物模型。

（2）软件逆向 其信息源为零部件和产品的工程图样和技术资料等。

（3）影像逆向 其信息源为零部件和产品的照片和影像资料等。

逆向工程不是单纯地把原有零部件和产品还原，它是在还原的基础上进行再创新。所以说逆向工程是一种创新技术，目前逆向工程已广泛应用到各种领域并获得了巨大的社会和经济效益。

2.4.2 逆向工程的研究内容

逆向工程应考虑零部件和产品的数量、大小、复杂性、材料、表面处理、几何形状等方面的要求。逆向工程的研究内容一般有三个：零部件和产品数据采集、数据处理与模型重建、模型开发。

1. 零部件和产品数据采集

零部件和产品数据采集阶段涉及选择正确的采集方法和获得零部件和产品几何特征的信息的方式。通过三维扫描设备采集零部件和产品的几何形状，利用扫描数据产生点云，定义表面几何形状。这些数据采集系统可作为专用工具或作为现有计算机数控（CNC）机床的附加装置。现有数据采集方式主要有接触式扫描和非接触式扫描。

图 2-15 接触式扫描

（1）接触式扫描 接触式扫描是采用带有接触探针的扫描设备自动跟踪零部件和产品表面的轮廓，如图 2-15 所示。目前市场上，接触探针扫描设备是基于三坐标测量技术，其误差范围为 0.01~0.02mm。然而，零部件和产品每个点都是在探针尖端依次生成的。因此，对于尺寸较大的零部件和产品接触式扫描时间会很长。对于柔软材料（如橡胶）的零部件和产品，在扫描过程中接触探针和被测量零部件和产品之间要保持一定的接触压力，这就限制了扫描的精度。

（2）非接触式扫描 非接触式扫描是在不接触零部件和产品表面的情况下采集数据，如图 2-16 所示。非接触式设备通过激光、光学和电荷耦合器件（CCD）传感器来采集零部件和产品表面点数据。非接触式扫描可在较短的时间内获取大量点数据，其误差可以控制在 0.025~0.2mm 以内。随着光学和激光技术的不断发展，非接触式扫描设备的精度会有更大提高。

2. 数据处理与模型重建

数据处理与模型重建包括导入点数据、降低点数据噪声、模型重建。这些任务是通过一系列预定义的过滤器来完成的，并输出一个干净的、最方便格式的点云数据集。该阶段还支持上述扫描阶段中提到的大多数专有格式。数据处理与模型

图 2-16 非接触式扫描

重建软件主要包括两类：一是集成逆向模块的 CAD/CAM 软件，如 Pro/E 中的 Pro/Scan-tools 模块、UG 中的 Pointcloudy 功能；二是逆向工程软件，典型的如 Imageware、Geomagic Studio、Polyworks、和 CopyCAD 等。

3. 模型开发

逆向工程任务是先从点云数据中建立零部件和产品 CAD 模型，主要是通过曲面拟合算法来生成能准确表示点云数据集中描述的零部件和产品三维信息的曲面。然后，按照零部件

和产品常规的加工方式完成逆向开发的制造过程。利用相关的测量方式，对逆向开发的产品进行结构和功能测量。如果与产品设计要求不符，可以重新分析或再设计进行修改。

2.4.3 逆向工程的工作流程

1. 逆向工程对象的分析

在逆向工程中，通过采集逆向零部件和产品的信息，获取逆向工程对象的功能、原理、材料及加工工艺等，具体内容包括：

（1）逆向工程对象的功能原理分析 熟悉零部件和产品所具有的功能特征，以及实现这些功能特征的原理和方法。

（2）逆向工程对象的材料分析 包括零部件和产品材料成分分析、材料结构分析和材料性能检测等内容。

（3）逆向工程对象的加工装配工艺分析 对逆向工程对象进行加工装配工艺分析，主要是分析加工方式和装配工艺，以保证其性能要求。

（4）逆向工程对象的精度分析 零部件和产品的精度影响到产品性能，对逆向工程对象的精度分析包括逆向工程对象形体尺寸的确定、精度分配等。在进行精度分析时可按如下的步骤进行：①明确产品的精度指标；②综合考虑理论误差和原理误差；③尽可能分析所有误差源，确定总的精度指标；④根据实际生产情况，对所做的精度分配进行调整和修改。

（5）逆向工程对象的造型分析 产品造型分析是产品结构设计与艺术设计相结合的综合性技术，它综合运用工艺美学、造型原理、人机工程学原理等对产品的外形、色彩、质地等进行分析，以提高产品的外观质量、舒适性及方便性。

（6）逆向工程对象的系列化和模块化分析 系列化和模块化有利于产品的多品种、多规格、通用化设计，有利于提高产品质量，降低生产成本，从而提高产品的市场竞争力。在实施逆向工程过程中，要以系列化和模块化的思维对逆向工程对象进行分析。

2. 逆向工程数据的处理

零部件和产品在经过三维扫描测量后，获得的数据是分散的点，这种分散点的数据集合为点云数据。由于三维扫描测量设备精度的不同，点云数据分为密集点云和稀疏点云。其中三维扫描测量精度越高，稀疏点云越少，点云数据处理的工作量越小；三维扫描测量精度越低，点云数据处理的工作量越大，但无论设备精度高低，都需对点云数据进行处理。

点云数据处理技术的要点集中在点云简化、点云分离、点云补缺、点云视图对齐四个方面。

（1）点云简化 点云数据具有不规则性、离散性，在三维扫描零部件和产品并成像后，观察到的点云是不规则、杂乱无章的。因此，需要利用点云数据处理方法处理，通常采用的简化方法有：

1）直接删除法：用直观的方式观察点云成像中杂乱、多余的点，再将多余的点云删除。

2）区域检验法：通过数据处理区域框选，删除点云图像外围区域多余的点云。

3）画线法：首先对点云外围描摹大致的外形轮廓线，然后框选描摹后的区域，通过反选操作删除多余的点云。

4）弦高差比对校验法：将检验的点云前后两点相接，进而比对点云与弦之间的距离大小，距离过大则可将此点列为杂点并将其删除。

（2）点云分离 零部件和产品三维扫描后得到的点云数据，通常呈块状的整体形式，为便于后期对每个部件的拆分，需对点云数据进行分离和补缺。常见的点云分离技术是将点云数据先直观分类，根据扫描物体的拆件形式对点云分类，形成大概的拆件形式，然后将每个部件独立，最后完成点云的分离。

（3）点云补缺 数据逆向采集时受外部因素影响，通常会在点云数据表面出现部分破漏，因此点云数据需要补缺，通常采用的补缺方法有：

1）绘制曲面补缺法：在点云上先按照缺口的轮廓绘制曲线，再将曲线阶数调整，最终生成光滑的曲面，从而完成补缺。

2）实体补缺法：先用软件的实体工具绘制出实体，再将绘制出的实体尺寸调整为缺口的大小，最后放置在缺口处并连接、平顺处理，完成补缺。

3）规则面补缺法：产品的外形为对称形态时，可以使用规则面补缺法。首先将零部件和产品对称面没有缺损的点云面复制，再将其粘贴至缺损一端的面上。这种方法效率较高，适用于对称式物体。

（4）点云视图对齐 物体扫描后生成的点云数据集合，通常是无规则的。在逆向处理软件中可以直观地看到点云在多个视图中并不是呈对齐状态，可以通过逆向处理软件将点云视图对齐。

3. 模型曲面的构建

曲面重构后生成的模型是三角形网格的集合。通常曲率越大，三角形网格越多，其文件内容越大。在生成产品实体之前，先对网格优化，优化后的文件以 STL 格式保存，再进入到参数化模型曲面构建的流程。

目前主流的参数化模型软件有 Pro-E、Solidworks、UG 等。在参数化软件中，模型曲面构建主要有特征曲线构建法、轮廓描摹法、结构线提炼法三种，具体曲面构建方法如下：

（1）特征曲线构建法 当存在大量缺损的面时，可以使用特征曲线构建的方法进行处理。首先在草绘视图中绘制缺损件的外围曲线，调节曲线的阶数和曲率使其逼近构造线，也可以通过规则的点云直接生成曲线，最后通过放样、边界混合等命令生成曲面。

（2）轮廓描摹法 对于结构较简单，以外观特征为主导的产品，可以使用轮廓描摹的方式构建曲面。首先在视图中绘制产品的外形轮廓曲线，提炼出结构曲线，最后将结构曲线边界混合或放样，最终构建出曲面。

（3）结构线提炼法 对于精密的结构组件，数据复杂，单纯地使用特征曲线构建则无法生成曲面，此时可以使用结构线提炼的方法来解决。首先分析组件的结构特征并将其拆分，分别在多个视图中绘制结构曲线，调整结构曲线让其逼近原来的特征，最后将结构线放样或边界混合，构建出曲面。

4. 曲面的光顺

复杂的零部件和产品大多数都是由曲面描述的，曲面的质量决定了模型能否用于生产，如果曲面光顺出现问题，那么产品也将会产生缺陷。

曲面光顺的目的是对点云数据的波形过滤。常见的波形过滤方法有平均值过滤法、中间值过滤法和高斯过滤法三种方法，具体如下：

（1）平均值过滤法：平均值过滤法是指在采样过程中计算各贴片点采样值的平均数，将点云数据均匀分布，从而使曲面光顺。

（2）中间值过滤法：在点云数据中，将每三个相近的贴片点取一个样本，在计算机中利用中间值来实现曲面光顺。

（3）高斯过滤法：利用软件中的高斯分布模式重新计算曲面的权重值，特点是可以更有效的保留曲面的原始形态。

2.4.4 逆向工程应用举例

对某零件实施逆向工程的过程如下:

1) 首先采用非接触激光扫描仪等数据采集设备对零件样本模型进行表面几何参数采集, 获取零件表面点云数据。

2) 对采集的点云数据进行预处理, 包括噪声清除、缺陷修补、坐标校正、数据拼合等。

3) 构建曲面型面, 包括截面剖分、截面数据点获取、截面曲线拟合、构建曲面型面、曲面型面平滑光顺、构建型面边界曲线等。

4) 建立零件三维实体模型, 包括曲面型面及其他表面。

5) 将三维实体模型转换为 STL 格式文件, 供给快速原型机加工, 得到零件实体模型, 以供模具开发等应用, 如图 2-17 所示。

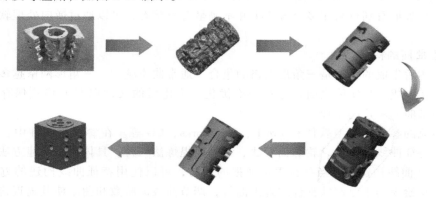

图 2-17 逆向工程应用举例

2.5 可靠性设计

2.5.1 可靠性的定义和分类

1. 可靠性定义

可靠性就是产品在规定的条件下和规定的时间内, 完成规定功能的能力。

产品的可靠性首先与规定的条件有关。规定的条件是指产品所处的环境条件、负荷条件及工作方式等。环境条件包括气候环境(温度、湿度、气压、辐射、霉菌、雾、风、沙、工业气体等)和机械环境(冲击、碰撞、振动、离心、跌落、摇摆、疲劳等)。负荷条件包括所加电压、电流的大小和产品所处的电场条件等。工作方式可分为连续工作和间断工作等。同一产品在不同条件下的可靠性是不一样的。

产品的可靠性是时间的函数, 随着时间的推移, 产品的可靠性会越来越低。产品的可靠性是有时间性的, 在设计产品时通常要考虑产品的使用期、保险期或有效期等。产品的可靠性与规定的功能有着极为密切的联系, 产品规定的功能就是指产品的性能指标。

产品的可靠性, 可以针对产品实现某一种功能而言, 也可以针对其多种功能的综合而言。因此, 在讨论某一具体产品的可靠性以前, 必须先对产品在什么情况下称为不可靠, 在什么情况下称为失效，有明确的规定。也就是说，必须对产品故障失效的判据标准加以规定。

可靠性是产品的一种"能力"，是产品的一种属性。产品制造出来后，其可靠性就基本确定了。可以说，可靠性是设计出来的，制造是保证设计可靠性的实现，可靠性在使用过程中才表现出来。

一般将产品、规定时间、规定条件、规定功能和能力称为可靠性的五要素。

2. 可靠性分类

（1）基本可靠性和任务可靠性　在进行可靠性设计时需综合权衡完成规定功能和减少用户费用两个方面。例如，可靠性设计中常采用冗余技术来提高整个系统完成任务的概率，但是，冗余技术将使系统复杂化，因而增加故障发生的概率，导致增加维修（包括人力、备件等）及后勤保障的需要，也就是增加了用户的费用。因而，提出了基本可靠性和任务可靠性的概念。

1）基本可靠性即产品在规定条件下和规定时间内，无故障工作的能力。基本可靠性与规定的条件有关，即与产品所处的环境条件、应力条件、寿命周期有关，也就是与寿命剖面确定的条件有关。寿命剖面即产品从交付到寿命终结或退出使用这段时间内所经历的全部事件和环境的时序描述，寿命剖面说明产品在整个寿命期经历的事件，如装卸、运输、储存、检测、维修、部署等，以及每个事件的持续时间、顺序、环境和工作方式。它包含一个或几个任务剖面。

2）任务可靠性即产品在规定的任务剖面内完成规定功能的能力。任务可靠性是衡量产品完成规定任务的能力，反映产品在规定的维护修理使用条件下，在执行任务期间某一时刻处于良好状态的能力。任务剖面即产品在完成规定任务这段时间内所经历的事件和环境的时序描述，其中包括任务成功或致命故障的判断准则。对于完成一种或多种任务的产品均应制定一种或多种任务剖面。

（2）固有可靠性与使用可靠性　产品的可靠性还可分为固有可靠性和使用可靠性。固有可靠性是产品早在设计阶段就确定了的可靠性指标，并在生产的各阶段得以确立。固有可靠性是产品本身具有的属性。但是，产品生产出来后要经过包装、运输、储存、安装、使用、维护保养、修理等环节，即使一个本来不会失效的产品也可能由于这些环节中的不利因素，如包装不良、运输时的强烈冲击、使用时的错误操作等造成失效。在这些环节中的可靠性称为使用可靠性。

1）固有可靠性是设计和制造赋予产品的，并在理想的使用环境和保障条件下所具有的可靠性。固有可靠性是可靠性的设计基准。对于具体产品，在设计、工艺确定后，其固有可靠性是固定的。

2）使用可靠性是产品在实际环境中使用时所呈现的可靠性，它反映了产品设计、制造、使用、维修、环境等因素的综合影响。

（3）工作可靠性与不工作可靠性　许多产品往往是工作时间极短，而不工作时间较长，为此，可靠性分为工作可靠性和不工作可靠性。工作可靠性是指产品在工作状态所呈现出的可靠性。不工作可靠性是指产品在不工作状态下所呈现出的可靠性。

（4）软件可靠性　这是为适应软件产品迅速发展而提出的一种可靠性分类。软件是指计算机程序、过程、规则及与其有关的文档和从属于计算机系统运行的数据。数据是用来被计算机设备接收、翻译和处理的结构形式所表示的事实、概念或规则。它们可以存储于计算机内，也可用计算机可读的形式存储于设备之外。

软件可靠性是指在规定条件下和规定时间内，软件不引起系统故障的能力。软件可靠性不仅与软件存在的差错（缺陷）有关，而且与系统输入和系统使用有关。

（5）储存可靠性　储存可靠性是指在规定的储存条件下和规定的储存时间内，产品保持规定功能的能力。许多产品交付以后，由于并非立即使用，而是要在仓库储存一段时间，由于储存期间库房环境变化的影响以及维护保养等原因，将使产品的可靠性发生变化。

3. 可靠性技术的发展

系统可靠性和产品质量不可分离，系统可靠性是衡量系统性能（或产品质量）的重要指标之一。可靠性的前身是伴随着兵器的发展而诞生和发展的，从冷兵器时期，人类已经对当时所制作的石兵器进行了简单检验。在殷商时代已有的文字记载中，就有关于生产状况和产品质量的监督和检验，对质量和可靠性已有了简单朴素的认知。

可靠性最主要的理论基础——概率论早在17世纪初就逐步确立，另一主要理论基础——数理统计学在20世纪30年代初期也得到了迅速发展，1939年，瑞典人威布尔为了描述材料的疲劳强度提出了威布尔分布，后来成为可靠性最常用的分布之一。

进入21世纪后，可靠性工作开始得到重视，其动力主要来源于企业对产品质量的重视。许多工业部门将可靠性工作放在了重要的地位，军工集团也陆续成立了可靠性中心。例如，2008年，我国在1991年建立兵器可靠性中心的基础上，建立了国防科技工业机械可靠性研究中心，使具有完全自主知识产权的可靠性技术成果不断得到推广应用。

目前，中国的系统可靠性工程虽然发展快，但与发达国家相比，还有很大差距。为尽快改变我国可靠性工作的落后局面，应尽快从认识上转变，树立当代质量观，"以质量求生存，求发展"，把产品性能和可靠性同等看待，是推动可靠性发展的关键。与此同时，要有效地推动可靠性工程，应将可靠性理论研究成果和可靠性工程技术应用于可靠性工程实践中，把对产品的可靠性要求纳入产品指标体系，并要有相应的考核要求和办法。

2.5.2　可靠性设计主要内容和常用指标

1. 可靠性设计的主要内容

（1）系统可靠性指标　选取何种可靠性指标取决于系统的类型、设计要求以及使用习惯和方便性等，而系统可靠性指标的等级或量值，则应依据设计要求或已有的试验、使用和修理的统计数据、设计经验、产品的重要程度、技术发展趋势及市场需求来确定。例如，对于汽车，可选用可靠度、首次故障里程、平均故障间隔里程等作为可靠性指标，对于工程机械则常采用有效度。

（2）系统可靠性模型　搜集、分析与掌握某机械系统在使用过程中零件材料的老化、损伤和失效等有关数据及材料的初始性能对其平均值的偏离数据，揭示影响老化、损伤这一复杂的物理化学过程的本质因素，追寻故障的真正原因，研究以时间函数形式表达的材料老化、损伤的规律，从而估计产品在使用条件下的状态和寿命，这就是系统可靠性模型。用统计分析的方法使故障（失效）机理模型化，建立计算用的可靠度模型或故障模型，为机械系统可靠性设计奠定了物理数学基础。

（3）系统可靠性预测　可靠性预测是指在设计开始时，运用以往的可靠性数据资料计算系统可靠性的特征量并进行详细设计，即通过合适手段所获得的数据得出比较确切的可靠性指标，并加以验证。在不同的阶段，系统的可靠性预测要反复进行几次。

（4）系统可靠性分配　将系统可靠性指标分配到各子系统，并与各子系统应达到的指标相比较，判断是否需要改进设计。再把改进设计后的可靠性指标分配到各子系统，与各子系统应达到的指标相比较。根据同样的方法，将确定的产品可靠性指标的量值合理地分配给零部件，以确定每个零部件的可靠性指标值，后者与该零部件的功能、重要性、复杂程度、体积、重量、设计要求与经验、已有的可靠性数据及费用等有关，这些构成对可靠性指标值的约束条件。可采用优化设计方法将系统可靠性指标值分配给各个零部件，以求得到最大经济效益下的各零部件可靠性指标值的最合理匹配。

（5）系统可靠性设计　产品的可靠性是设计出来的，生产出来的，管理出来的。要从本质上提高产品的固有可靠性，必须通过各种具体的可靠性设计。系统可靠性设计是为了在设计过程中挖掘、分析及确定隐患和薄弱环节，并采取设计、预防和改进措施有效地消除隐患和薄弱环节，提高系统和设备的可靠性。

（6）系统故障模式影响及危害性分析　故障模式影响及危害性分析，是通过分析系统中各个零部件的所有可能的故障模式及故障原因以及对系统的影响，并判断这种影响的危害度有多大，从而找出系统中潜在的薄弱环节和关键的零部件，采取必要的措施，以避免不必要的损失和伤亡。

（7）系统故障树分析　故障树以系统所不希望发生的事件（故障事件）作为分析目标，先找出导致这一事件（顶事件）发生的所有直接因素和可能的原因，接着将这些直接因素和可能原因作为第二级事件，再往下找出造成第二级事件发生的全部直接因素和可能原因，并依此逐级地找下去，直至追查到最原始的直接因素。

（8）人机系统可靠性　人机系统是指人与其所控制的机器相互配合、相互制约，并以人为主导而完成规定功能的工作系统。在人机系统可靠性设计中，首先按照科学的观点分析人和机器各自所具有的不同特点，以便研究人与机器的功能分配，从而扬长避短，各尽所长，充分发挥人与机器各自的优点；从设计开始就尽量防止产生人的不安全行为和机器的不安全状态，做到安全生产。

2. 可靠性设计常用指标

（1）可靠度　产品在规定条件下和规定时间内完成规定功能的概率称为可靠度。一般用 $R(t)$ 表示可靠性函数。

假定规定时间为 t，产品寿命为 T，如果某产品寿命 T 比规定时间 t 长（$T>t$），则称此产品在规定时间 t 内能够实现规定功能。

在一批产品中，各个产品寿命有可能 $T>t$，也可能 $T\leqslant t$，这是一个随机事件，产品可靠性的定义可近似用下式表示：

$$R(t)=P(T>t)$$

如果 N 个产品从开始工作到 t 时刻的失效数为 $n(t)$，那么当 N 足够大时，产品在该时刻的可靠度可近似表示为：

$$R(t)\approx\frac{N-n(t)}{N}$$

产品的可靠度是事件的函数（$0\leqslant R(t)\leqslant1$），随着时间的增长，可靠性会越来越低。

（2）失效率　是指工作到某时刻尚未失效的产品，在该时刻后单位时间内发生失效的概率。失效率是时间 t 的函数，记为 $\lambda(t)$，称为失效率函数。

把产品在 t 时刻后单位时间内失效的产品数量和相对于 t 时刻还在工作的产品数量的比值，称为产品在 t 时刻的瞬时失效率，习惯上称为失效率。

产品的失效率是一个条件概率，它表示了产品在工作到 t 时刻的条件下，单位时间内的失效概率。

假定 N 个产品的可靠度为 $R(t)$，那么产品从 t 时刻到 $t+\Delta t$ 时刻的失效数为 $NR(t)-NR(t+\Delta t)$，又由于产品在 t 时刻正常工作的产品数为 $NR(t)$，则瞬时失效率为

$$\lambda(t) = \frac{NR(t)-NR(t+\Delta t)}{NR(t)\Delta t}$$

（3）平均寿命　不可修复的产品和可修复的产品的含义是不同的。对于不可修复产品来说，平均寿命是指产品从开始工作到发生失效前的平均工作时间，称为失效前平均工作时间，记为 MTTF（Mean Time To Failure）。对于可修复产品来说，平均寿命是指两次故障之间的平均工作时间，称为平均无故障工作时间，记为 MTBF（Mean Time Between Failure）。

将 MTTF 和 MTBF 统称为平均寿命，记 θ。其计算公式为

$$\theta = \frac{1}{N}\sum_{i=1}^{N} t_i$$

式中，N 对不可修复产品为试验品数，对可修复产品为总故障次数；t_i 对不可修复产品为第 i 个产品失效前的工作时间，对可修复产品为第 i 次故障前的无故障工作时间。

2.5.3　系统的可靠性设计

系统是由某些相互协调工作的零部件、子系统组成的，为了完成某一特定功能的综合体。组成系统并相对独立的机械零件，称为单元。系统与单元的概念是相对的，由具体研究对象确定。系统分为不可修复系统和可修复系统两类。不可修复系统因为技术上不可能修复、经济上不值得修复、一次性使用的特点，当系统或者其组成单元失效时，不再进行修复而直接报废；而可修复系统一旦出现故障时，则可以通过修复而恢复其功能。

系统的可靠性不仅与组成该系统各单元的可靠度有关，而且与组成该系统各单元的组合方式和相互匹配有关。系统工作过程中，其性能（可靠性）逐步降低。

系统是由若干个零部件组成并相互有机地组合起来，是为完成某一特定功能的组合体，故构成该机械系统的可靠度取决于以下两个因素：①机械零部件本身的可靠度，即组成系统的各个零部件完成所需功能的能力；②机械零部件组合成系统的组合方式，即组成系统各个零件之间的联系形式，共有两种基本形式：一种为串联方式，另一种为并联方式。而机械系统的其他更为复杂的组合基本上是在这两种基本形式上的组合和演变。

1. 系统可靠性预测

系统可靠性预测是在方案设计阶段为了估计产品在给定的工作条件下的可靠性而进行的。它根据系统、部件、零件的功能、工作环境及有关资料，推测该系统将具有的可靠度。它是一个由局部到整体、由小到大、由下到上的过程，是一种综合的过程。

系统的可靠性与组成系统的单元的数目、单元的可靠性以及单元之间的相互功能关系有关。为了便于对系统进行可靠性预测，下面先讨论一下各单元在系统中的功能关系。

可靠性预测的目的如下：

1）设计方案：检验本次设计是否符合预定的可靠度指标。

2）合理协调：协调设计参数与性能指标，以求合理提高产品可靠性。

3）最佳设计：比较不同的设计方案，力求最佳。

4）设计改进：寻找设计薄弱环节，寻求改进。

2. 系统可靠性分配

系统可靠性分配是指将工程设计规定的系统可靠度指标合理地分配给组成该系统的各个

单元，确定系统各组成单元（总成、分总成、组件、零件）的可靠性定量要求，从而使整个系统可靠性指标得到保证。

可靠性分配的目的是将系统可靠性的定量要求分配到规定的产品层次。通过分配使整体和部分的可靠性定量要求达到一致，可靠性分配是一个由整体到局部、由上到下的分解过程。可靠性分配的本质是一个工程决策问题，应按系统工程原则进行。在进行可靠性分配时，必须明确目标函数和约束条件，随之分配方法也应改变。一般还应根据系统的用途分析哪些参数应予以优先考虑，哪些单元在系统中占有重要位置，其可靠度应予以优先保证等来选择设计方案。

可靠性预测是从单元（零件、组件、分总成、总成）到系统，由个体（零件、单元）到整体（系统）进行，而可靠性分配则按相反的方向由系统到单元或由整体到个体进行。因此，可靠性预测是可靠性分配的基础。另外，还可根据以下几个原则做相应的修正：

1）对于改进潜力大的分系统或部件，分配的指标可以高一些。

2）由于系统中关键件发生故障将会导致整个系统的功能受到严重影响，因此关键件的可靠性指标应分配得高一些。

3）在恶劣环境条件下工作的分系统或部件，可靠性指标要分配得低一些。

4）新研制的产品。采用新工艺、新材料的产品，可靠性指标也应分配得低一些。

5）易于维修的分系统或部件，可靠性指标可以分配得低一些。

6）复杂的分系统或部件，可靠性指标可以分配得低一些。

3. 系统可靠性最优化

系统可靠性最优化是指利用最优化方法去解决系统的可靠性问题，又称为可靠性最优化设计。这里讨论关于可靠性的一些优化问题，例如，在满足系统最低限度可靠性要求的同时使系统的费用最小，通过对单元或子系统可靠度值的优化分配使系统的可靠度最大，通过合理设置单元或子系统的冗余部件使系统可靠度最大等。这里指的费用不仅指为提高系统可靠度所需要的花费，还包括保证单元或子系统质量或体积所花费的费用。

（1）花费最少的最优化分配方法　花费最少的最优化分配方法总的原则即为尽可能地提高可靠度，又要使其花费最少。如果系统设计可靠度大于预测计算的可靠度，就需要重新进行分配。

（2）拉格朗日乘子法　拉格朗日乘子法是一种将约束最优化问题转化为无约束最优化问题的求优方法。由于引进了一种待定系数，即拉格朗日乘子，可利用这种乘子将原约束最优化问题的目标函数和约束条件组合成一个称为拉格朗日函数的新目标函数，新目标函数的无约束最优解就是原目标函数的约束最优解。

（3）动态规划法　动态规划求最优解的思路完全不同于求函数极值的微分法和求泛函极值的变分法，它是将多个变量的决策问题分解为只包含一个变量的一系列子问题，通过求解这一系列子问题而求得此多变量的最优解。

2.5.4　可靠性设计在机械工程中的应用

1. 产品设计

在设计机械工程产品时，最重要的环节是产品的整体组装和零件的组装。机械产品非常精确，因此必须足够可靠。机械产品的优化主要从以下两个方面进行：

1）首先了解并掌握机械生产的整个过程，同时每个部件要可靠，然后分析并完成整个机械工程产品的可靠性，并根据推测的结果设计指标。

2）要绘制指标，必须将机器制造的产品的整体性能分配给每个组件，以满足各个组件之间可靠性指标的要求。通常可靠性分配有不同的评估方法，如等同分配法、按比例分配法等。设计单个组件的过程需要进行严格的比较和审查，以确保该组件符合该国的标准规格，确保工程的整体可靠性。可靠性实验也是非常必要的，尤其是必须检查关键零件和组件的可靠性。可以调整问题，直到满足可靠性能的最佳设计要求为止。

2. 产品制造

如果要提高工程产品的整体质量，则必须通过制造环节进行控制。必须充分考虑机械产品的制造连接，尤其是在可靠性优化方面。在加工技术中，有必要选择相对较高的技术水平并提高技术指标，以便可以有效地提高机械生产的整体水平。机械产品制造的每个过程都非常关键。可靠性优化的设计必须考虑到材料和工艺。只有经过全面分析，才能为优化设计制订一系列真正有效的指标。

3. 使用和维护阶段

一些机械制造的产品是消耗品，所有产品都有使用寿命。使用寿命不仅取决于产品本身的设计，还取决于产品的后续使用和维护。维护可以有效地延长设备的使用寿命，这意味着资源使用效能的显著增加。为了延长设备的使用寿命，相关员工必须依据自己的考虑因素和逻辑从实际情况出发，以确定要维修的产品的位置和特定的维修方法。经验丰富的维护人员可以通过出色的维护方法来显著提高某些产品的使用寿命。因此，在计划机械工程维护期间的可靠性优化时，不仅应检查维护成本，而且还应检查可靠性维护的准确性。这样，可以迅速发现并及时解决产品出现故障的问题，从而可以满足延长机械产品寿命的要求。

2.6 绿色设计

2.6.1 绿色设计的概念和内涵

人们希望可以借助设计来改善人、环境、社会之间的关系，从而达到可持续发展的目的。人类的生活方式受益于工业设计，但却加重了能源方面的消耗，破坏了地球生态系统的平衡。

1971年，设计工作者维克多·帕帕奈克在其《为真实的世界设计》一书中，第一次解释了绿色设计理念，强调"有限资源论"，该理论为绿色设计的进步和崛起提供了理论依据。作者认为：工业设计的重心是沟通人类社会与自然的联系，在设计时，应首先考虑对自然资源的运用和保护，以免浪费资源。

1987年，联合国在其报告《我们共同的未来》中，首次提出"可持续发展"的理念，即"满足当代需求的同时不危害后代需求"，在不破坏生态环境的前提下，经济发展过程应把环境因素作为重点。这时，绿色设计正式被提出。随后，绿色消费理念在欧美形成了一股潮流，绿色家电、绿色包装、绿色家具等产品运营而生，得到广大消费群众的青睐，得到市场的高度认可。随着环保绿色设计引起的消费群体规模的扩大，绿色设计理念受到高度的认可和重视。在这背景下，诞生了绿色设计理念，绿色设计理念成为全球的潮流。同时，民众环保意识的提高和政府环保标准的严格也使得绿色设计理念成为供应和需求共识。

美国国会技术评估办公室这样定义绿色设计：绿色设计指的是在设计过程中，环境因素被视为设计目标或者机会而不是约束，要点是结合环境问题的同时，使产品性能、使用寿命、功能等损失最小，两个基本目标是废物的防止和材料的管理。绿色设计也称生态设计、环境设计、环境意识设计，是指在产品从设计到报废的整个生命周期内，着重考虑产品各个环节的循环利用以及维护性，并将其作为设计目标，在满足环境目标要求的同时，又不能有损产品的功能、质量、使用寿命。绿色设计就是要求将环保理念作为产品出发点，力求产品在功能、质量等物理性质不变的前提下对环境的影响最小。

2.6.2 绿色设计的设计原则及主要内容

1. 绿色设计的设计原则

与传统设计相比，绿色设计应遵循如下的设计原则：

（1）资源最佳利用原则 资源的最佳利用，在两个方面最为重要：一方面避免不可再生资源的消耗；另一方面，充分利用选定的材质，在整个产品生命周期中充分利用材质。当前，非再生资源急剧下降，我国人均占有率低，虽然生产制造出很多人造资源，但非再生资源骤降的趋势还是没有得到缓解。所以，必须慎重选择资源，节约资源，避免浪费。

（2）能源最佳利用原则 能源最佳利用，同样是在两个方面最为重要：一方面是尽可能地选择可再生的能源类型，使能源结构达到最优状态，将不可再生资源的消耗数量降低到最少，有效地缓解能源危机；另一方面，设计产品选择能源时力求实现能耗的最小化，通过不断优化设计，使得每个设计环节都能降低能源。

（3）污染最小化原则 绿色设计的目的是降低污染，保护生态环境的平衡，在设计产品时应把绿色设计放在第一位，着重考虑该产品的"绿色性"，充分考虑如何使污染最小，甚至是如何从根本上消除污染源。

（4）人性化原则 在充分考虑到绿色材料能源背景下，为了达到最优的用户体验，绿色产品不仅要保证使用者的操作安全与合理，更要满足用户的审美，以及人机工程学方面的要求。所以说，绿色设计产品在整个生命周期不仅考虑到用户的身心健康，还要给使用者提供一个舒适的使用环境。

（5）综合效益最佳原则 综合效益最佳原则在绿色产品的各个方面都有体现。不论何时，优秀的绿色设计都一定要考虑其经济合理性。如果生产设计者想要一种产品或设计方案能成功进入市场并为消费者普遍接受，那么该产品或设计方案的价格就一定要是消费者能接受的合理价格。当然，绿色设计还要响应环境保护的号召，在设计产品或制订方案时，我们要考虑预测到该产品对生态环境和整个社会或许会产生怎样的影响，并且要实现产品的经济效益和可持续发展。简而言之，如果想要设计出一种较好的可以适应时代发展要求的绿色产品，设计者不仅要考虑到经济效益，还要考虑生态经济效益，达到最大化的综合效益。

2. 绿色设计的主要内容

绿色设计从产品材料的选择、加工流程的确定、产品的包装、运输销售等全生命周期都要考虑资源的消耗和对环境的影响，以寻找和采用尽可能合理和优化的结构和方案，使得资源消耗和对环境的负面影响降到最低。为此，绿色设计的主要内容包括：

（1）绿色产品的描述与建模 准确全面地描述绿色产品，建立系统的绿色产品评价模型是绿色设计的关键。例如，在冰箱产品的设计中，已提出了绿色产品的评价指标体系、评价标准制订原则，利用模糊评价法对冰箱的"绿色程度"进行了评价，并开发了相应的评价工具。

（2）绿色材料的选择与管理 所谓绿色材料，是指可再生、可回收，并且对环境污染小，低能耗的材料。因此，我们在设计中应首选环境兼容性好的材料，避免选用有毒、有害和辐射特性的材料。所用材料应易于再利用、回收、再制造或易于降解提高资源利用率，实现可持续发展。除合理选择材料外，同时还应加强材料管理。绿色产品设计的材料管理包括两方面内容：一方面不能把含有有害成分与无害成分的材料混放在一起；另一方面还要尽量减少材料的种类，以便减少产品废弃后的回收成本。

（3）产品的装配与拆卸性设计　不可拆卸会造成大量可重复利用零部件的浪费，而且因废弃物不好处置，还会严重污染环境。拆卸在现代生产良性发展中起着重要的作用，它要求在产品设计的初级阶段就将可拆卸性作为结构设计的一个评价准则，使所设计的结构易于拆卸、维护方便，并在产品报废后可重用部分能充分有效地回收和重用。为了降低产品的装配和拆卸成本，在满足功能要求和使用要求的前提下，尽可能采用最简单的结构和外形，组成产品的零部件材料种类尽可能少，并且采用易于拆卸的连结方法，拆卸部位的紧固件数量尽量少。

（4）产品的可回收性设计　可回收性设计就是在产品设计时要充分考虑到该产品报废后的回收和再利用问题，即不仅应便于零部件的拆卸和分离，而且应使可重复利用的零件和材料在所设计的产品中得到充分的重视。资源回收和再利用是回收设计的主要目标，其途径一般有两种，即原材料的再循环和零部件的再利用。

（5）产品的包装设计　产品的绿色包装，主要有以下几个原则：

1）材料最省，即绿色包装在满足保护、方便、销售、提供信息的功能条件下，应是使用材料最少而又文明的适度包装。

2）尽量采用可回收或易于降解、对人体无毒害的包装材料。例如，纸包装易于回收再利用，在大自然中也容易自然分解，不会污染环境。因而从总体上看，纸包装是一种对环境友好的包装。

（6）绿色产品的成本分析　绿色产品的成本分析与传统的成本分析不同。由于在产品设计初期，就必须考虑产品的回收、再利用等性能，因此成本分析时，就必须考虑污染物的替代、产品拆卸、重复利用成本、特殊产品相应的环境成本等。对企业来说，是否支出环保费用，也会形成产品成本上的差异。同样的环境项目，在各国或地区间的实际费用，也会形成企业间成本的差异。因此，在每一设计决策时都应进行绿色产品成本分析，以便设计出的产品绿色程度高且总体成本低。

（7）绿色产品设计数据库　绿色产品设计数据库是一个庞大复杂的数据库，该数据库对产品设计过程起到举足轻重的作用，包括产品全生命周期中环境、经济等有关的一切数据，如材料成分、各种材料对环境的影响、材料自然降解周期、人工降解时间、费用，以及制造、装配、销售、使用过程中所产生的附加物数量及对环境的影响，环境评估准则所需的各种判断标准等。

2.6.3　绿色设计的案例分享

可持续的牙膏包装设计不仅对外观进行了物理改造，而且还刷新了产品的图形元素，以满足项目的目标。经过深入的调查研究，在不影响牙膏完整性的情况下，外包装纸盒被淘汰，使得产品更轻且减少了浪费。在考虑产品的陈列方式时，它可以悬挂陈列而不是传统的堆叠形式，可以节省商超的商品陈列空间。它的内包装采用植物纤维管代替传统的塑料管，不仅可以回收，而且可以生物降解，在运输或堆放在货架上时也不会影响牙膏的耐用性。如果实施这一设计，将解决全球牙膏品牌的物流和环境问题，如图2-18所示。

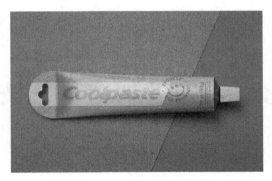

图 2-18　可持续的牙膏包装

本 章 小 结

　　制造业的竞争实际上是产品设计的竞争，设计是制造业的灵魂，创新是设计的灵魂。

　　现代设计理论与方法正是支撑工业时代产品竞争和知识时代产品竞争的有力武器，其经历了逐渐形成和不断发展的历程，既有理论，也有方法，既是科学，又是技术。现代设计可以综合理解为：计算机为工具，专业设计技术为基础，网络为效率，市场为导向的一种综合设计理念，现代设计的实现没有固定的模式。

　　目前，计算机辅助设计、有限元设计、优化设计和可靠性设计已经得到迅速普及。同时，计算机辅助设计的更高阶段——智能设计、虚拟设计，可靠性设计的更高阶段——稳健设计，以及创新设计、绿色设计、动态设计、表面设计等的出现，极大地丰富了现代设计方法的内涵。

复 习 思 考 题

1. 简述现代设计技术的内涵与特征。
2. 简述优化设计的流程与步骤。
3. 简述优化设计中常用的优化方法。
4. 简述计算机辅助设计的关键技术。
5. 简述可靠性设计的基本原则与方法。
6. 绿色设计中的关键技术有哪些？

第3章　先进制造工艺技术

机械制造工艺技术的内涵和面貌随着科技的进步和发展不断发生变化，常规工艺技术逐步优化并不断出现和发展了新型加工方法。先进制造工艺技术是在传统机械制造工艺基础上发展形成的，是加工制造过程中基于先进技术装备的一整套技术规范和操作工艺。当前比较成熟的先进制造工艺技术主要有：精密加工与超精密加工技术、MEMS与微纳制造技术、高速与超高速加工技术、生物制造技术、快速成型制造技术、激光加工技术、高能束加工技术、先进切削加工技术、新型材料加工技术、重型及大型零件加工技术、表面功能性覆层技术及复合加工技术等。

3.1　机械制造工艺技术的内涵与发展

3.1.1　机械制造工艺技术的内涵

机械制造工艺是指产品从原材料到加工后获得预定的形状、尺寸和性能的成品和半成品的过程，由于成形过程的不同，可分为冷加工和热加工。冷加工是指原材料经去除加工获得预定形状与表面质量，传统的冷加工方法包括车削、铣削、刨削、磨削等切削加工。热加工是采用物理、化学等方法使材料转移、去除、结合或改性，从而高效、低耗、少或无余量地制造半成品或精密零部件的加工方法。热加工包括铸造、锻造、焊接和热处理与表面改性处理等。

常见的机械制造工艺流程如图3-1所示，包括原材料及能源供应、毛坯制备、机械加工、材料改性处理、装配检测等环节。

（1）毛坯制备　包括原材料切割、焊接、铸造、锻压成形等工艺过程。

（2）机械加工成形　包括车削、钻削、铣削、刨削、镗削、磨削等不同的切削加工工艺过程。

（3）表面改性处理　包括热处理、电镀、化学镀、热喷涂、涂装等工艺过程。

现代机械制造工艺中，原来严格的工艺界限和分工，如下料和加工、毛坯制造和零件加工、粗加工和精加工、冷加工和热加工、成形与改性等在界限上趋于淡化，在功能上趋于交叉，甚至合而为一，增材制造技术可直接将原材料转变为半成品甚至成品。

实质上，机械制造工艺过程是一种机械零件加工的成形过程。依据材料成形学观点，从物质的组织方式上，可将机械零件成形方式分为材料去除成形、材料受迫成形、材料堆积成形和材料生成成形四种类型。

（1）材料去除成形　材料去除成形是利用分离的方法，将一部分材料有序地从基体材料中分离出去的成形工艺方法，例如，传统的车、铣、刨、磨等切削加工，以及现代的电火

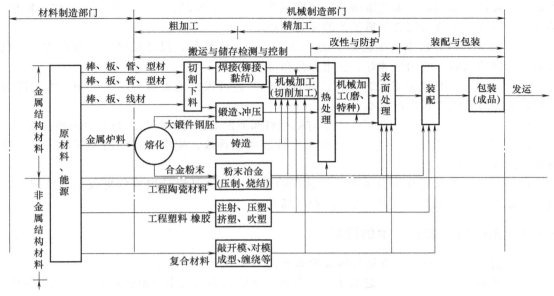

图 3-1 常见的机械制造工艺流程

花加工、激光切割、打孔等特种加工工艺方法。去除成形最先实现了数字化控制，目前仍是主要的制造形式。

（2）材料受迫成形 材料受迫成形是利用材料的可成形性（塑性），在特定边界和外力约束条件下的成形方法，例如，铸造、锻压和粉末冶金、高分子材料注射成形等。

（3）材料堆积成形 又称增材制造，是应用连接及合并等工艺手段，将材料有序地合并堆积起来的一种成形工艺方法，如快速原型制造、焊接、黏合等。

（4）材料生成成形 材料生成成形是利用材料的活性进行成形的方法。自然系统中生物个体发育均属生成成形。

3.1.2 先进制造工艺技术的提出与产生

先进制造工艺是在传统制造工艺基础上，不断改进和提高过程中形成的。先进制造工艺技术的概念于 20 世纪末，由美国联邦科学协会、工程与技术协调委员会（FCCSET）主持实施的先进制造技术（Advanced Manufacturing Technology，AMT）计划时提出，之后，欧洲和亚洲新兴工业化国家相继响应。在之后的二十余年里，制造业不断吸收机械工程技术、电子信息技术、自动化控制理论技术、材料科学、能源技术、生命科学及现代管理科学等方面的成果，将其综合应用于制造业的产品设计、制造、管理、销售、使用、服务以及对报废产品的回收处理的全过程，逐渐形成完备的现代制造工艺体系，为航空、航天、微电子、光电子、激光、分子生物学和核能等尖端技术的出现和发展奠定了基础。

先进制造工艺技术是一个国家制造业核心竞争力的集中体现，特别是对于中国这样一个必须拥有独立完整的现代化工业体系的大国，先进制造工艺技术水平的发展程度决定了制造业的现代化水平，是关系国防建设和国家发展的关键力量和核心技术。

3.1.3 先进制造工艺技术的特点

为适应商品市场的竞争，制造型企业的经营战略需要不断调整，扩大生产规模、降低生产成本、提高产品质量、加快市场响应速度成为企业的主要经营目标，优质、高效、低耗、洁净和灵活等性能成为先进制造工艺的显著特点。

（1）优质　以先进制造工艺加工的产品质量高、性能好、尺寸精确、表面光洁、组织致密、无缺陷杂质、使用性能好、使用寿命和可靠性高。

（2）高效　与传统制造工艺相比，先进制造工艺可极大地提高劳动生产率，大大降低了操作者的劳动强度和生产成本。

（3）低耗　先进制造工艺可大大节省原材料和能源的消耗，提高了自然资源的利用率。

（4）洁净　应用先进制造工艺可做到零排放或少排放，生产过程不污染环境，符合日益增长的环境保护要求。

（5）灵活　能快速地对市场和生产过程的变化以及产品设计内容的更改作出反应，可进行多品种的柔性生产，适应多变的消费市场需求。

3.1.4　先进制造工艺技术的发展

先进制造工艺的进步与发展具体表现如下：

（1）机械加工向超精密、超高速方向发展　超精密加工技术目前已进入纳米加工时代，可实现 10nm 级的加工精度，并逐渐向原子级加工极限逼近；精切削加工技术由目前的红外波段向加工可见光波段或不可见紫外线和 X 射线波段趋近；超精加工机床向多功能模块化方向发展，超精加工材料由金属扩大到非金属。目前高速切削铝合金的切削速度已超过 1600m/min。超高速切削已经成为航空航天、汽车和磨具制造等领域难加工材料加工的重要解决途径。

（2）成形精度向近无余量方向发展　毛坯和零件的成形是机械制造的第一道工序。铸造、锻造、冲压、焊接和下料是金属材料成形的主要方法。随着毛坯精密成形工艺的发展，零件成形的形状尺寸精度正从近净成形（Near Net Shape Forming）向净成形（Net Shape Forming）即近无余量成形方向发展。

（3）新材料及新能源推动制造工艺进步，提高了加工效率和质量　超硬材料、超塑材料、高分子材料、复合材料、工程陶瓷、非晶与微晶合金、功能材料等新型工程材料的加工，传统的制造加工工艺已经不能满足需求，采用新能源及复合加工手段，解决新型材料的加工和表面改性难题。激光、电子束、离子束、分子束、等离子体、微波、超声波、电液、电磁、高压水射流等新型能源或能源载体的引入，形成了多种崭新的特种加工及高密度能切割、焊接、熔炼、锻压、热处理、表面保护等加工工艺或复合工艺及以多种形式的激光加工工艺。

（4）采用模拟技术，优化工艺设计　成形、改性与加工是机械制造工艺的主要工序，在金属原材料制造加工成毛坯或零部件的过程中，各种工艺过程都非常复杂，一直以来全凭经验。其间发生的高温、瞬变的复杂的物理、化学变化无法直接观察，一般间接测试也很困难。近年随着计算机技术和智能检测技术的快速发展，铸造过程仿真模拟技术的产生解决了上述难题。德国的 MACMAsoft、英国的 Procast、国内清华大学的 Flsoft 等软件系统可在计算机上实现浇铸过程仿真，显示充型及凝固过程随时间流动及温度的变化，预测铸造缺陷，并对不同铸造工艺方案作出优化选择。应用铸造过程仿真模拟技术，可以实时显示材料铸造、锻压、焊接、热处理、注塑等各种热加工的工艺过程，预测工艺结果，可通过参数比较优化工艺设计，确保大件一次成功、确保成批件一次试模成功。铸造成形工艺的模拟仿真和计算机辅助铸造工艺技术改变了铸造工艺的设计方法和手段，提高了铸造工艺水平，使铸造这一传统产业在技术上发生了质的飞跃。

（5）采用清洁能源及原材料、实现清洁生产　机械加工过程中会产生大量废水、废渣、废气、噪声、振动、热辐射等，劳动条件繁重危险，已不适应当代清洁生产的要求。近年来清洁生产成为加工过程的一个新目标，除搞好"三废"治理外，重在从源头抓起，杜绝污染的产生。清洁生产的途径有三种：一是采用清洁能源，如用电加热代替燃煤加热，用电熔化代替焦炭冲天炉熔化铁液；二是采用清洁的工艺材料开发新的工艺方法，如在锻造生产中采用非石墨型润滑材料，在砂型铸造中采用非煤粉型砂；三是采用新结构，减少设备的噪声和振动，如在铸造生产中，噪声极大的振击式造型机已被射压、静压造型机所取代。在模锻生产中，噪声大且耗能多的模锻锤，已逐渐被电动机传动的曲柄热模锻压力机、高能螺旋压力机所取代。在清洁生产的基础上，满足产品从设计、生产到使用乃至回收和废弃处理的整个周期都符合特定的环境要求的"绿色制造"将成为 21 世纪制造业的重要特征。

（6）加工与设计之间的界限逐渐淡化，并趋向集成及一体化　CAD/CAM、FMS、CIMS、并行工程、快速原型等先进制造技术的出现及快速发展，使加工与设计逐步一体化。

（7）工艺技术与信息技术、管理技术紧密结合，生产模式不断发展　先进制造生产模式主要有柔性生产、准时生产、精益生产、敏捷制造、并行工程、分散网络化制造等。这些先进制造模式是制造工艺与信息、管理技术紧密结合的结果，反过来这些结果也影响并促进制造工艺的不断革新与发展。

3.2　超精密加工技术

3.2.1　超精密加工概述

1. 超精密加工的内涵

高精尖极端制造技术是制造业发展的必然趋势之一，超精密加工技术则是以追求不断提高加工精度为目标的工程科学与技术。超精密加工技术包括所有能使零件的形状、位置和尺寸精度达到微米级和亚微米级、纳米级范围的机械加工方法。超精密加工技术是在传统切削加工技术的基础上，综合应用近代科技和工艺成果而形成的一门高新技术，是微电子技术、计算机技术、自动控制技术、激光技术的综合应用。近年，精密、超精密加工精度已由微米级、亚微米级、纳米级向原子级加工极限逼近，它以不改变工件材料物理特性为前提，以获得极限的形状精度、尺寸精度、表面粗糙度、表面完整性（无或极少的表面损伤，包括微裂纹、残余应力、组织变化等）为目标，超精密加工已进入国民经济和生活的各个领域。精密加工和超精密加工是一个应用十分广泛的技术，由于生产技术的不断发展，划分的界限也将随着时间推移不断变化，不同时期有不同的界定，很难用固定的数值来表示。在当今技术条件下，普通加工、精密加工、超精密加工的加工精度可作如下的划分：

（1）普通加工　加工精度在 $1\mu m$，加工表面粗糙度 Ra 值为 $0.1\mu m$ 以上的加工方法称为普通加工。目前，在工业发达国家，一般工厂能稳定掌握这样的加工精度。

（2）精密加工　加工精度在 $0.1\sim 1\mu m$，加工表面粗糙度 Ra 值在 $0.01\sim 0.1\mu m$ 之间的加工方法称为精密加工，如金刚车、精镗、精磨、研磨、珩磨等加工。

（3）超精密加工　加工精度高于 $0.1\mu m$，加工表面粗糙度 Ra 值小于 $0.01\mu m$ 的加工方法称为超精密加工。如金刚石刀具超精密切削、超精密磨削、超精密特种加工以及复合加工等。从加工精度的具体数值来分析，精密加工又可分为微米加工、亚微米加工、纳米加工等。

当前不同加工方式的精度范围见表3-1。

表 3-1　当前不同加工方式的精度范围

分类	加工精度	表面粗糙度
普通加工	$1\mu m$	$Ra0.1\mu m$
精密加工	$0.1 \sim 1\mu m$	$Ra0.01 \sim Ra0.1\mu m$
超精密加工	高于 $0.1\mu m$	小于 $Ra0.01\mu m$

现代机械工业之所以要致力于提高加工精度，主要原因在于提高制造精度后可提高产品的性能和质量、提高产品的稳定性和可靠性；促进产品小型化；增强零件的互换性，提高装配生产率，并促进自动化装配。

精密和超精密加工目前主要包含三个领域：

1）超精密切削，如超精密金刚石刀具切削，可加工各种镜面，它成功地解决了高精度陀螺仪、激光反射镜和某些大型反射镜的加工难题。

2）精密和超精密磨削、研磨和抛光，如大规模集成电路基片的加工、高精度硬磁盘等的加工。

3）精密特种加工，如电子束、离子束加工。美国生产的超大规模集成电路最小线宽已达到 $0.1\mu m$，而在实验室中线宽已可达 $0.01\mu m$。

随着时代的进步，超精密加工技术加工精度也不断提高，目前已经进入到了纳米级制造阶段。纳米级制造技术是目前超精密加工技术的巅峰，进行相关研究需要雄厚的技术基础和物质基础作为保障。目前，我国和美国、日本和欧洲各国家都在进行精密和超精密加工研究，如聚焦电子束曝光、原子力显微镜纳米加工技术等，这些加工工艺可以实现分子或原子级的移动，从而可以在硅、砷化镓等电子材料以及石英、陶瓷、金属、非金属材料上加工出纳米级的线条和图形，最终形成所需的纳米级结构，并为微电子和微机电系统的发展提供技术支持。

2. 超精密加工所涉及的技术范围

超精密加工所涉及的技术范围包括：

（1）超精密加工机理　超精密加工是从被加工表面去除一层微量的表面层，包括超精密切削、超精密磨削和超精密特种加工等。当然，超精密加工也应服从一般加工方法的普遍规律，但也有其自身的特殊性，如刀具的磨损、积屑瘤生成的规律、磨削机理、加工参数对表面质量的影响等，需要用分子动力学、量子力学、原子物理等理论来研究超精密加工的物理现象。

（2）超精密加工刀具、磨具及其制备技术　包括金刚石刀具的制备与刃磨、超硬砂轮的修整等，这是超精密加工的关键技术。

（3）超精密加工机床设备　超精密加工对机床设备有高精度、高刚度、高抗振性、高稳定性和高自动化的要求，且应具有微量进给机构。

（4）精密测量及误差补偿技术　超精密加工必须有相应级别的测量技术和测量装置，具有在线测量和误差补偿功能。

（5）超稳定的工作环境　超精密加工必须在超稳定的工作环境下进行，加工环境极微小的变化都有可能影响加工精度。因而，超精密加工必须具备各种物理效应恒定的工作环境，如恒温、净化、防振和隔振等。

3. 国内外超精密加工技术的发展与现状

在超精密加工领域上领先的是美国。20 世纪 60 年代初期，超精密加工技术首先被美国提出，制造出金刚石刀具切割。由于金刚石器械的实现推动了美国的军工业、精密仪器生产工业的发展。1983 年 7 月，美国 LLL 实验室（Lawrence Livermore Laboratory），在美国能源部的支持下研制出大型超精密金刚石车床 DTM-3 型，该车床可加工 ϕ2100mm，质量 1500kg 的工件。这是当时人类社会所能够实现精度最高的大型切割仪器，能够将误差控制在 28nm。1984 年，美国再次将加工车床升级，并大幅度提升加工精度，最终获得大型超精密金刚石非球面车床 LODTM，可加工 ϕ1625mm，质量 1360kg 的非球面工件，加工精度可达 0.025μm，表面粗糙度 Ra 值可达 0.0045μm。至今，该型号的超精密切割机床仍旧是人类世界所能够实现精度最高的仪器之一。美国目前有 30 多家公司参与研制和生产各类超精密加工机床，如莫尔国家实验室（LLNL）和摩尔（Moore）公司等在国际超精密技术加工领域久负盛名。日本超精密技术研究起步较晚，日本现有 20 多家超精密机床研制公司，重点开发中小型民用超精密加工设备，加工对象是电子产品，如照相机、摄像机、办公自动化设备等民用产品，在全世界范围内也已遥遥领先。目前国际上生产超精密机床的厂家主要有美国摩尔公司、普瑞泰克公司，德国奥普特公司等。表 3-2 给出了国际上几种典型的机床技术性能指标。

表 3-2 国际上几种典型的机床技术性能指标

厂家型号/指标	加工尺寸工件直径/(d/mm)	机床精度	加工表面粗糙度/nm	机床类型
美国劳伦斯利弗莫尔国家实验室/DTM-3	2100	圆度：12.5nm(p-v) 平面度：12.5nm(p-v) 形状精度：27.9nm	Ra4.2	切削
美国劳伦斯利弗莫尔国家实验室/LODTM	1625	主轴回转精度和直线运动精度≤50nm （在 x、z 方向）	—	切削
美国克兰菲尔德精密工程研究所/OAGM 2500	2500	形状精度：1μm	—	磨削
日本丰田工机/AHN 60-3D	600	截形精度：0.35μm	Ra16	轴对称、非轴对称切削、磨削
美国摩尔公司/Nanoform 500FG	500	面形精度：0.3μm/ϕ75mm	Ra10	五轴联动自由曲面磨削
美国普瑞泰克公司/Nanoform 700	700	形状精度：0.1μm	Ra40	五轴联动自由曲面铣削、磨削

大量生产的中小型超精密零件大多包含感光鼓、磁盘、光盘、多面镜以及平面球面或非球面的光学和激光透镜、反射镜等。材料多为铜、铝及其合金、费电解镀镍层、进而扩展至塑料及硬脆材料。如陶瓷、光学玻璃、单晶锗、KDP 晶体等，间或有铁氧体材料加工，也有用 CBN 精车黑色金属。中小型精密零件的加工精度见表 3-3。

表 3-3 中小型精密零件的加工精度

加工零件举例	平均加工精度	加工零件举例	平均加工精度
激光光学零件	表面粗糙度 Ra0.006~Ra0.01μm 形状精度 0.1μm	磁盘、光盘	表面粗糙度 Ra0.01~Ra0.04μm 波度 0.01~0.02mm
磁头	表面粗糙度 Ra0.02μm 平面度 0.04μm，尺寸精度±2.5μm	塑料透镜用非球面模具	表面粗糙度 Ra0.01μm 形状精度 0.3~1μm
多面镜	表面粗糙度 Ra0.01~Ra0.02μm 平面度 0.04μm，$\lambda/5~\lambda/10$ λ（为氦氖激光的波长，λ=632.8nm）		

图 3-2 所示为美国 Moore 公司所生产的 Nanotech250UPL 超精密单点金刚石车床。Nano-tech250UPL 单点金刚石车床采用超精密气浮主轴及液体静压导轨系统，具有极高的运动控制精度和工作稳定性。

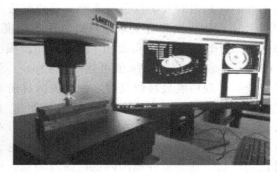

图 3-2　Nanotech250UPL 超精密单点金刚石车床

国内真正系统的提出超精密加工技术的概念是在 20 世纪 80 年代，北京机床研究所于 1987 年成功研制加工球面的 JSC027 空气静压轴承超精密车床，1998 年成功研制加工直径 800mm 的 NAM800 型 CNC 超精密金刚石车床和加工平面的 SQUARE-200 型等超精密铣床。哈尔滨工业大学、北京航空精密机械研究所等单位陆续研制出了超精密主轴及导轨等元部件，并进行了天然金刚石超精密切削刀具刃磨机理及工艺的研究，同时陆续搭建了一些结构功能简单的超精密车床、超精密镗床等设备，开始进行超精密切削工艺实验。非球面曲面超精密加工设备的成功研制是国内超精密加工技术发展的里程碑。非球面光学零件由于具有独特的光学特性，在航空、航天、兵器以及民用光学等行业开始得到应用。国家从"九五"时期就开始投入人力物力支持研发超精密加工设备。到"九五"末期，北京航空精密机械研究所、哈尔滨工业大学、北京兴华机械厂等单位陆续研制了非球面超精密加工设备。北京机床研究所生产的精密轴承和车床，NAM-800 车床已经成为航天航空和军工的主要机床型号（最小分辨率 5nm，表面粗糙度 $Ra0.008\mu m$，不圆度 $0.1\mu m$，主轴回转精度 $0.05\mu m$，导轨直线度 $0.1\mu m/100mm$），如图 3-3 所示。清华大学的微位移工作台、磁盘加工等方面的成果，均在理论层面上超出国际水准。

图 3-3　NAM-800 超精密数控车床

3.2.2　超精密切削加工和金刚石刀具

超精密切削加工主要是用高精度的机床和单晶金刚石刀具进行的加工，也称"单点金刚石切削"。单点金刚石切削起源于美国联合碳化物公司，利用天然金刚石作为刀具、超精密机床采用空气轴承，成功将电解铜直接车削到镜面。超精密切削加工主要用于加工软金属材料，如铜、铝等非铁金属及其合金，也可用于加工光学玻璃、大理石和碳素纤维板等非金属材料，主要加工对象为精度要求很高的镜面零件。例如，光学扫描用的多面棱镜，大功率激光核聚变装置用的大直径非圆曲面镜，以及各种复杂形状的红外光用的立体镜等各种反射镜和多面棱镜，还包括计算机用的磁鼓、磁盘基片等。

超精密切削加工技术采用微量切削就可以获得光滑而加工变质层较少的表面，其最小切削厚度取决于金刚石刀具的刃口半径。切削刃口半径越小，则最小切削厚度越小。因此，具有纳米级刃口锋利度的超精密车削刀具的设计与制造是实现超精密车削的关键技术。国外金刚石刀具制造厂商主要有英国的康图公司和日本的大阪钻石工业株式会社。最新研究进展表明，国外金刚石刀具刃口半径可达到纳米级水平，日本大阪大学和美国 LLL 实验室合作研究出了超精密切削的最小极限，使用极锋锐的刀具和机床条件最佳的情况下，可实现切削厚度为纳米级的连续稳定切削。国内尚不能制造出高精度的圆弧刃金刚石刀具，切削刃口半径只能达到 $0.1 \sim 0.3 \mu m$，生产中使用的高精度圆弧刃刀具均依赖于进口，价格昂贵。

图 3-4 说明了最小切削厚度 h_{Dmin} 与刀具刃口半径 ρ 的关系。图中 A 为极限临界点，在 A 点以上的材料将堆积起来形成切屑，而 A 点以下的材料经刀具后刀面碾压变形后形成加工表面。A 点的位置可由切削变形剪切角 θ 确定，剪切角 θ 又与摩擦系数 μ 和刀刃圆弧半径有关：

当 $\mu = 0.12$ 时，可得：$h_{Dmin} = 0.322\rho$

当 $\mu = 0.26$ 时，可得：$h_{Dmin} = 0.249\rho$

若能正常切削，$h_{Dmin} = 1nm$，要求刀具刃口半径 ρ 为 $3 \sim 4nm$。

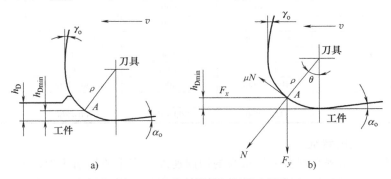

图 3-4　刃口半径与最小切削厚度的关系

1. 超精密切削对刀具的要求

为实现超精密切削，刀具应具有如下性能：

1）极高的硬度、耐用度和弹性模量，以保证刀具有很长的寿命。

2）刃口能磨得极其锋锐，刃口半径 ρ 值极小，能实现超薄的切削厚度。

3）切削刃无缺陷，避免切削时刃形复印在加工表面，而不能得到超光滑的镜面。

4）与工件材料的抗黏结性能好、化学亲和性小、摩擦因数低，能得到极好的、完整的加工表面。

2. 金刚石刀具材料种类及性能对比

金刚石刀具材料主要有单晶金刚石、聚晶金刚石（PCD）、聚晶金刚石复合片（PDC）、化学气相沉积（CVD）涂层金刚石等。影响加工工件表面质量的因素除机床、工件和夹具之外，就是刀具。金刚石刀具的几何参数、刃磨质量和加工过程刀刃磨损、破损及安装等因素将直接影响工件的表面质量。

单晶金刚石晶体具有自然界最高的硬度、刚度、折射率和热导率，以及极高的抗磨损性、抗腐蚀性及化学稳定性。天然金刚石是公认的最理想且不能替代的超精密切削刀具材料，但其价格昂贵。金刚石刀具材料与硬质合金刀具材料的性能对比见表 3-4。

单晶金刚石分天然和人工合成两种，单晶金刚石是单一碳原子的结晶体，其晶体结构属于原子密度最高的等轴面心立方晶系，碳原子都以 SP^3 杂化轨道与 4 个碳原子形成共价键而构成正四面体结构。碳原子之间具有极强的结合力、稳定性和方向性。

聚晶金刚石（PCD）结构是取向不一的细晶粒金刚石和一定量结合剂烧结而成，相比单晶金刚石，其硬度和耐磨性低，而且PCD烧结体表现各向同性，使得聚晶金刚石（PCD）刀具不易沿单一解理面破裂。

聚晶金刚石复合片（PDC）是由硬质合金基底、中间的锆层（厚度约0.01~0.5mm）及加钴或镍（约10%）的金刚石微粒层（晶粒尺寸2~8μm）在超高温、超高压下烧结而成。PDC刀具在韧性和焊接性方面均有提高。锆层也提高了结构的机械强度和密度，补偿了金刚石层和硬质合金之间的热性能差异，使刀具的热稳定性和强度增强。

化学气相沉积（CVD）金刚石是纯金刚石的多晶结构，不含金属结合剂，成本低于PCD，是性能最接近金刚石的刀具材料。CVD金刚石均匀涂层可用于复杂形状的加工。

表 3-4　金刚石刀具材料与硬质合金刀具材料的性能对比

材料类型	单晶金刚石	聚晶金刚石	化学气相沉积金刚石	硬质合金 K 类（WC+Co）
质量密度/(g/cm^3)	3.52	4.1	3.51	14~15
弹性模量 E/GPa	1050	800	1180	610~640
断裂韧性值/($MPa/m^{1/2}$)	3.4	6.9	5.5	10~15
抗弯强度/GPa	0.21~0.49	1~2	0.21~0.49	1.2~2.1
抗压强度/GPa	8.68	7.4	16	3.50~6.0
硬度性值/HV	10000	8000	9000	1350~1550
热导率/(W/m·K)	1000~2000	500	750~1500	80~110
线胀系数 α/($1/10^6 K$)	2.2~5.0	4.0	3.7	4.5~5.5
热稳定性/℃	700~800	700~800	700~800	800~900

3. 金刚石刀具性能特征

通常，金刚石超精密车削会采用很高的切削速度，产生的切削热少，工件变形小，可获得很高的加工精度，同时具有切除亚微米级以下金属层厚度的能力，此时的切削深度可能小于晶粒的大小，切削在晶粒内进行，要求切削力大于原子、分子间的结合力，刀刃上所承受的剪应力可高达13000MPa，刀尖处应力极大，切削温度极高，一般刀具难以承受。

其性能特征归纳如下：

1）具有极高的硬度，硬度可达到 6000~10000HV，而 TiC 仅为 3200HV，WC 为 2400HV。

2）能磨出极其锋锐的刃口，且切削刃没有缺口、崩刃等现象。普通切削刀具的刃口圆弧半径只能磨到 5~30μm，而天然单晶金刚石刃口圆弧半径可小到数纳米，是其他任何材料无法达到的。

3）热化学性能优越，导热性能好，与有色金属间的摩擦因数低、亲和力小。

4）耐磨性好，切削刃强度高。金刚石摩擦因数小，与铝的摩擦因数仅为 0.06~0.13，如切削条件正常，刀具磨损极慢，寿命极高。

除此之外，金刚石刀具切削还具有如下显著优点：平面镜的表面粗糙度可达 Ra5μm，曲面镜的表面粗糙度可达 Ra10μm，形状精度可达 30μm，且加工表面对激光具有很高的耐热损伤性能，精度高于一般切削加工 1~2 个量级。

3.2.3　超精密磨削加工

1. 超精密磨削加工的内涵

对于铜、铝及其合金等软金属，用金刚石刀具进行超精密车削是十分有效的，但是金刚石刀具不宜切削陶瓷、玻璃等硬脆材料，因为在微量切削陶瓷、玻璃时，切应力很大，临界剪切能量密度也很大，切削刃处的高温和高应力会使金刚石产生较大的机械磨损。因此，对于陶瓷、玻璃等硬脆材料，超精密磨削显然是一种理想的加工方法。

超精密磨削是近年发展起来的加工精度最高、表面粗糙度最小的砂轮磨削方法。一般指加工精度达到或高于 $0.1\mu m$、表面粗糙度 Ra 小于 $0.025\mu m$ 的一种亚微米级加工方法，并正在向纳米级发展。镜面磨削一般指加工表面粗糙度 Ra 达到 $0.02\sim0.01\mu m$，表面光泽如镜的磨削方法。从精度和表面粗糙度相应和统一的观点来理解，应该认为镜面磨削属于精密磨削和超精密磨削范畴。

超精密磨削的关键在于砂轮的选择、砂轮的修整、磨削用量和高精度的磨削机床。

2. 超精密磨削加工的方法

超精密磨削加工有砂轮磨削、砂带磨削、研磨、精密研磨、精密砂带研抛等磨削加工方法。下面将重点介绍超精密砂轮磨削方法。

超精密砂轮磨削是利用经过精细修整的粒度为 W40~W50 的砂轮进行磨削，可获得加工精度 $0.1\mu m$，表面粗糙度 $Ra0.025\mu m\sim Ra0.008\mu m$ 的表面质量。

在超精密磨削加工中，所使用的砂轮材料多为金刚石和立方氮化硼（CBN）磨料。因其硬度极高，一般称之为超硬磨料砂轮。金刚石砂轮有较强的磨削能力和较高的磨削效率，可用来加工硬质合金、非金属硬脆材料，如陶瓷、玻璃、半导体材料、铜铝等有色金属及其合金、耐热合金钢等。由于金刚石易于与铁族元素产生化学反应和亲和作用，故对于硬而韧、硬度高、热传导率低的黑色金属材料，则用立方氮化硼砂轮磨削较好。在稳定性方面，立方氮化硼与金刚石磨料相比有较好的热稳定性和较强的化学惰性，其热稳定性可达 1250~1350℃，而金刚石磨料只有 700~800℃。在切除效率方面，用于加工硬质合金及非金属硬脆材料时，金刚石砂轮的金属切除率优于立方氮化硼砂轮，但在加工耐热钢、钛合金、模具钢等时，立方氮化硼砂轮远高于金刚石砂轮。

超硬磨料砂轮常采用的黏结剂有树脂结合剂、金属结合剂和陶瓷结合剂。

树脂结合剂砂轮能够保持良好的锋利性，可加工出较好的工件表面，但耐磨性差，磨粒的保持力较小；金属结合剂砂轮有很好的耐磨性，磨粒保持力大，形状保持性好，磨削性能好，但自锐性差，砂轮修整困难。常用的金属结合剂材料有青铜、电镀金属和铸铁纤维等；陶瓷结合剂是以硅酸钠作为主要成分的玻璃质结合剂，其化学稳定性高，具有耐热和耐酸碱功能，脆性较大。

用金刚石砂轮磨削石材、玻璃、陶瓷等材料时，宜选择金属结合剂，其锋利性和寿命都好；磨削硬质合金和金属陶瓷等难磨材料时，宜选用树脂结合剂，它具有较好的自锐性。立方氮化硼砂轮一般采用树脂结合剂和陶瓷结合剂。

3. 超精密磨床

超精密磨床是超精密磨削的关键。超精密磨削是在超精密磨床上加工完成的，其加工精度主要取决于磨床，遵循"母性原则"的加工规律，不可能加工出比磨床精度更高的工件。目前超精密磨削的精度要求越来越高，已经进入 0.01 微米甚至纳米级，给超精密磨床的研制带来了很大困难，需要多学科多技术的结合。

（1）超精密磨床的特点 超精密磨床应具有高精度、高刚度、高稳定性、微量进给装置和计算机数控系统，以此满足高精密加工要求。

1）高精度。目前国内外各种超精密磨床的磨削精度和表面粗糙度可达到如下指标：

尺寸精度：$\pm0.25\sim\pm0.5\mu m$。

圆度：$0.25 \sim 0.1 \mu m$。

圆柱度：$25000 : 0.25 \sim 50000 : 1$。

表面粗糙度：$Ra0.006 \sim Ra0.01 \mu m$。

2）高刚度。超精密磨床在进行超精密加工时，切削力不会很大，但由于精度要求极高，应尽量减小弹性让刀量，提高磨削系统刚度，其刚度值一般应在 $200N/\mu m$ 以上。

3）高稳定性。为了保证超精密磨削质量，超精密磨床的传动系统、主轴、导轨等结构以及温度控制和工作环境均应有高稳定性。

4）微量进给装置。由于超精密磨床要进行微量切除，因此在横向进给（切深）方向都配有微量进给装置，使砂轮能获得行程为 $2 \sim 50 \mu m$，位移精度 $0.02 \sim 0.2 \mu m$，分辨力达 $0.01 \sim 01 \mu m$ 的位移。实现微量进给的装置有精密丝杠、杠杆、弹性支承、电热伸缩、磁致伸缩、电致伸缩、压电陶瓷等，多为闭环控制系统。

5）计算机数控系统。超精密磨削在生产上要求稳定进行批量生产。因此，现代超精密磨床多为计算机数控磨床，它能大大提高工效，减少人工操作的影响，使磨床质量稳定，一致性好。

（2）超精密磨床结构　超精密磨床在结构上的发展趋势如下：

1）主轴系统。主轴向动静压和静压发展，由液体静压向空气静压发展。空气静压轴承精度高，发热小，稳定，工作环境易清洁。但要注意提高承载能力和刚度。

2）导轨。多用空气静压导轨，有的也采用精密研磨配制的镶钢滑动导轨。

3）石材部件。床身、工作台等大件逐渐采用稳定性好的天然或人造花岗岩制造。

4）热稳定性结构。整个机床采用对称结构，密封结构以及淋浴结构等热稳定性措施。

4. 超精密磨削工艺

有关超精密磨削的砂轮选择、砂轮修整、砂轮动平衡、磨削液选择等问题可参考有关精密磨削和超硬磨料砂轮磨削资料。通常超精密磨削用量如下所列：

砂轮线速度：$1860m/min$；工件线速度：$4 \sim 10m/min$；工作台纵向进给速度：$50 \sim 100mm/min$；磨削深度：$0.5 \sim 1um$；磨削横向进给次数：$2 \sim 4$ 次；无火花磨削次数：$3 \sim 5$ 次；磨削余量：$2 \sim 5 \mu m$。

超精密磨削用量与所用机床，被加工材料，砂轮的磨粒和结合剂材料、结构、修整、平衡，工件欲达精度和表面粗糙度等有关，比较复杂，应根据具体情况进行工艺试验而决定。超精密磨削质量与操作工人的技能水平关系十分密切，应由高技术水平的工人精心细致、科学地操作机床，才能达到预期效果。

5. 影响超精密磨削加工的主要因素

超精密磨削是一种极薄切削，属于超微量切除加工。其去除的余量可能与工件所要求的精度数量级相当，甚至小于公差要求，超精密磨削是一个复杂的系统工程，因此，影响超精密磨削的因素很多，各因素之间又相互关联。

高稳定性是保证超精密加工的前提。超精密磨削需要一个高稳定性的工艺系统，对力、热、振动、材料组织、工作环境的温度和净化等都有稳定性的要求，并且要有较强的抗击来自系统内外的各种干扰的能力。影响超精密磨削加工的主要因素包括被加工材料、超精密磨削机理、超精密磨床、操作者的技艺、工作环境、砂轮的修整、工件的夹紧定位、检测及误差补偿技术等，如图3-5所示。

3.2.4　超精密加工的关键技术及发展方向

精密和超精密加工技术的发展直接影响到一个国家尖端技术和国防工业的发展，因此世界各国对此都极为重视，投入了很大精力研究开发，同时实行技术保密，并控制关键加工技术及设备出口。随着航空航天、高精密仪器仪表、惯导平台、光学和激光等技术的迅猛发展和多领域的广泛应用，对各种高精度复杂零件、光学零件、高精度平面、曲面和复杂形状的加工需求日益迫切。目前，国外已开发了多种精密和超精密车削、磨削、抛光等机床设备，发展了新的精密加工和精密测量技术。

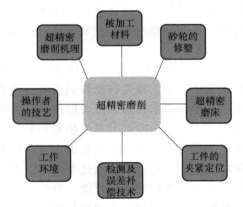

图3-5 影响超精密磨削加工的主要因素

1. 超精密加工的关键技术

从对传统制造技术、工艺、装备不断更新与完善的角度出发，实现超精密加工急需突破的关键技术有：超精密加工机床设备和工艺装备、超精密加工方法和机理、被加工材料、超精密测量技术以及超精密加工工作环境等。

（1）超精密加工机床设备和工艺装备 超精密加工机床以及相应的刀具、夹具等工艺装备是实现超精密加工的首要基础条件。因此，具有相应精度的精密和超精密加工机床和设备是精密和超精密加工应首先考虑的问题。很多精密、超精密加工都是从设计对应的精密和超精密机床及其所配置的高精度、高刚度的刀具、夹具、辅具等工艺装备开始的。

超精密加工机床应具有高精度、高刚度、高加工稳定性和高度自动化的要求，超精密加工机床的精度质量主要取决于机床的主轴、床身、导轨以及高精度微量进给装置等关键部件。

主轴部件是超精密加工机床的圆度基准，也是保证机床加工精度的核心。主轴要求达到极高的回转精度，其关键在于所用的精密轴承，超精密机床一般采用液体静压轴承，液体静压主轴阻尼大、抗振性好、承载力大，但主轴在高速运转时发热多，需采取液体冷却恒温措施。

床身是机床的基础部件，应具有抗振衰减能力强、热膨胀系数低、尺寸稳定性好的要求。

超精密导轨是超精密加工机床的关键部件，闭式液体静压导轨具有高抗振阻尼、高承载力优势，直线度可达 $0.1\mu m$，国外主要超精密机床主要采用液体静压导轨。

高精度微量进给装置是超精密加工机床的又一个关键部件，它对实现超薄切削、高精度尺寸加工和实现在线误差补偿有着十分重要的作用。

图3-6所示为某公司的五轴联动加工中心。此加工中心是高精度一体式五轴联动数控机床，采用全闭环控制技术，配备新一代数控系统，具备"$0.1\mu m$ 进给，$1\mu m$ 切削，纳米级表面效果"的加工能力，硬材料镜面抛光加工表面粗糙度 Ra 值可达到 $5nm$，典型零件的加工精度小于 $5\mu m$，适用于光学模具、精密模具、精密零件及复杂五金件等产品的多轴定位加工

图3-6 五轴联动加工中心

和五轴联动加工。精密高速电主轴 JD150S-20-HA50 采用 HSK-A50 刀具接口形式，主轴最高转速可达 20000r/min，主轴锥孔径向跳动≤0.0015mm，具备铣、磨、钻、镗、攻等复合加工能力。

（2）超精密加工方法和机理　在传统加工方法的技术和工艺体系下，通过对设备和工艺的完善，加工精度仅能得到有限的提升，研究采用新技术和新机理的非传统加工方法才是实现精密、超精密加工的关键所在。目前，通过对光、电、材、化等其他领域新技术的借鉴应用，在当前金刚石刀具超精密切削、金刚石微粉砂轮超精密磨削、精密高速磨削和精密砂带磨削等传统精密和超精密加工方法的基础上，已形成了如电子束、离子束、激光束等高能束加工、电火花加工、电化学加工、光刻蚀等一系列非传统精密和超精密加工方法，以及具有复合加工机理的电解研磨、磁性研磨、磁流体抛光、超声研磨等复合加工方法。加工机理是精密和超精密加工的理论基础。

（3）被加工材料　为了实现精密、超精密加工，对被加工材料有非常严格的要求，只有符合要求的被加工材料才能通过精密和超精密加工达到预期精度。它们在化学成分、力学性能、化学性能、加工性能上均要符合要求，此外材料在满足功能、强度等设计和制造要求的同时，还应该质地均匀、性能稳定、内部和外部无宏观和微观缺陷。因此，研究可以实现精密、超精密加工的材料，以及相关的材料处理技术也是精密和超精密加工得以应用须解决的关键问题。

（4）超精密测量技术　超精密加工的顺利开展必须具备相应的检测技术，形成加工和检测一体化。目前超精密加工的检测方法有三种方式：离线检测、在位检测和在线检测。

离线检测是指在加工完成后，将工件从机床上取下，在专用检测设备或环境中进行的检测。一般情况下的检测都是指离线检测，离线检测只能检测加工后的结果，不能连续检测加工过程的变化，但检测条件较好，不受加工条件的限制，可以充分利用各种测量仪器，因此测量精度较高。

在位检测是指工件在机床上加工完成后，直接在机床上进行检测，如果检测后发现工件某些尺寸不合格，可以立即进行返修。可免除离线检测时由于定位变化带来的误差。与离线检测相比，在位检测的结果更接近实际加工情况。但其只能检测加工后的结果，不能连续检测加工过程的变化。

在线检测是在加工过程中进行实时同步检测，从而能够主动控制加工过程并实施动态误差补偿。

传统数控切削加工就是把数字模型变成实物零件的过程，在加工过程中工件的装夹和过程检测均需要人工参与，而人工操作的精度过低，精度不匹配，导致零件精度下降。无法预知加工过程中产品状态、无法及时跳过不合格品加工、无法实现在线返修等一系列问题，影响生产过程的自动化和智能化。

在线检测与智能修正技术通过对生产过程的监测测量，不仅可以消除人工操作误差，节约加工时间，降低消耗，减少成本，增加产量，提高效益，而且还可以保证产品的质量，增强产品的竞争力，使得数控机床在运行时能够主动获取零件制造信息，能够大幅提升数控机床的智能化和自动化能力，使精密加工精度不再依赖人工的经验来保证，创造了全新的精加工体验，成为打造智能工厂、实现智能制造的有力推手。

（5）超精密加工工作环境　加工环境的极微小变化都可能影响加工精度，使超精密加工达不到预期目的，超精密加工必须在超稳定的加工环境下进行。为了适应精密和超精密加工要求，达到微米甚至纳米级加工精度，必须对超精密加工的工作环境加以严格控制，包括空气环境、热环境、振动环境以及电磁环境等。其中环境温度的变化对机床加工精度的影响最为显著，包括环境温度变化在内的热因素所引起的加工误差占总加工误差的 40%~70%；灰尘的混入会使工件表面划伤影响其表面质量；加工过程中的振动会使工件加工表面出现布纹状痕迹，使表面质量显著下降。

超精密加工只有在稳定的工作环境下才能达到预期的精度和表面质量，具体的工作环境要求见表 3-5。综合建立并维护符合精密加工条件的工作环境，是实现超精密加工必须考虑并急需解决的问题之一。

表 3-5　超精密加工环境要求

加工环境	环境要求	衡量指标	实现措施
空气环境	恒湿	相对湿度 35%~45%，波动±10%~±1%	空气调节系统
	清洁	10000~100 级	空气过滤器
热环境	恒温	±1~±0.01℃	恒温间，恒温罩
振动环境	隔振	消除内部振动，隔绝外部振动干扰	隔振地基、隔振垫、隔振墙

1）环境温度变化的影响。在超精密加工中，环境温度变化是加工误差的主要来源。加工过程中温度的变化会造成机床设备和工件的热变形，使机床加工精度下降，不能获得理想的加工精度。因此，一方面要严格控制环境恒温，另一方面要选择合适的材料，超精密加工机床中使用的材料有氧化铝陶瓷、铸铁、钢、花岗岩、树脂混凝土和零膨胀玻璃等。

例如，长 100mm 的钢件，温度升高 1℃，其长度将增加 1~1.2μm，铝件的长度将增加 2.2~2.3μm。因此超精密加工和测量必须在恒温条件下进行。若要保证 0.1~0.01μm 的加工精度，温度变化应小于±（0.01~0.1）℃。有些超精密机床，在内部易产生热变形处用恒温油进行冷却，还有超精密机床在外面加透明塑料罩，用恒温油浇淋。现在恒温油可控制在（20±0.0005）℃，室温可控制在（20±0.005）℃。

2）环境湿度变化的影响。在要求纳米级加工的超精密环境中，环境湿度稍有变化对加工精度都会造成极大的影响。环境湿度和温度有密切的关系，对湿度和温度均要进行严格控制。表 3-6 给出了美国 209B 标准温度和湿度的控制建议。一般性生产设施的温度、湿度条件见表 3-7。

表 3-6　美国 209B 标准温度和湿度的控制建议

美国 209B 标准	温度/℃			湿度/（%）		
	范围	推荐值	波动值	最高	最低	波动值
	19.4~25	22.2	±2.8，特殊需要时为±0.28	45	30	±10，特殊需要时±5
趋势			±0.1	45	30	±2

表 3-7　一般性生产设施的温度、湿度条件

加工过程	温度/℃	湿度（%）
精密机械加工	(20~26)±0.5	50 以下
半导体加工	23±1	45±5
半导体装配	24±3	55±5

3）外界和自身振动的影响。在超精密加工过程中，振动的干扰会引起切削刀具与被加工零件间的相对振动位移，直接影响工件的加工质量和表面精度。同时会降低金刚石刀具的使用寿命。必须采取有效措施以消除振动干扰，主要从防振和隔振两方面实现。

系统外部设置性能优异的隔振装置，超精密加工应有独立加工间，机床应放置于独立地基和设置隔振沟，使用空气隔振垫（空气弹簧）进行隔振，阻止外部振动传播到工艺系统

中来。例如，M-18AG 在机床下面采用 3 个能自动找平的空气隔振垫支撑。可隔离 2Hz 以上的外界振动干扰。DTM-3 型超精密金刚石车床采用隔振措施后，轴承部件的相对振动振幅为 2nm，并可防止 1.5~2Hz 的外界振动传入。

系统内部进行防振处理，通过合理优化系统结构来消除工艺系统内部自身产生的振动干扰，环境要求净化、防振且恒温，提高机床传动机构的精度，降低转子的动不平衡量，选择合理的切削参数，使外界和自身振动降到最低，以保证被加工工件的精度要求。

4）净化的空气环境。净化的空气环境是超精密加工的基本保障。在日常生活环境与普通车间环境下，空气中含有大量尘埃和微粒，对于普通精度的加工，这些尘埃和微粒不会有什么不良影响，但对于精密和超精密加工这些尘埃和微粒将会直接导致加工精度的下降，因为空气中尘埃和微粒的尺寸大小与加工精度要求相比，已经成为不可忽视的数值。例如，在计算机硬磁盘表面抛光加工时，如果混入了空气中的坚硬尘埃，就会划伤加工表面而不能正确记录信息，严重时会使磁盘报废。在大规模集成电路元件制造过程中，如果在硅片上混入了空气中的尘埃杂质，它可能会在后续的工序中成为不可控制的扩散源而严重影响产品的合格率。

从表 3-8 可知，大气中含有相当多直径在 $0.5\mu m$ 以上的尘埃和微粒，即使是在人们认为比较干净的地方（如手术室），每 ft^3 空气中也含有 $0.5\mu m$ 直径以上的尘埃微粒 50000 个以上。因此为了保证精密和超精密加工产品的质量，必须对周围的空气环境进行净化处理，减少空气中的尘埃含量，即控制空气的洁净度。所谓空气洁净度，是指空气中含尘埃量多少的程度。含尘浓度越低，则空气洁净度越高，规定以空气洁净度级别来区分。我国拟定的空气洁净度等级规范见表 3-9，表中给出了各洁净度等级含尘浓度的限定值，它是室内空气含尘浓度的平均值。

表 3-8　日常环境中空气含尘量

场所	尘埃粒子数（个/ft^3）	场所	尘埃粒子数（个/ft^3）
工厂、车站、学校	2000000	室外（住宅区）	500000
商场、办公室、药房	1000000	病房、门诊	150000
住宅	600000	手术室	50000

表 3-9　空气洁净度等级

等级	每立方米（每升）空气中含直径≥$0.5\mu m$ 尘粒数	每立方米（每升）空气中含直径≥$5\mu m$ 尘粒数
100 级	≤35×100（3.5）	
1000 级	≤35×1000（35）	≤250（0.25）
10000 级	≤35×10000（350）	≤2500（2.5）
1000000 级	≤35×100000（3500）	≤25000（25）

为了保证精密和超精密加工产品的质量，必须对周围空气环境进行净化处理，减少空气中尘埃含量，提高空气的洁净度。随着超精密加工技术的快速发展，对空气洁净度提出了更为苛刻的要求，被控制的微粒直径从 $0.5\mu m$ 减小到 $0.3\mu m$，有的甚至减小到 $0.1\mu m$ 或 $0.01\mu m$。因此，美国联邦标准 209D 上增加了 1 级和 10 级洁净度级别。表 3-10 中给出了美国联邦标准 209D 各洁净度级别不同直径微粒的浓度限定值。每 ft^3 空气中所含直径≥$0.5\mu m$ 尘埃的个数即为所属洁净度级别。如 100 级洁净度即指在 $1ft^3$ 空气中所含直径≥$0.5\mu m$ 尘埃的个数≤100 个。

2. 超精密加工未来发展方向

对于目前国际上超精密加工机床未来研究的重点技术，主要有以下几个方面：

表 3-10 美国联邦标准 209D 各洁净度级别的上限浓度   （单位：个/ft³）

级别	直径/μm				
	0.1	0.2	0.3	0.5	5
1	35	7.5	3	1	—
10	350	75	30	10	—
100	—	750	300	100	—
1000	—	—	—	1000	7
10000	—	—	—	10000	70
100000	—	—	—	100000	700

（1）超精密加工创新工艺技术及其相关机床装备研究 包括金刚石超声车削、复合磨削、新型抛光加工方法研究，相关加工设备的研制等。

（2）超精密加工机床设计理论与设计方法研究 包括超精密机床新型轴系结构设计、超精密复杂曲面加工控制技术研究、智能化控制系统研究、超精密装备基础部件的创新设计研究等。

（3）超精密关键部件的制造、装配 包括机床气浮或液浮主轴、导轨、转台轴系的制造，驱动系统部件、检测部件、超声刀架、快刀部件、在位动平衡、减振隔振部件、恒温系统的制造等，这些部件技术的发展支撑了精密装备的研制与集成。

（4）超精密加工机床的模块化设计与制造 包括标准部件的设计制造标准、各部件模块如何组成各类超精密机床等，实现超精密机床快速标准化的生产制造。

（5）超精密机床制造标准的建立 包括超精密部件检测方法、检测仪器、轴系间位置关系的静动态检测与调整方法、超精密机床验收件以及机床制造验收标准等。

3.2.5 超精密加工的应用

超精密加工技术已在航空、航天、半导体、能源、医疗器械等领域的高尖端技术产品制造中发挥了重要作用。

1. 超精密加工技术在军事工业中的应用

美国航空航天局（NASA）在 2004 年就发射了一个利用高精度陀螺仪的测量装置——引力探测器，用于检测地球重力对周围时空的影响。其中陀螺仪的核心部件——石英转子（$\phi38.1mm$）的真球度达到 7.6nm，若将该转子放大到地球的尺寸，则相应的地球表面波峰波谷的误差仅为 2.4m，如此高的加工精度可以说将超精密加工技术发挥到了极限，最终陀螺精度达到了 0.001 角秒/年。

超精密加工技术推动了飞机、导弹等的迅速发展，超精密加工技术使导弹关键元器件的精度和质量产生了飞跃式进步，进而大大提高了导弹的命中率。例如，导弹、飞机等的惯性导航仪器系统中的气浮陀螺的浮子以及支架、气浮陀螺马达轴承等零件的尺寸精度和圆度、圆柱度都要达到亚微米级精度。这些零件都是用超精密金刚石刀具镜面车削加工完成的。导弹头罩的形状由球面向适应空气动力学的复杂形状发展，材料由红外材料向蓝宝石乃至金刚石发展。

发动机喷嘴零件（如旋流槽、微小孔等特征）的精密加工与检测技术、发动机叶片型面及进排气边的精密加工与检测技术、整体叶盘的精密加工与检测技术等的发展为航空发动机零部件的加工与检测提供了可靠保证，推动了航空发动机性能的提升。

2. 超精密加工技术在民用工业中的应用

超精密加工技术在民用光学行业等高尖端技术产品的精密零件加工领域中发挥重要作

用。如相机、复印机、投影仪、隐形眼镜、计算机硬盘驱动器等。信息产业的发展推动了芯片、存储器等的发展，随着存储密度越来越大，对磁盘的表面粗糙度、相应读写设备的悬浮高度及磁头的上下跳动量的要求大大提高，目前国外已经可以把磁头、磁盘的相对间隙控制在 1nm 左右。

3. 超精密加工技术在医疗器械行业的应用

超精密加工技术在医疗器械行业，也发挥着巨大的作用。如采用钛合金或其他贵金属材料制造人造关节，这种高精度零件在表面处理上对清洁度、光整度和表面粗糙度提出了极高要求，需要进行超精密研抛，其形状需根据个人的身体结构定制。此外，如微型内窥镜中的微小透镜及器件、心脏搭桥及血管扩张器、医用微注射头阵列等精密器件的应用在医学领域亦有重要意义。

可见，超精密加工技术在军事工业、民用工业和医疗器械应用领域，都占有重要作用，是尖端技术产品的关键加工手段。

4. 超精密加工的应用案例：隐形眼镜模具的超精密加工

隐形眼镜是一种戴在眼球角膜上，用以矫正视力或保护眼睛的镜片。它不仅从外观和方便性方面给佩戴者带来了很大的改善，同时也在控制各类视力缺陷方面发挥了特殊的功效。当前，全球大约有 1.5 亿隐形眼镜配戴者，镜片品种繁多，且用量巨大。目前绝大多数的隐形眼镜都是通过模压工艺进行生产的，模压成型法具有加工效率高、成本低以及佩戴舒适度佳等优点。

模压成型法就是采用超精密加工技术制造模具，然后精密注塑成型的批量生产方法。在该方法中，模具的超精密加工与检测是实现镜片精密生产制造的技术关键和瓶颈环节，也是保证隐形眼镜最终质量的基础条件，在整个工艺链中至关重要。

一组隐形眼镜的模具通常由凹模、凸模两部分组成，分别对应隐形眼镜的内、外表面，材料以铜、铝等有色金属为主。以凸模为例，其视觉功能区通常由圆滑过渡的多段圆弧沿中心轴线回转而成，不同的视力状况对应不同曲率的回转圆弧，这就是常见的隐形眼镜模具的设计方法，如图 3-7 所示。

在加工过程中，模具形状和尺寸出现偏差会导致镜片功能光度的改变，影响佩戴效果，严重时还可能对人的视力造成损害。因此，保证模具加工的形状、尺寸精度以及良好的表面粗糙度是控制隐形眼镜质量的关键。以美国 Moore 公司所

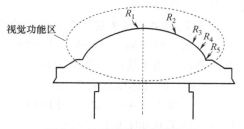

图 3-7 隐形眼镜凸模结构图

生产的 Nanotech250UPL 超精密单点金刚石车床为主要加工设备，结合高精度光学表面轮廓仪 Zygo-ZeGage，进行了隐形眼镜模具的超精密加工与检测集成方法研究，参数见表 3-11。

表 3-11 设备/仪器主要性能参数表

Nanotech250UPL 单点金刚石车床				Zygo-ZeGage		
加工范围/mm	线性分辨率/nm 角度分辨率/(°)	线性定位精度/nm 回转定位精度/(″)	主轴最高转速（双向）/(r/min)	表面形貌重复性/nm	RMS 重复性/nm	光学分辨率
直径：300 长度：200	线性分辨率：0.01 角度分辨率：0.0000001	线性定位精度：12.5 回转定位精度：±1	10000	<3.5	0.1	0.52

分别选择 0°、550°、900°的近视镜片模具为加工、检测对象，使用 Zygo 的 20 倍光学镜

头，镜头通过图像拼接方式将检测范围竖直投影方向的半径值 b 设定为 0.8mm。已知上述三种模具中心圆弧理想的曲率半径分别为 76.3mm、8.55mm、9.42mm，进行加工、检测试验，如图 3-8 所示。

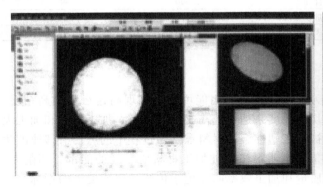

图 3-8　某型号隐形眼镜模具的超精密加工生产

3.3　高速加工技术

高速加工理念于 20 世纪 30 年代初由德国萨洛蒙（Salomon）博士提出后，伴随高速切削机床技术和高速切削刀具技术的发展和进步，直至 20 世纪 70 年代起逐渐进入工业化应用阶段。目前主要在航空航天、汽车制造、模具制造工业等领域广泛应用，与常规切削加工相比，高速切削加工可大幅度地提高加工效率、加工质量、降低生产成本、减少热变形和切削力，可实现高精度、高质量加工，并获得巨大的经济效益。

高速加工理念自提出后，美国 Lockheeed Missilesand Space 公司将高速加工技术用于实际生产。随后，各工业大国都加强对高速加工技术的研发，使得高速主轴、快速进给系统、超硬超耐磨材料和数控系统方面取得较大进展。国外各大汽车公司现在普遍使用高速加工技术来制造汽车，以德国大众汽车为例，大众汽车的缸体，内饰模具以及中控台模具等大平面加工都使用到了高速加工技术，极大地提升了大众汽车的生产率和合格率，降低了成本，节约了能耗。德国某企业自主开发了 XHC240 型高速切削机床，此机床是世界上首台依靠新型感应式直线电动机驱动的机床，主轴最高转速 24000r/min，最高进给速度 60m/min。Siemens 公司也研发出整体结构呈 O 型的 5 轴高速加工中心，使高速加工出的零件的质量进一步得到提升。我国高速切削研究起步较晚，到二十世纪初，我国首台依靠直线电动机驱动的高速切削机床在北京研制成功。目前，我国高速机床技术有了长足进步。沈阳机床有限公司研发出的 BW60HS/I 型系列高速切削机床就是以电主轴为驱动元件，主轴转速最高可达 16000r/min。表 3-12 和表 3-13 分别列出了国际和国内市场部分高速机床产品。

表 3-12　国外几种主要高速机床

生产厂商/国家	机床型号	主轴最高转速/(r/min)	最高进给速度/(m/min)
Kitamura/日本	SPARKCUT6000	150000	60
Cincinnati/美国	Hyper Mach	60000	60~100
Mikron/瑞士	VCP710	42000	30
Ex-cell-O/德国	XHC241	24000	120
Fida S. p. A/意大利	K165/211/411	40000	24

表 3-13　国内高速机床厂家及高速机床产品

生产厂商	机床型号	主轴最高转速/(r/min)	最高进给速度/(m/min)
北京第一机床厂	HRA500 卧式加工中心	12000	45
北京发动机床研究所(合作德国)	KT-1400V 垂直加工中心	15000	48
苏州三光集团对外合作生产	MC60 小型加工中心	10000	50
北京机电研究所	WMC1250 立式加工中心	10000	48

3.3.1　高速加工的内涵

高速加工技术是指采用超硬材料的刀具和磨具，利用能可靠地实现高速运动的高精度、高自动化和高柔性的制造设备，以提高切削速度来达到提高材料切除率、加工精度和加工表面质量的先进加工技术。其显著标志是被加工塑性金属材料在切除过程中的剪切滑移速度达到或超过某一阈值，开始趋向最佳切除条件，使得切除被加工材料所消耗的能量、切削力、工件表面温度、刀具和磨具磨损、加工质量和加工效率明显优于传统切削速度下的指标。

1931 年，德国萨洛蒙（Salomon）博士发表了著名的高速切削理论：一定的工件材料对应有一个临界切削速度，在该切削速度下其切削温度最高。如图 3-9 所示，随着切削速度增加，切削温度不断升高，当切削速度达到临界速度之后，切削温度将不再继续升高，反而随着切削速度的增加而下降。常规切削通常是按 A 区内的速度进行切削加工。如果切削加工速度超越 B 区而在 C 区范围内进行工作，则可用现有的刀具进行高速切削，从而大大缩短切削工时，提高切削效率。

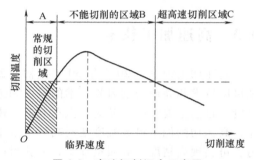

图 3-9　高速切削概念示意图

高速加工技术中的"高速"是一个相对的概念。对于不同工件材料与刀具材料、采用不同的加工方法，高速加工时应用的切削速度也不相同。如何定义高速切削加工，目前世界各国还没有达成统一的共识。目前沿用的高速加工定义主要有以下四种情况：

以切削速度和进给速度界定：高速加工的切削速度和进给速度为普通切削的 5～10 倍以上。

以主轴转速界定：高速加工的主轴转速 ≥10000r/min。

以线速度界定：线速度达到 500～7000m/min 的切削加工为高速加工。

以沿用多年的 DN 值界定：主轴轴承孔直径 D（mm）与主轴最大转速 N（r/min）的乘积为 DN 值。高速加工主轴的 DN 值一般为 10^5 mm×（5～2000）r/min。

此外，高速加工切削速度范围随加工方法和材料不同也有所不同，例如车削为 700～7000m/min，铣削为 300～6000m/min，钻削为 200～1100m/min，磨削为 100～300m/s。

德国达姆施塔特工业大学的研究给出了七种材料的超高速加工的速度范围，如图 3-10 所示，纤维增强塑料为 2000～5000m/min，铝合金为 2000～7500m/min，铜合金为 1000～5000m/min，铸铁为 700～3000m/min，钢为 600～3000m/min，钛合金为 150～1000m/min，镍基合金 80～500m/min。

相比于常规切削加工，高速切削加工速度几乎高出了一个数量级，切削机理亦不同，具有如下特征：

（1）生产率大幅提高　单位时间内的材料切除率和空行时间显著提高，极大地提高了生产率。单位时间切除率可提高 3～5 倍，在材料切除率要求较大的场合尤其适用，如汽车、模具和航空航天等制造领域。

（2）更高的表面质量　可实现高精度、低表面粗糙度的加工质量。由于机床—工件—刀具工

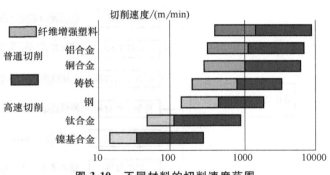

图 3-10　不同材料的切削速度范围

艺系统在高转速和高进给率条件下工作，加工激振频率远高于工艺系统的固有频率，加工过程平稳，可实现高精度、低表面粗糙度的高质量加工。

（3）切削力明显降低　由于高速切削速度高，材料切削变形区内的剪切角大，切屑流出速度加快，切削变形随之减小，其切削力比常规切削降低 30%～90%，特别适合于薄壁类刚度较差的零件加工。

（4）热变形小　切削时 95%～98% 以上的切削热来不及传给工件就被切屑飞速带走，工件温度上升一般不超过 3℃，特别适合于易热变形的大型框架件、薄壁零件、细长件的加工。

（5）可加工各种难加工材料，简化了工艺流程　高速切削可直接加工淬硬材料，在很多情况下可完全省去电火花加工和人工打磨等耗时的光整加工工序，简化了工艺流程。例如，航空和动力部门大量采用的镍基合金和钛合金，强度大、硬度高、耐冲击、加工中容易硬化，切削温度高，刀具磨损严重。采用高速切削可大幅提高生产率，可以有效减少刀具磨损，提高零件加工的表面质量。

（6）大幅降低了生产成本　高速切削由于切除率高、能耗低、工件的单件加工时间短；可在同一台机床、一次装夹完成零件所有的粗加工、半精加工和精加工，有效提高了能源和设备利用率，大幅降低了生产成本。例如，薄壁零件的最小壁厚可薄至 0.05mm，用普通方法根本无法加工。采用高速切削方法，主轴转速 42000r/min，进给速度 15m/min，7.5min 即可顺利完成加工。

当然，高速切削加工也有其自身的局限性。例如，切削加工大部分铝合金时切削速度的提高不受刀具耐用度的限制；但是在切削加工一些难加工材料时（如超耐热不锈钢、钛合金、高强韧高硬度合金钢等），切削速度的提高仍会受到刀具急剧磨损的限制。

3.3.2　高速切削加工的关键技术

高速切削加工所涉及的技术领域较多，如图 3-11 所示。其中关键技术包括高速切削刀具系统、高速主轴系统、高速进给系统、高速 CNC 控制系统等。

1. 高速切削刀具系统

高速切削刀具是实现高速加工的关键工具之一。生产实践证明，阻碍切削速度提高的关键因素是刀具能否承受越来越高的切削温度。刀具材料的发展，刀具结构的变革及刀具可靠性的提高，成为高速切削得以实施的基础。可靠的刀具材料是保障高速切削得以实现的基础。

对刀具材料的基本要求主要体现在四个方面：较高的硬度和耐磨性；较高的强度和韧

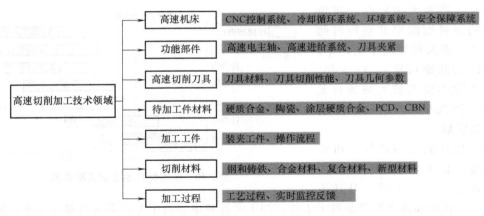

图 3-11　高速切削加工所涉及的技术领域

性；耐热性；较好的工艺性能和经济性。而作为高速切削的刀具材料，除满足上述基本要求外，还应在以下几个方面有更高的要求：具有很高的高温硬度和耐磨性，较好的抗弯强度、冲击韧性和化学惰性，良好的工艺性，且不易变形。此外，由于高速切削所产生的切削热更多地向刀具传递，要求刀具有良好的热稳定性，由于高速切削时的离心力和振动的影响，刀具也要进行严格地动平衡。因而，在设计刀具时要根据高速切削的要求，综合考虑刀具材料的强度、刚度、精度以及耐磨性等。

目前适合于高速切削的刀具材料主要有涂层刀具、陶瓷刀具、金属陶瓷刀具、聚晶金刚石（PCD）和立方氮化硼（CBN）刀具等。

（1）涂层刀具　涂层刀具通过在刀具基体上涂覆热硬性和耐磨性好的金属化合物薄膜，以获得远高于基体的表面硬度和优良的切削性能。刀具基体材料主要有硬质合金、金属陶瓷等。目前的涂层基本都是由几种涂层材料复合而成的复合涂层。硬涂层材料主要三种，化合物材料（如 TiN、TiC、Al_2O_3）、复合化合物材料（如 TiCN、TiAlN、TiAlCN）、软涂层材料（如 $MoS_2/WS_2/WC/C$）等。

（2）陶瓷刀具　陶瓷刀具具有硬度高、耐磨性、以及良好的高温力学性能，并且与金属的亲和力小、化学稳定性好，其高温硬度优于硬质合金，但陶瓷刀具韧性差、承受冲击载荷的能力和抗热冲击性能差，温度突变时容易产生裂纹而破裂。常用的陶瓷刀具材料有金属陶瓷、氧化铝陶瓷、氮化硅陶瓷和赛龙（Sialon）陶瓷等。

（3）金属陶瓷工具　金属陶瓷接近陶瓷的硬度和耐热性，加工时与钢的摩擦系数小，抗弯强度和断裂韧性比陶瓷高。金属陶瓷材料主要包括高耐磨性 TiC 基硬质合金（TiC+Ni 或 Mo）、高韧性 TiC 基硬质合金（TiC+TaC+WC）、强韧 TN 基硬质合金（以 TN 为主体）、高强韧性 TiCN 基硬质合金（TiCN+NbC）等。

（4）聚晶金刚石（PCD）刀具　20 世纪 70 年代，人们利用高压合成技术合成了聚晶金刚石。解决了天然金刚石数量稀少、价格昂贵的问题。金刚石具有极高的硬度和耐磨性，是最硬的刀具材料。聚晶金刚石刀具的摩擦因数低，耐磨性极强，具有良好的导热性，特别适合难加工材料、黏结性强的有色金属的高速切削。

（5）立方氮化硼（CBN）刀具　CBN 是用立方氮化硼为原料，利用超高温高压技术制成的一种无机超硬材料。CBN 材料具有高硬度、良好的耐磨性和高温化学稳定性，具有仅次于金刚石的高硬度（8000-9000HV）和耐磨性，并且具有比金刚石更好的热稳定性，在1400℃高温下其主要性能保持不变，1000℃以下不发生氧化现象，最适合于淬火钢、冷硬铸铁、镍基合金等材料的高速切削，CBN 刀具常用于高速精加工和半精加工。常见刀具材料性能见表 3-14。

表 3-14　常见刀具材料性能

材料性能	刀具材料种类				
	合金工具钢	高速钢	硬质合金	陶瓷	金刚石 PCD
硬度	HRC65	HRC66	HRA90	HRA93.5	HV10000
抗弯强度	2.4GPa	3.2GPa	1.4GPa	0.7GPa	0.3GPa
热导率	45	25	85	35	146.5
热稳定性	350℃	620℃	1100℃	1200℃	1000℃
耐磨性	低	低	较高	高	最高
加工质量	—	—	$Ra \leqslant 0.8\mu m$ IT7~8	$Ra \leqslant 0.8\mu m$ IT7~8	$Ra \leqslant 0.1~0.05\mu m$ IT5~6
加工对象	低速加工	粗精加工	粗精加工	高硬度精加工	高硬度材料的加工

2. 高速主轴系统

高速主轴系统是高速切削技术最关键的系统之一。高速切削机床主轴通常在转速高于 10000r/min 的条件下高速运转。目前，针对精密且复杂零件的优质、高效、绿色、成本低的加工需求，在欧美日等国家高速加工已成为世界领先主流切削加工手段。高速超高速切削被广泛应用于高合金钢、钛合金、镍基合金、纤维强化复合材料。2017 中国国际机床展览会上，五轴联动加工中心展出最多，主轴转速范围多在 18000~42000r/min，高速、高效、高精度加工数控机床逐渐成为发展趋势。目前，国外用于高速加工机床的电主轴转速可达 75000r/min。

机床主轴的轴承必须具有先进的结构，低摩擦、长寿命、良好的润滑和散热条件。高速主轴由于转速极高，主轴零件在离心力的作用下产生振动和变形，因此要求主轴结构紧凑、重量轻、惯性小、避免振动和噪声，具有足够的刚度和回转精度。由于高速运转摩擦热和大功率内装电动机产生的热会引起热变形和高温，还应有良好的热稳定性和先进的润滑和冷却系统，并且要有可靠的主轴监控系统，实时监控各项参数。

高速主轴系统所涉及关键技术有：高速主轴材料、结构、轴承的研究与开发，高速主轴系统动态特性及热态特性研究，柔性主轴及其轴承的弹性支撑技术研究、高速主轴系统的润滑与冷却技术研究等。

高速主轴为满足性能要求，结构上采用交流伺服电动机直接驱动的内装式、集成化电主轴，减少了传动部件，具有更高的可靠性。高速主轴要在极短的时间内实现升降速、快速起停，将电动机和主轴合二为一制成电动机主轴，可实现无中间环节的直接传动。高速电主轴结构如图 3-12 所示，驱动电动机的转子套装在机床主轴上，电动机定子安装在主轴单元的壳体中，采用自带水冷或油冷循环系统，使主轴高速旋转时保持恒定温度。

高速切削机床采用了先进的主轴轴承、润滑和散热等技术。目前高速主轴单元的支撑轴承有陶瓷混合球轴承、液体动静压轴承、空气轴承和磁悬浮轴承等。高速主轴轴承常用的润滑方式有油脂润滑、油雾润滑和油气润滑等方式，其中油气润滑具有油滴颗粒小、能全部有效进入润滑区域、易于附着在轴承接触表面等优良特点，并且兼具润滑和冷却功能，对环境无污染。

3. 高速进给系统

高速进给系统是高速加工机床的重要组成部分，是评价超高速机床性能的重要指标之一，不仅对提高生产率有重要意义，而且也是维持超高速加工刀具正常工作的必要条件。实现高速切削加工不仅要求有很高的主轴转速和功率，同时要求机床工作台有高的进给速度和运动加速度，能在瞬时达到高速和瞬时准停等，所以要求具有很大的加速度以及很高的定位精度。否则，不但无法发挥高速切削的优势，还会因为进给系统的跟踪误差影响加工精度。目前，高速机床对进给速度的要求为 60m/min 以上，特殊情况可达 120m/min ，甚至更高。进给加速度 1g~2g（1g＝9.8m/s），某些超高速机床要求 2g~10g。

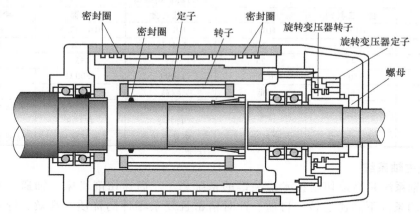

图 3-12　高速电主轴结构

高速进给系统包括进给伺服驱动技术、滚动元件导向技术、高速测量与反馈控制技术和其他周边技术，如冷却和润滑、防尘、防切屑、降噪及安全技术等。

在高速加工机床上采取如下措施可以满足进给运动高速化的要求。

1）采用直线电动机直接驱动进给系统，由内装在机床的磁性运动滑块组成，实现零传动，没有机械刚性摩擦，几乎没有反向间隙，提供了更高的进给速度和更好的加减速特性。

2）数字化和智能化的进给伺服系统具有更高精度和转速。

3）高速进给机构采用碳纤维增强复合材料来减轻工作台重量。

4）采用小螺距、大尺寸、高质量滚珠丝杠或粗螺距多头滚珠丝杠，以此提高快速移动速度和定位精度。

4. 高速 CNC 控制系统

数控高速切削加工要求 CNC 控制系统具有快速数据处理能力和高的控制精度，以保证在高速切削 4 轴、5 轴坐标联动加工复杂曲面型面的高速加工性能。高性能 CNC 数控系统的数据处理功能有两个重要指标：一是单个程序段处理时间，一般采用 64 位 CPU 和多处理器，以此来适应高速要求；二是插补精度，为了确保高速下的插补精度，要有前馈和大数超前程序段预处理功能，此外，还可采用 NURBS（非均匀有理 B 样条）插补、平滑插补等轮廓控制技术。高速切削加工 CNC 系统的功能包括加速预插补、前馈控制、钟形加减速、精确矢量插补、最佳拐角减速控制。

5. 高速加工测试系统

对刀具及高速加工机床系统的运行状态、加工质量进行实时在线监测和控制，保证系统稳定、安全、可靠的运行，包括刀具状态和机床状态监测、环境状态监测、故障诊断及操作人员的安全监测等多方面的实时监控，可大大延长刀具寿命，保证产品质量、提高效率、保证设备及人员安全性。例如，电主轴高速加工时的温升、切削加工时的振动是影响高速精密加工的重要因素，为保证电主轴的工作稳定性，研究温升、轴向位移、振动，对驱动电动机、高速轴承、主轴温升、位移和振动进行监控，为高速加工数控系统提供数据修整，调整主轴转速、进给等参数进行优化。

高速加工测试技术所涉及的关键技术主要有基于监控参数的在线检测技术、高速加工的多传感信息融合检测技术、高速加工机床中各单元系统功能部件的测试技术、高速加工中工件状态的测试技术以及高速加工中自适应控制技术及智能控制技术等。图 3-13 所示为 HS664RT 高速立式加工中心，x 轴最大速度为 22000r/min，y 轴最大速度为 24000r/min，z 轴最大速度为 36000r/min，对合金铝、石墨、淬硬钢、超硬合金等材料的加工有独到之处，可用于中小型工件的加工。

图 3-13　HS664RT 高速
立式加工中心

3.3.3　高速磨削加工的关键技术

高速磨削的主要特点是磨削效率和磨削精度高。在保持材料切除率不变的前提下，提高磨削速度可以降低单个磨粒的切削厚度，从而降低磨削力，减小磨削工件的形变，易于保证磨削精度；若维持原有磨削力不变，则可提高进给速度，从而缩短加工时间，提高生产效率。

高速磨削的另外一个明显特点是可将粗、精加工同时进行。普通磨削时，磨削余量较小，仅用于精加工，磨削工序前需安排许多粗加工工序，配有不同类型的机床。而高速磨削的材料切除率与车削、铣削相当，可以磨代车，以磨代铣，大幅度地提高生产效率，降低生产成本。近年来，高速磨削技术发展较快，现已实现了在实验室条件下达到 500m/s 的高速磨削。高速磨削涉及的主要关键技术包括以下几个方面。

1. 高速磨削

高速磨削对砂轮主轴的要求与高速铣削基本类似，其不同之处在于砂轮直径一般大于铣刀直径，以及砂轮组织结构的不规则性，任何微小的不平衡量都会引起较大的离心力，进而加剧磨削的振动。因此，在更换砂轮或者修整砂轮之后，必须对砂轮主轴及时进行动态平衡调整。所以，高速磨削主轴必须配备自动在线动平衡系统，以将磨削振动降低到最小程度。例如，采用机电式自动动平衡系统，整个系统内置于磨头主轴内，包含有两个电子驱动元件以及两个可在轴上做相对转动的平衡重块。机床检测系统自动检测主轴的工作状态，若主轴振动幅值超过给定的阈值时，便起动自动动平衡系统，按照检测到的不平衡相位自动驱动两平衡块做相对转动，以消除不平衡量，从而达到平衡的目的。这种平衡装置的精度很高，平衡后的主轴残余振动幅值可控制在 $0.1 \sim 1\mu m$，系统平衡块在断电后仍保持在原有位置，停机重新起动后主轴的平衡状态不会发生变化。

高速磨削时，磨头主轴的功率损失较大，且随转速的提高呈超线性增长。例如，当磨削速度由 80m/s 提高到 180m/s 时，主轴的无效功耗从不到 20% 迅速增至 90% 以上，其中包括空载功耗、冷却液摩擦功耗、冷却冲洗功耗等，其中冷却润滑液所引起的损耗所占比例最大，其原因是提高磨削速度后砂轮与冷却液之间的摩擦急剧加大，将冷却液加速到更高的速度需要消耗大量的能量。因此，在实际生产中，高速磨削速度一般为 $100 \sim 200m/s$。

2. 高速磨床

高速磨床除具有普通磨床的一般功能外，还应具有高动态精度、高阻尼、高抗振性和热稳定性等结构特征。

3. 高速磨削砂轮

高速磨削砂轮必须满足：①砂轮基体的机械强度能够承受高磨削时的磨削力；②磨粒突出高度大，以便能够容纳大量的长切屑；③结合剂具有很高的耐磨性，以减少砂轮的磨损；

④高的动平衡精度，保证产品加工质量，提高机床使用寿命。⑤良好的导热性。

高速磨削砂轮的磨粒主要为立方氮化硼（CBN）和人造金刚石，所用的结合剂有多孔陶瓷和电镀镍等。电镀结合砂轮是高速磨削时最为广泛采用的一种砂轮，砂轮表面只有一层磨粒，其厚度接近磨粒的平均粒度，制造时通过电镀的方式将磨粒粘在基体上，磨粒的突出高度很大，用以容纳大量切屑，而且不易形成钝刃切削，所以这种砂轮十分有利于高速磨削，而且单层磨粒的电镀砂轮生产成本较低。除电镀结合砂轮外，多孔陶瓷结合剂砂轮也常在高速磨削时使用。这种结合剂为人造材料，其主要成分是再结晶玻璃。由于具有很高的强度，所以制造砂轮时结合剂用量很少，从而减少了结合剂在砂轮中所占的容积比例。使用这种新型合成结合剂制造立方氮化硼（CBN）砂轮时，所需炉温比常规砂轮低，可保证不影响立方氮化硼（CBN）砂轮的强度和硬度。

超高速磨削用砂轮的基盘通常是经过精密或者超精密加工获得，砂轮在主轴上安装后，由于螺钉分布、法兰装配、冷却润滑液的干涉等因素会改变磨削系统原有的平衡状态，因此，需要对砂轮进行分级动平衡，可保障砂轮在工作转速下稳定磨削。砂轮的平衡主要采用自动在线平衡，即砂轮在工作转速下自动识别不平衡量的幅值和相位并自动完成平衡工作。

4. 冷却润滑液

在磨削过程中，冷却润滑液的利用可提高磨削的材料切除率、延长砂轮的使用寿命，降低工件表面粗糙度值。冷却润滑液需完成润滑、冷却、清洗砂轮和传送切屑的任务，因而它必须具有较高的热容量和热导率，能够承受较高的压力，具有良好的过滤性能、防腐性能和附着力，具有较高的稳定性，有利于环境保护。冷却润滑液出口的流速对高速磨削效果有很大的影响。当冷却润滑液出口速度接近砂轮圆周速度时，液流束与砂轮的相对速度接近于零，液流束贴附在砂轮圆周上流动，约占圆周的 1/12，此时砂轮的冷却与润滑效果最好，但是砂轮清洗效果却很小；冷却润滑液的出口速度必须大于砂轮的圆周速度，才能冲走残留在砂轮结合剂孔穴中的切屑，若砂轮的容屑空间得不到清洗，在磨削过程中极易堵塞，将会导致磨粒发热、磨损，烧伤工件，增加磨削力。

5. 磨削状态监测系统

在线智能监测是保证超高速磨削加工质量和生产率的重要因素。在超高速磨削加工中，砂轮与工件和修整轮的对刀精度直接影响尺寸精度和修整质量，因此对砂轮破碎及磨损状态的监测非常重要。利用磨削过程中产生的各种声发射源来检测声发射信号的变化，以此对磨削状态进行判别和监测。例如，砂轮与工件弹性接触、结合剂破裂、磨粒与工件摩擦、砂轮破碎和磨损、工件表面裂纹和烧伤、砂轮与修整轮的接触等。此外，工件精度和加工表面质量的在线监控技术也是高效率磨削的关键技术。

3.3.4　高速加工技术的应用及实例

1. 高速加工技术的应用

基于高速加工的优良特征使得高速加工在航空航天业、汽车制造工业、模具制造业、光学和精密仪器加工、快速成形以及家用设施生产等应用领域发挥重要作用。

高速加工广泛应用于航空航天中的大型复杂件生产，比如加工机翼、挠性陀螺框架，零件壁厚不到 2mm，但是需要切除 90% 以上的材料，由于切削余量大，如果采用普通方法加工，切削工时长，生产效率低，无法满足飞机产品研制周期的要求，采用高速加工来加工这类带有大量薄壁、细筋的复杂轻合金构件，材料切除效率为常规加工的三倍以上，切削工时也被大大压缩。例如，在飞机制造的过程中，美国波音公司就是采用超高速铣削技术来进行整体薄壁件的生产。

"高柔性"和"高效率"之间的矛盾一直是汽车、摩托车工业的大难题，高速加工技术的出现，汽车工业近年来也开始用高速加工中心组成柔性生产线取代组合机床刚性自动线，实现了多品种、中小批量的高效生产。美国福特汽车公司和 Ingersoll 机床公司合作研制的 HVM800 型卧式加工中心，同时采用高速电主轴和直线电动机，主轴最高转速为 24000r/min，工作台最大进给速度为 1.27m/s。图 3-14 所示为采用五轴加工中心加工的汽车轮毂零件，主轴最高转速 24000r/min。

图 3-14　高速加工的汽车轮毂

在模具制造中，用高速铣削代替传统电火花（EDM）加工，不仅可用高转速、大进给，而且粗、精加工一次完成，加工效率可提高 3 ~ 5 倍。例如，采用高速切削加工淬硬钢模具，硬度可达 HRC60 以上，表面粗糙度 Ra 为 $0.6\mu m$，可达磨削水平，机床的最高主轴转速高达 20000 ~ 40000r/min。

2. 高速加工应用实例—路由器底盒的高速加工

加工对象为路由器底盒注射模型腔，外观呈栅格孔状以满足产品散热功能，在模具上表现为栅格槽状，槽密集且细浅，槽宽度 1mm，长 15mm，深度 1.5mm，长度方向两端为圆弧形，模具材料为 SKD11，公差范围均为 ±0.01mm，表面粗糙度值 Ra 为 $0.1\mu m$。此模具一模多腔，模腔比较大，取其中窄槽的部分特征用两种方法加工比对，加工选的特征图及刀路图如图 3-15 所示。

使用 GF 米克朗 HSM500 高速加工中心，应用高速铣削方式可直接对模具进行加工，粗加工及底部的精加工采用挖槽的方式，精加工采用外形铣削的方式，粗精加工均采用螺旋下刀的方式。根据产品要求，加工的凹槽比较细，只有 1mm，选用直径 $\phi0.8mm$ 的硬质合金铣刀，如图 3-16 所示。采取高转速小切深的原则以获得良好的加工性能，高速铣削加工参数见表 3-15。

图 3-15　高速加工的路由器底盒特征图及刀路图

图 3-16　$\phi0.8mm$ 硬质合金铣刀

表 3-15　高速铣削加工参数表

参数	粗加工	精加工	参数	粗加工	精加工
刀具种类	硬质合金平刀	硬质合金平刀	进给速率/(mm/min)	800	1200
刀具直径/mm	$\phi0.8$	$\phi0.8$	最大切削深度/mm	0.15	0.1
主轴转速/(r/min)	20000	25000			

3.4 MEMS 与微纳制造技术

3.4.1 MEMS 特征

MEMS 全称为 Micro Electro Mechanical System，微机电系统，是指尺寸为几毫米乃至更小的高科技装置，其内部结构一般在微米级甚至纳米级，是一个独立的智能系统。其主要由传感器、动作器和微能源三大部分组成。MEMS 是在微电子技术（半导体制造技术）基础上发展起来的，融合了光刻、腐蚀、薄膜、LIGA、硅微加工、非硅微加工和精密机械加工等技术制作的高科技电子机械器件。MEMS 是集微传感器、微执行器、微机械结构、微电源、微能源、信号处理和控制电路、高性能电子集成器件、接口、通信等于一体的微型器件或系统。MEMS 涉及物理学、半导体、光学、电子工程、化学、材料工程、机械工程、医学、信息工程及生物工程等多种学科和工程技术，为智能系统、消费电子、可穿戴设备、智能家居、系统生物技术的合成、生物学与微流控技术等领域开拓了广阔的用途。常见的产品包括 MEMS 加速度计、MEMS 麦克风、微马达、微泵、微振子、MEMS 压力传感器、MEMS 陀螺仪、MEMS 湿度传感器等，以及它们的集成产品。MEMS 的主要特点如下：

（1）体积小、精度高、重量轻 微机械的体积可达亚微米以下，尺寸精度可达纳米级，重量可至纳克级，通过微细加工已经制出了直径细如发丝的齿轮、3mm 大小且能开动的汽车和花生米大小的飞机。

（2）性能稳定，可靠性高 微机械的体积小，几乎不受热膨胀、噪声、挠曲等因素影响，它具有较高的抗干扰性，可在较差的环境下进行稳定的工作。

（3）能耗低、灵敏度和工作效率高 微机械所消耗的能量远小于传统机械的 1/10，但却能以 10 倍以上的速度来完成同样的工作，如 5mm×5mm×0.7mm 的微型泵，其流速是体积比它大得多的小型泵的 1000 倍，而且机电一体化的微机械不存在信号延迟问题，可进行高速工作。

（4）多功能和智能化 微机械集传感器、执行器、信号处理和电子控制电路为一体，易于实现多功能化和智能化。

（5）适用于大批量生产，制造成本低 微机械采用和半导体制造工艺类似的方法生产，可以像超大规模集成电路芯片一样一次制成大量的完全相同的部件，故制造成本大大降低。如美国的研究人员正在用该技术制造双向光纤维通信所必需的微型光学调制器，通过巧妙的光刻技术制造芯片，将制造成本从过去的 5000 美元降低至如今的几美分。

3.4.2 MEMS 的设计、加工与封装

1. 设计方法

MEMS 的设计任务根据其性质可以分为综合过程与分析过程两个步骤。综合过程是指在确定任务之后，通过功能抽象化，拟定功能结构，寻求适当的作用原理及其组合等，最终得出求解方案的过程。综合过程又分为构型综合和掩模综合，由功能确定 MEMS 结构的过程为构型综合，由 MEMS 结构生成掩模拓扑结构的过程称为掩模综合。

分析过程是综合过程的逆过程，是借助现代分析手段，对已有的系统或方案进行分析和仿真，从而对系统或者方案进行功能论证。根据是否利用计算机进行辅助设计，MEMS 的设计方法可以分为非辅助设计方法和辅助设计方法。

（1）非辅助设计方法 非辅助设计方法是指不采用专业的设计工具，设计者根据实际经验直接进行 MEMS 设计、加工和测试的一种方法。主要过程为：设计者先设计出掩模版图，加工出掩模版，然后据此加工出 MEMS 结构，再进行功能和性能测试，若不满足要求，则重复此过程至满意为止。该方法遵循的是一种"样机-测试-重设计"的设计思路，特点是不需要价格昂贵的专业软件来进行设计仿真分析，但设计周期长，费用高。

（2）辅助设计方法 辅助设计方法是指利用专业设计工具辅助进行 MEMS 设计。根据系统级设计、器件级设计和工艺级设计在设计过程中的不同顺序，可将辅助设计方法分为：自底向上设计法（"bottom-up"设计方法）、自顶向下设计法（"top-down"设计方法）、自底向上和自顶向下相结合的设计法，此处只介绍自底向上和自顶向下的设计法。

1）自底向上（bottom-up）设计法。自底向上的设计也称为正向设计，是指在设计掩模版图与工艺流程的基础上，利用计算机仿真技术得到器件几何模型，然后进行功能和性能验证，如果不满足要求则重复此过程，直到获得满意的设计结果，其原理图如图 3-17 所示。

图 3-17 自底向上设计法原理图

2）自顶向下（top-down）设计法。自顶向下的设计也称为逆向设计、反向设计，是一种在设计顺序上有别于自底向上设计的设计方法。在当前的 MEMS 设计中越来越强调"top-down"设计法，因为它更加注重从宏观层次和自动化角度去解决应用需求。

2. 加工方法

微细加工起源于半导体制造工艺，因此，硅微细加工仍在微细加工中占有重要的位置，其加工方式十分丰富，主要包含了微细机械加工、各种现代特种加工、高能束加工等方式，而微机械制造过程又往往是多种加工方式的组合。目前，微细加工常用的加工方法有以下几种。

（1）超微机械加工 超微机械加工是指用精密金属切削和电火花、线切割等加工方法，制作毫米级尺寸以下的微机械零件，是一种三维实体加工技术，多为单件加工和单件装配，费用较高。微细切削加工适合所有金属、塑料及工程陶瓷材料，主要切削方式有车削、铣削、钻削等。

（2）光刻加工 半导体加工技术的核心是光刻，又称光刻蚀加工或刻蚀加工，简称刻蚀。1958 年左右，光刻技术在半导体器件制造中首次得到成功应用，研制成平面型晶体管，从而推动了集成电路的飞速发展。数十年以来，集成技术不断微型化，其中光刻技术发挥了重要作用。目前可以实现小于 $1\mu m$ 线宽的加工，集成度大大提高，已经能制成包含百万个甚至千万个元器件的集成电路芯片。

光刻加工过程可分为两个阶段：第一阶段为原版制作，生成工作原板或工作掩膜，为光刻时的模板；第二阶段为光刻，光刻的加工过程（见图 3-18）如下。

1）涂胶。涂胶是指把光致抗蚀剂涂敷在已镀有氧化膜的半导体基片上。

2）曝光。曝光通常有两种方法，一种是由光源发出的光束经掩膜在光致抗蚀剂上成像，称为投影曝光；另一种是将光束聚焦形成细小束斑，通过扫描在光致抗蚀剂涂层上绘制图形，称为扫描曝光。常用的光源有电子束、离子束等。

3）显影与烘片。将曝光后的光致抗蚀剂浸在一定的溶剂中，将曝光图形显示出来，称

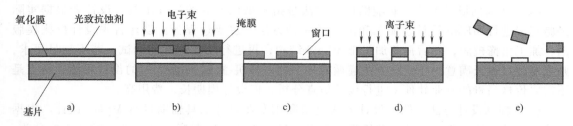

图 3-18　光刻的加工过程

为显影；显影后进行 200～250℃ 的高温处理，以提高光致抗蚀剂的强度，此过程称为烘片。

4）刻蚀。利用化学或物理方法，将没有光致抗蚀剂部分的氧化膜除去。常用的刻蚀方法有化学刻蚀、离子刻蚀和电解刻蚀等。

5）剥膜（去胶）。用剥膜液去除光致抗蚀剂。剥膜后需进行水洗和干燥处理，最后进行外观线条尺寸，间隔尺寸、断面形状、物理性能和电学特性等检查。

（3）LIGA 技术　LIGA 是德文的平版印刷术（Lithographie）、电铸成形（Galvanoformung）和注塑（Abformung）的缩写。该工艺是在 20 世纪 80 年代初由德国卡尔斯鲁厄核原子能研究中心为提取铀 235 研制微型喷嘴结构的过程中产生的。事实上，在此之前的半导体加工技术，除结晶异向性刻蚀外，基本上属于表面加工技术，即所制作的机械结构是二维的。为得到三维的立体结构，则主要依靠于高、深、宽比刻蚀工艺以及低温融接技术等。

LIGA 技术是一种基于 X 射线光刻技术的 MEMS（微机电系统）加工技术，主要包括 X 光深度同步辐射光刻、电铸制模和注模复制三个工艺步骤，如图 3-19 所示。LIGA 制作零件的过程如下：

1）以同步加速器放射的短波长（$\lambda \leqslant 1$nm）X 射线作为曝光光源，在厚度达 0.5mm 的光致抗蚀剂上生成曝光图形的三维实体。

2）用曝光蚀刻图形实体作电铸模具，生成铸型。

3）以生成的铸型作为模具，加工出所需微型零件。

LIGA 技术为 MEMS 提供了一种新的加工手段。利用 LIGA 技术可以制造出由各种金属、塑料和陶瓷零件组成的三维微机电系统，而用它制造出的器件结构具有深宽比大、结构精细、侧壁陡峭、表面光滑等特点，这些都是其他微加工工艺很难达到的。

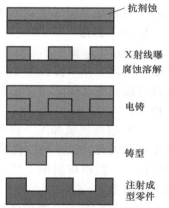

图 3-19　LIGA 加工技术

3. 封装技术

当前，各种各样的 MEMS 器件亟需进行适当的封装。事实上，对于很多 MEMS 设计而言尚不存在效果满意的封装技术。可以说，MEMS 为封装研发者和制造商带来了一系列最新的也是最具诱惑力的挑战。

（1）MEMS 封装策略　MEMS 器件的封装至少增加了一项常规非机械器件所不需要的特殊要求。MEMS 芯片一般含有活动部分，或者这些器件能导致其他物质运动，显然 MEMS 封装的设计必须能适应这些机械运动。对于微光机电系统（MOEMS）而言，光或者光子传输所需的自由通路或者光波导当然也必须在封装过程中予以保证。

一般可以把 MEMS 器件分为两类：一类是具有可动部件的器件；另一类是能使物质产生运动或能让其他器件产生机械动作的器件。在最终封装前，有些运动器件的可动部分在其内部已经被保护了，包括晶圆级封装或封帽的芯片。对于仅需要电输入的惯性器件来说，封帽是目前最普遍和最成熟的方法，但是，为了适应那些需要外部物质的 MEMS 器件，封帽就会变得很复杂。某些在制造后通过晶圆键装配或分离元件的 MEMS 单元（如微泵），可由其结构内部保护自身的可动部分。这时，器件本身就具备了封装的特性。其他一些具有活动表面的元件可在晶圆级甚至芯片级封装过程中被封帽或其他类型的包封保护。封帽可以看作封装的一部分，或者归为预封装步骤，这种工艺也称为零级封装，因为它是发生在芯片连接或一级装配之前的。

具有暴露的可动部分的器件显然需要自由空间封装设计，但在当前的 MEMS 发展阶段，封装方法有限。器件在液体或胶体中的包封是自由空间的一个特例，这时 MEMS 芯片仍可工作。这一方法已用于压力传感器。这种压力传感器被疏水且富有弹性的凝胶体或具有弹性的聚合物包裹后仍然可以工作。值得注意的是，由于在腔体封装中没有因接触包封剂或模塑化合物而产生的应力，所以那些带有帽子而又没有外部或裸露可动部分的 MEMS 器件也能够工作得很好。与封装材料（尤其是能够收缩的热固性聚合物）的直接接触一般会增加应力，对器件产生影响，使其性能降低。MEMS 芯片对应力的敏感程度要比电子芯片高几个量级。许多 MEMS 器件需要自由空间或腔体类封装，因而这一特征可归为 MEMS 封装的标准要求。几乎所有器件，甚至是那些已经具备封帽的器件，在腔体封装后都会工作得更好。

（2）MEMS 对封装的主要要求

1）自由空间（气体、真空或流体）。自由空间封装是指空气或空气腔封装。以前光电器件和早期电子系统的封装全部是自由空间和全密封真空结构的封装，到目前仍然被认为是最好的封装技术。由于玻璃被人们所熟知且来源广泛，易于加工，所以世界上第一个腔体封装就是由玻璃制成的。尽管在显示器件中仍然保留着玻璃封装，但后来的真空封装大多数由金属、陶瓷或金属与陶瓷相结合而制成。

目前，非光腔体封装主要使用两类主流材料——金属和陶瓷。金属封装可以加工成任何尺寸，但是形状一般是方形的盒状结构。

封装制造工艺一般关心的是总成本，而非材料成本，除了金和钯等少数金属外，大多数金属并不昂贵。所以，为了降低成本而进行封装选择时，要优先考虑工艺步骤。另外，电子封装所需的金属外壳需要增加绝缘材料，以便使电连接能安全地通过金属外壳。绝缘材料在键合和热胀方面必须与金属相容，同时也必须能提供气密性。

陶瓷材料也常用于制造腔体封装、开口封装或裸露封装，它们常用在采用倒装芯片或直接贴片（DCA）的中央处理器。一般说来，陶瓷腔体封装比同样的金属封装制造成本低，部分原因是其良好的绝缘性能。与金属封装相反，也正是由于陶瓷腔体封装的绝缘性，反而需要为其添加导体。然而，利用已经成熟的电路工艺在陶瓷上添加金属图形是相当容易且廉价的。由于金属导体可以添加在高密度多层结构中，陶瓷封装技术能够在封装内部实现复杂布线和多层器件的连接。

MEMS 器件可以浸入液体中并正常工作。事实上，MEMS 泵本身就需要液体。即便不是泵，将 MEMS 器件放在介质中也是有好处的。液体还能够提供一个较低的介电常数，并且有助于传热。这样虽然消除了封装对气密性的要求，但是如果液体需要被吸进或在封装内循环时，就需要更复杂的设计，还需要过滤或分离技术。然而，如果液体样品是导电的，那么就必须对电互连进行隔离，例如，喷墨头的封装就是这样做的。

2）低沾污。对于大部分封装来讲，低沾污都是相当重要的；而对于许多 MEMS 器件来说，低沾污尤为关键。沾污问题比看上去要更复杂和更困难，因为在器件组装过程中，外部物质可以进入封装，甚至形成颗粒。封装本身和组装材料也可能是沾污来源。更糟糕的是，只要存在互相接触的磨损机构，MEMS 器件就会在使用过程中产生颗粒。

3）减少应力。灌封对于带帽的 MEMS 器件是一个可行的方法，但从减小应力的角度考虑，采用腔体形式的封装会更好，因为腔体形式的封装可以消除顶部和四周都存在的应力。减小应力是腔体封装一项很重要的优点，这也是采用腔体形式封装的主要原因。

MEMS 器件必须牢固地附着于封装之上、一般使用焊料或有机黏结剂将芯片底部黏结到封装基底。聚合物材料可以吸收温度循环期间由热膨胀的差异所导致的应力，这一点很有价值，甚至十分关键。由于封装常由比硅或其他常用 MEMS 材料更高热胀系数的材料组成，热胀失配的问题十分常见。常用的芯片黏结剂是添加了银的热固性环氧树脂，它能实现热导和电导。当需要电绝缘时，可以使用氧化铝、氧化硅和金属风化物等非导电填料。

4）温度限制。某些类型的 MEMS 器件对温度的限制有要求，事实上它们不能承受与常规电子器件相同的温度。具有明显温度限制的器件需要特殊的封装，这种封装不经历焊料装配所需的极端温度。二级互连可以是像"插针与插销"或"插针与插座"这样的机械式，其中引脚阵列封装（PGA）或类似封装是不错的选择。

5）封装内环境控制。非气密封装内部的气体只能在短时间内得到控制，最终将与外部环境达成平衡。气密封装（准气密封装）可以通过封装内天井机来实现对内部气体含量的控制。吸附剂是可以与封装内特定分子发生反应的化学清除剂，吸气剂是其中的一类。颗粒吸附剂能够吸收和黏住从 MEMS 器件上脱落的微小固体，它们是性能稳定、不释放气体的黏性聚合物。

6）外部通道的选择。电子封装的目的之一是隔离所有可能来自外部环境的影响，而 MEMS 并非都需要完全隔离。对于许多 MEMS 而言，封装更多意义上是一个机械平台而非保护性的外壳。

封装内部的 MEMS 器件或系统可能需要环境中所没有的物质，这必须由储备或者取样容器提供。喷墨打印机就是一个很好的例子，MEMS 喷墨芯片通常与一组三个或三个以上的彩色墨盒相连。

为了防止受到来自水和其他能引起腐蚀或污染的物质的危害，MEMS 应力传感器有时也需要保护。最简单的方法是添加一道或气密或疏水的柔性阻隔层。

7）机械冲击的限制。尽管 MEMS 器件是由非常坚固的材料制成的，但它对机械冲击还是比较敏感。不论是否需要限制振动，封装都可以减小向器件传递的冲击力。塑封可以提供最好的振动吸收和能量耗散，但在封装中增加机械能量吸收结构也并非总是好的方案。测量惯性变化或分析振动要求 MEMS 器件具有良好的机械力传递性能，另外，安全气囊的加速度计会因为能量吸收系统而变得不敏感。

8）粘连。粘连指的是相对光滑的表面相互接触时粘连或锁定在一起。短距离引力存在于任何相互接触的表面之间，然而由于 MEMS 器件尺寸较小，器件的比表面积较大，该问题变得尤为严重。粘连发生时，试图将其分开所需的力可能是芯片内部所能得到的驱动力的百万倍以上。即使通过设计，MEMS 驱动器不存在初始的表面接触，但一次机械振动就可能使部件间发生接触，从而产生粘连。

9）器件自身作为封装。一些 MEMS 结构可以工作在外部环境中，不需要保护。如微喷嘴或微涡轮之类的能量器件，尽管它们最终也会被组合进系统之中，但它们并不需要封装。再如喷墨芯片，除了通常由聚合物覆盖的电界面外，芯片本身非常坚固，不需要进行保护。

10）封装成本。封装工艺会对最终成本产生影响。器件所需的气密性高低决定了可选用的封装材料，而材料又限制了所能用的工艺，因此封装的气密性级别就决定了封装成本的大致范围。机械加工的金属帽封装具有高成本的特点，除了非常专用的器件和系统外，一般只考虑使用其他工艺的金属帽封装，因为尽管其尺寸和形状可能会受到限制，但成本相对要低很多。陶瓷气密封装比一般金属封装的成本要低，而塑性封装则具有更低的成本，尤其是注模类型塑性封装还可以在不增加成本的情况下做得相对复杂。

3.4.3　微纳制造工艺与关键技术

纳米技术是一门在 $0.1 \sim 100nm$ 的尺度空间内研究电子、原子和分子等的结构特性、运动规律和相互作用的崭新学科，它是现代物理（介观物理、量子力学、混沌物理）和先进技术（微电子、计算机、扫描隧道显微技术）相结合的产物，并由此派生出的一系列高新科学技术。纳米技术是 20 世纪 80 年代末至 20 世纪 90 年代初逐步发展起来的。

纳米是一个长度单位，$1nm = 10^{-9}m$。纳米结构通常是指尺寸在 100nm 以下的微小结构。从具体的物质来说，人们往往用细如发丝来形容纤细的东西，其实人的头发的直径一般为 $20 \sim 50\mu m$，并不细。假设一根头发的直径为 0.05mm，把它径向平均剖成 5 万根，每根的厚度约为 1nm。单个细菌用肉眼看不出来，用显微镜测出直径为 $5\mu m$，也不算小。简而言之，1nm 大体上相当于 4 个原子的直径。

1. 纳米材料的种类

纳米材料是指显微结构中的物相具有纳米级尺度的材料。它包含了三个层次，即纳米微粒、纳米固体和纳米组装体系。纳米材料按其材料的性质、结构和性能可有不同的分类方法。

（1）纳米微粒　纳米微粒是指线度处于 $1 \sim 100nm$ 的粒子的聚合体，它是处于该几何尺寸的各种粒子聚合体的总称。纳米微粒的形态并不限于球形，还有片形、棒状、针状、星状和网状等。一般认为，微观粒子聚合体的线度小于 1nm 时，称为簇，而通常所说的微粉的线度在微米级。纳米微粒的线度恰好处于这两者之间，故又被称作超微粒。

（2）纳米固体　纳米固体是由纳米微粒聚集而成的凝聚体。从几何形态的角度可将纳米固体划分为纳米块状材料、纳米薄膜材料和纳米纤维材料。这几种形态的纳米固体又称作纳米结构材料。

（3）纳米组装体系　由人工组装合成的纳米结构的体系称为纳米组装体系，也叫纳米尺度的图案材料。它是以纳米微粒以及它们组成的纳米丝和管为基本单元，在一维、二维和三维空间组装排列成具有纳米结构的体系。纳米微粒、丝、管可以是有序或无序的排列，其特点是能够按照人们的意愿进行设计，整个体系具有人们所期望的特性，因而该领域被认为是材料化学和物理学的重要前沿课题。

2. 纳米材料的基本效应

（1）小尺寸效应　当微粒分割到一定程度时，在一定的条件下会引起微粒性质的变化。由于微粒尺寸变小所引起的宏观物理性质的变化称为小尺寸效应。纳米微粒尺寸小，表面积大，在熔点、磁性、热阻、电学性能、光学性能、化学活性和催化性等方面都发生了变化，产生了一系列奇特的性质。例如，金属纳米微粒对光的吸收效果显著增加，并产生吸收峰的等离子共振频率偏移，出现磁有序向磁无序、超导相向正常相的转变。

（2）量子尺寸效应　各种元素原子具有特定的光谱线。由无数的原子构成固体时，单独原子的能级就并合成能带，由于电子数目很多，能带中能级的间距很小，因此可以将其看作是连续的，从能带理论出发成功地解释了大块金属、半导体、绝缘体之间的联系与区别，对介于原子，分子与大块固体之间的超微粒而言，大块材料中连续的能带将分裂为分立的能级；能级间的间距随微粒尺寸减小而增大。当热能、电场能或者磁场能比平均的能级间距还小时，就会呈现一系列与宏观物体截然不同的反常特性，称之为量子尺寸效应。例如，导电金属在超微粒时可以变成绝缘体，磁矩的大小和微粒中电子数是奇数还是偶数有关，比热也会反常变化，光谱线会产生向短波长方向的移动等，这就是量子尺寸效应的宏观表现。因此，对超微粒在低温条件下必须考虑量子尺寸效应，原有宏观规律已不再成立。

（3）宏观量子隧道效应　纳米材料中的粒子具有穿过势垒的能力，称之为隧道效应。宏观物理量在量子相干器件中的隧道效应称之为宏观量子隧道效应。例如，具有铁磁性的磁铁，其粒子尺寸达到纳米级时，即由铁磁性变为顺磁性或软磁性。

（4）表面效应　纳米材料的表面效应是指纳米粒子的表面原子数与总原子数之比随粒径的变小而急剧增大后所引起的性质上的变化。

3. 纳米级加工精度

作为一种加工方法，纳米级加工同样存在精度的问题，通常包括纳米级尺寸精度、纳米级几何形状精度和纳米级表面质量。

（1）纳米级尺寸精度　较大尺寸的绝对精度很难达到纳米级，主要是由于其材料的稳定性、内应力、重力的内部因素造成的变形以及外部环境温度变化、气象变化、振动、粉尘和测量误差等都将导致较大尺寸产生尺寸误差。

较大尺寸的相对精度或重复精度可达到纳米级，如某些特高精度轴和孔的配合、超大规模集成电路制造过程中要求的重复定位精度等。

激光干涉测量和 X 射线干涉测量法等都可以达到纳米级的测量分辨率和重复精度，可以满足测量要求。微小尺寸加工达到纳米级精度，这是精密机械、微型机械和超微型机械中常遇到的问题。

（2）纳米级几何形状精度　纳米级几何形状精度在精密加工中经常遇到。如精密轴和孔的圆度和圆柱度，精密球（如陀螺球、计量用标准球）的圆度，制造集成电路用的单晶硅基片的平面度，光学、激光、X 射线的透镜和反射镜，要求非常高的平面度或是要求非常严格的曲面形状等。这些精密零件的几何形状直接影响它的工作性能和工作效果。

（3）纳米级表面质量　试件的表面质量不仅指它的表面粗糙度，还包含其表层的物理状态。高精度反射镜的表面粗糙度、变质层会影响其反射效率。微型机械和超微型机械的零件对其表面质量也有极其严格的要求。

4. 纳米级加工的物理实质

纳米级加工中试件表面的原子或分子成为直接的加工对象，因此，纳米级加工的物理实质就是要切断原子间的结合，实现原子或分子的去除。由于原子间的距离为 0.1~0.3nm，实际上纳米级加工已达到了加工精度的极限。在纳米级加工中切断原子间结合需要很大的能量密度。

传统的切削和磨削方法的能量密度较小，其实际上是利用原子、分子或晶体间的缺陷而进行加工的，用这种方法直接切断原子间的结合是十分困难的。因此，直接利用光子、电子、离子等基本能子的加工，必然是纳米加工的主要方向和主要方法。但纳米级加工要求达到极高的加工精度，使用基本能子进行加工时，如何进行有效的控制以达到原子级的去除，是实现纳米级加工的关键。

5. 基于扫描探针显微镜（SPM）的纳米加工技术

纳米加工技术的发展有两大途径：一方面是将传统的超精加工技术，如机械加工（单点金刚石和 CBN 刀具切削、磨削、抛光)、电化学加工（ECM）、电火花加工（EDM）、离子和等离子体蚀刻、分子束外延（MBE）、物理和化学气相沉积、激光束加工、LIGA 技术等向其极限精度逼近，使其具有纳米级的加工能力；另一方面是开拓新效应的加工方法，如基于扫描探针显微镜（SPM）的纳米加工技术。

纳米加工技术进入实用阶段出现在 20 世纪 80 年代以后。20 世纪 80 年代初，IBM 公司瑞士苏黎世研究所的物理学家 G. Binninx 和 K. Rohrer 发明了扫描隧道显微镜（STM），作为继光学显微镜和电子显微镜之后的第三代显微镜，它以当时最高的原子级分辨率为我们揭开了一个不但"可见"，而且"可及"的原子和分子世界。到 20 世纪 80 年代末，STM 已不仅仅是一个观察手段，而且成为借助于隧道电流效应可对原子进行迁移、排布的工具。从第一台扫描隧道显微镜（STM）诞生以来，人们又在 STM 的基础上研制了一系列新型的显微镜，如原子力显微镜（AFM）、磁力显微镜（MFM）、扫描近场光学显微镜（SNOM）和扫描电容显微镜（SCM）等。这些新型显微镜的出现也为纳米级加工提供了有力手段，我们通称其为扫描探针显微镜（SPM）。

使用 SPM 的纳米微结构加工技术最近发展极为迅速，已发展了多种不同的使用 SPM 的纳米级加工方法，如用 SPM 针尖的直接雕刻成形、针尖电子束的光刻、局部阳极氧化成形、针尖材料原子在试件表面的沉积、材料表面原子的去除成形、多针尖加工技术和原子自组装形成三维立体结构等。使用这些新技术可以加工出纳米级微结构、量子点、量子线等，这对发展纳米级微型机械、纳米电子学和微机电系统等极为重要。

3.4.4 微纳制造工程实例

1. 微型飞行器

微型飞行器（Micro Air Vehicle，MAV）也称为微型飞机。它与传统意义上的飞机有本质的区别，实际上是一种自由度可飞行的微型电子机械系统。MAV 采用 MEMS 技术，系统功能高度集成，成本大为降低。MAV 便于随身携带，可配备给单人使用，适用于军事或民用的隐蔽性侦察、城市或室内等复杂环境的作战、跟踪尾随、化学或辐射等有害环境的探测、复杂环境的救生定位等特殊任务中。基于 MEMS 制造的微型飞行器如图 3-20 所示。

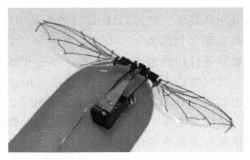

图 3-20　基于 MEMS 制造的微型飞行器

微型飞行器的研究涉及器件集成、通信、飞控、负载、能量与推进等技术难题，美国国防高级研究计划局（DARPA）将 MAV 的研究划分成许多子课题，由企业、高等院校、科研院所等单位分别承担。

2. 微纳卫星

国际上对卫星大小的划分一般是以整星质量为标准，总体可分为三类：2000kg 以上的为大型卫星；1000~2000kg 的为中型卫星；1000kg 以下的为小型卫星。其中，小型卫星按质量又可细分为：500~1000kg 的为小卫星；100~500kg 的为超小卫星；10~100kg 的为微卫星；1~10kg 的为纳卫星；1kg 以下的为皮卫星。微纳卫星一般是微卫星与纳卫星的统称，即通常把整星质量在 1~100kg 范围的卫星称为微纳卫星。

相对于大型卫星来说，微纳卫星的优势主要体现在以下几个方面：研制周期短，发射简洁快速，发射成本低，能够满足局部战争和突发事件中战术性应用的快速响应要求，同时也可满足新技术快速验证的需求，系统应用灵活，整体可靠性高。将一颗大卫星的任务分散给众多的微纳卫星，则任务可灵活裁减与组合。大卫星上任何一个部件的失效将造成整星报废，但众多微纳卫星中任何一颗失效，仅造成整体性能的下降，而且还可以通过地面快速补充发射新的微纳卫星来替代失效的微纳卫星。通过数量优势来实现星座组网运行，可使得整个卫星系统对地重访周期的大幅度缩短。在保证任务功能的前提下，可以大量使用商业产品与器件，从而大大降低微纳卫星的研制成本。随着高新技术的发展和需求的推动，微纳卫星以其众多的优势，在科研、国防和商用等领域发挥着重要作用，如图 3-21 所示。

图 3-21 微纳卫星

3.5 增材制造技术

3.5.1 增材制造技术概述

1. 增材制造技术的内涵

增材制造（Additive Manufacturing，AM）也称为三维打印技术，是近 30 年发展起来的新型制造技术，通过 CAD 设计数据采用材料逐层累加的方法制造实体零件，相对于传统的材料去除（切削加工）技术，是一种"自下而上"材料累加的制造方法，采用打印头、喷嘴或其他打印技术来沉积材料，制造实体零件或机构体。

增材制造也叫"快速原型制造（Rapid Prototyping）""三维打印（3D Printing）""实体自由制造（Solid Free-form Fabrication）"，这些叫法分别从不同侧面表达了这一技术的特点。

从广义上讲，以设计数据为基础，将材料（包括液体、粉材、丝材或片材等）自动化地累加起来成为实体结构的制造方法，都可视为增材制造技术。

与传统制造过程不同，增材制造技术不需要传统的刀具、夹具及多道加工工序，利用三维设计数据在一台设备上可快速而精确地制造出任意复杂形状的零件或结构体，从而实现"自由制造"，解决了许多过去难以制造的复杂结构零件的成形问题，并大大减少了加工工序，缩短了加工周期。越是复杂结构的产品，其制造的速度作用越显著。

2. 增材制造技术的基本原理

3D 打印的原理是依据计算机设计的三维模型（设计软件可以是常用的 CAD 软件，如SolidWorks、Pro/E、UG、POWERSHAPE 等，也可以是通过逆向工程获得的计算机模型），将复杂的三维实体模型"切"成设定厚度的一系列片层，从而变为简单的二维图形，逐层加工，层叠增长。3D 打印的工艺流程如图 3-22 所示。

图 3-22　3D 打印的工艺流程

工艺过程具体如下：

（1）三维实体模型的建立　应用三维 CAD 系统，将设计对象构建为三维实体数据模型。目前常用的软件有 SolidWorks、Pro/E、UG、POWERSHAPE 等。

（2）数据转换文件的生成　将所建立的 CAD 三维实体数据模型转换为能够被增材制造系统所接受的数据格式文件，如 STL、IGES 等。由于 STL 文件易于进行分层切片处理，目前几乎所有增材制造系统均采用 STL 的文件格式。

（3）分层切片处理　将 CAD 三维实体模型沿给定的方向切成一个个二维薄片层，薄片厚度可根据增材制造系统的制造精度在 0.01~0.5mm 之间选取，薄片厚度越小，精度越高。

（4）逐层堆积成形　根据切片轮廓和厚度要求，采用粉材、丝材、片材等完成每一切片成形，通过一片片堆积，最终完成三维实体的成形制造。

（5）成形实体的后处理　去除一些不必要的支撑结构或粉末材料，根据要求尚需进行固化、修补、打磨、表面强化以及涂覆等后处理工序。

图 3-23 给出了 3D 打印设计、制造的汽车模型，图 3-24 给出了零件模型数据和增材制造的产品。

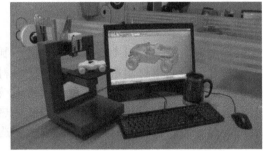

图 3-23　3D 打印设计、制造的汽车模型

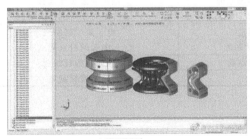

a) 模型设计

b) 3D打印的产品

图 3-24　零件模型数据和增材制造的产品

3D 打印技术在各个领域都取得了广泛的应用，如汽车、航天航空、医疗（医疗植入体、假肢、牙冠、义耳等）、模具生产、建筑业、生活用品（消费电子产品、服装、艺术品）等。其中，航空航天零部件复杂，对轻量化要求较高，价格也较高，所以对 3D 打印应用是最迫切，也是最成功的。而在模具制造方面，3D 打印技术的快速响应和高自由度成型特征，给模具制造行业带来了翻天覆地的变化，能够缩短周期、降低成本、降低门槛、提高寿命、定制化生产。在医疗方面，由于人体里有些植入体都是不规则的形状，过去用机加工的办法很难实现。目前市场调查结果显示，在航空航天和医疗领域取得了最成功的应用，市场份额最大。比如，在传统制造过程中，汽车发动机的气缸制造，从设计到开模到砂型铸造到试车，需要很长的周期，成本也非常高，一年只能生产有限的几个车型。一辆汽车中包含6000~8000 个不同的零件，增材制造技术的一大优势在于无需先构建制造模具便可生产符合

客户要求的大量零件，通过缩短零件的生产周期，可以快速实现更大规模的批量生产。因此，3D 打印技术，使汽车行业正在经历一场变革。图 3-25 所示为 3D 打印的摩托车架，一个摩托车零部件的三维打印，在三维设计阶段，可以根据部位、目的、用途设置各方向受力、形变、密度等参数，自动生成上百个基于增材方式的优化结构，并进一步调整和勾选关键参数，筛选出几个可能的结构，进行功能或性能测试。这不仅仅是轻量化、性能提升，而且关键在于利用 3D 打印的迭代特性寻求最优解，真正在产品上市前

图 3-25　3D 打印的摩托车架

完成代系更迭，推出最佳体验的最终产品。金属 3D 打印技术在软件的加持下，可能会彻底颠覆制造业的现状。

3.5.2　增材制造技术分类

根据增材制造的材料类型、材料种类、制造热源不同，有不同的分类方法。根据材料种类可分为金属材料增材制造、有机高分子材料增材制造、无机非金属材料增材制造和生物材料增材制造；根据制造材料形态可分为粉末/颗粒材料增材制造、丝材增材制造、带材/片材增材制造和液体材料增材制造等；按照制造热源可分为激光增材制造、电子束增材制造、电弧增材制造、光固化增材制造、热熔增材制造。各种分类方法见表 3-16。

表 3-16　增材制造方法分类

按照制造材料种类划分	按照制造材料形态划分	按照制造热源划分
金属材料增材制造	粉末/颗粒材料增材制造	激光增材制造
有机高分子材料增材制造	丝材增材制造	电子束增材制造
无机非金属材料增材制造	带材/片材增材制造	电弧增材制造
生物材料增材制造	液体材料增材制造	光固化增材制造
—		热熔增材制造

3.5.3　增材制造的主要工艺方法

自 20 世纪 80 年代美国 3D Systems 公司发明第一台商用光固化增材制造成形机以来，出现了 20 多种增材制造工艺方法，早期用于快速原型制造的成熟的工艺方法有四种，包括光固化成形法（Stereo Lithography Apparatus，SLA）、分层实体制造法（Laminated Object Manufacturing，LOM）、选择性激光烧结法（Selective Laser Sintering，SLS）、熔融沉积成形法（Fused Deposition-Modeling，FDM）。近年来，出现了一些面向金属零件直接成形的工艺方法，技术较成熟的有：基于同轴送粉的激光近形制造（Laser Engineering Net Shaping，LENS）、基于粉末床的选择性激光熔化（Selective Laser Melting，SLM），以及电子束熔化技术（Electron Beam Melting，EBM），此外，还有经济普及型 3D 打印技术和近几年迅速发展起来 4D 打印技术等。表 3-17 列举了应用较广泛的几种增材制造技术工艺方法的适用材料、特征及应用领域。

1. 光固化成形法（SLA）

（1）光固化成形工艺原理　光固化成形工艺是采用立体光固化成形原理的一种工艺，

表3-17 增材制造技术工艺方法的适用材料、特征及应用领域

序号	名称	适用材料	成形方法	特征	应用领域
1	光固化成形（SLA）	液态光敏树脂	紫外光照射固化	精度高、适合复杂零件、高成本、力学强度低	航空航天、生物医学等
2	分层实体制造（LOM）	纸、金属箔、塑料膜、陶瓷膜片材料	黏接成形	成形速度快、性能不高、可成形大尺寸零件	用于新产品外形验证
3	选择性激光烧结（SLS）	高分子、金属、陶瓷、砂等粉末材料	高能束激光	成形速度快、成形材料广泛、应用范围广、成本高、高温成形、精度差	制作复杂铸件，用熔模或砂芯等难成形结构
4	熔融沉积成形（FDM）	低熔点丝状材料	热熔解挤压	系统成本低、精度不高、成形效率低、材料受限	模型、工艺品等
5	激光选区熔化	金属或合金粉末	高能束激光	可直接制造高性能复杂的金属零件、成形精度较高、效率低	用于航空航天、珠宝首饰、模具等
6	激光近净成形	金属粉末	激光熔覆	成形效率高	航空领域
7	电子束选区熔化	金属粉末	电子束	可成形难熔材料	航空航天、医疗、石油化工等
8	三维打印	光敏树脂	黏接成形	成形速度快、力学强度低、精度差、粉尘污染	制造业、医学、建筑业等的原型验证

是最早出现的、技术最成熟和应用最广泛的快速成形技术，由美国3D systems公司于20世纪80年代后期推出。该技术是基于液态光敏树脂的光聚合原理工作的，液态光敏树脂会在一定强度波长的紫外光照射下，发生光聚合反应，使分子量急剧增大，材料从液态转化为固态。

工艺过程如图3-26所示，在树脂液槽内盛满液态光敏树脂，在紫外激光束照射下会快速固化，可升降的工作台在步进电动机的驱动下，可上下运动。当成形过程开始时，可升降工作台位于液面下一个切片层厚的高度，计算机控制聚焦后的紫外光激光束，按照截面轮廓的要求，沿着液面由点到线、由线到面逐点扫描，扫描到的光敏液被固化，未被扫描的仍然是液态树脂。当一个切片层面扫描固化后，升降台带动工作平台下降一个切片层厚度距离，在固化后层面上浇注一层新的液态树脂，并用刮平器将树脂刮平，再

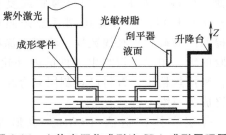

图3-26 立体光固化成形法SLA成形原理图

次进行下一层片的扫描固化，新固化的层片牢固地黏接在前一层片上，如此重复直至整个三维实体零件成形完毕。

（2）SLA使用的材料　SLA技术常用光敏树脂为原料，这种液态材料在一定波长（$\lambda = 325nm$）和强度（$w = 30mW$）的紫外光的照射下能迅速发生光聚合反应，分子量急剧增大，材料也从液态转变成固态。

对光敏树脂的性能要求：固化前性能稳定，在可见光下不发生化学反应，黏度低，光敏性好，固化收缩小，溶胀小，半成品强度高，最终固化产物具有良好的力学强度和化学稳定性、毒性小。

（3）SLA技术特点

1）SLA技术的优点：成熟稳定，已有30多年技术积累；加工速度快，产品生产周期

短，可以加工结构外形复杂或使用传统手段难于成型的原型和模具；尺寸精度高，表面质量好；材料种类丰富，覆盖行业领域广；可联机操作，可远程控制，有利于生产的自动化。

2）SLA 技术的缺点：SLA 系统造价高昂，使用和维护成本过高；SLA 系统是要对液体进行操作的精密设备，对工作环境要求苛刻，制造过程中需要设计支撑结构。成型件多为树脂类，强度、刚度、耐热性有限，不利于长时间保存，对环境有污染等。

图 3-27 所示为 SLA 光敏树脂，图 3-28 所示为 iPro 8000 型号打印机。

图 3-27　SLA 光敏树脂

图 3-28　iPro 8000 型号打印机

图 3-29 所示为利用 SLA 技术打印的"私人订制"康复支具，它可以与患者的受伤部位完美契合，而且比石膏更透气、更美观、更舒适。

2. 分层实体制造法（LOM）

（1）成形原理　分层实体制造工艺采用薄片材料（如纸片、塑料薄膜或复合材料）为原材料，用激光切割系统按照计算机提取的横截面轮廓线数据，将背面涂有热熔胶的纸，用激光切割出工件的内外轮廓。

图 3-29　"私人订制"康复支具

切割完一层后，送料机构将新的一层纸叠加上去，利用热粘压装置将已切割层黏合在一起，然后再进行切割，这样一层层地切割、黏合，最终成为三维工件。

分层实体制造法（LOM）成形原理如图 3-30 所示。成形作业时，单面涂有热熔胶的纸卷套在供纸辊上，并跨越工作台面缠绕在由伺服电动机驱动的收纸辊上。工作台上升至与纸材接触，热压辊沿纸面滚压，加热纸材背面热熔胶，使纸材底面与工作台面上前一层纸材黏合。激光束沿零件二维切片轮廓进行切割，并将轮廓外废纸余料切割出方形小格以便成形后剥离。每切割完一个截面层，工作台连同被切出的轮廓层自动下降一

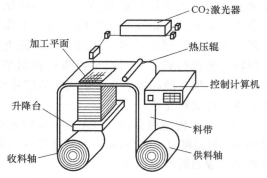

图 3-30　分层实体制造法（LOM）成型原理

个纸材厚度，重复下一次工作循环，直至形成由一层层纸质切片黏叠的立体纸质原型零件。成形完成后剥离无用废纸，即可得到性能似硬木或塑料的"纸质产品"。

（2）成形材料　LOM 常用材料有纸、金属箔、塑料薄膜、陶瓷膜、复合材料等。

对于 LOM 的黏结剂通常为加有某些特殊添加组分的热熔胶，它的性能要求是：

1）良好的热熔冷固性能（室温固化）。

2）在反复"熔融-固化"条件下其物理化学性能稳定。

3）熔融状态下与薄片材料有较好的涂挂性和涂匀性。

4）足够的黏结强度。

5）良好的废料分离性能。

LOM 使用的材料如图 3-31 所示。

| a) 热熔胶粒 | b) 金属箔 | c) 塑料薄膜 | d) 陶瓷膜 |

图 3-31　LOM 使用的材料

（3）LOM 工艺的特点

1）LOM 工艺的优点：LOM 工艺仅切割外轮廓，内部无需加工，成形速率高；使用小功率 CO_2 激光或低成本刀具，价格低且使用寿命长；造型材料成本低；无相变、无热应力、形状，尺寸精度稳定，无需支撑等辅助工艺。

2）LOM 工艺的缺点：材料浪费严重且材料种类少；表面质量差，制件性能不高；不能制造中空结构件，成形后废料难以剥离（难以构建精细零件）；层厚不可调节。

LOM 制件性能相当于高级木材，主要用于快速制造新产品样件、模型或铸造用木模等内部结构简单的大型零件及实体件。图 3-32 所示为 Mcor 推出的一款全彩、纸质、桌面型 3D 打印机 Mcor ARKe，此打印机的外形相当紧凑、轻巧。打印材料使用回收纸，十分环保。图 3-33 所示为 LOM 打印的工艺品。

图 3-32　桌面型 3D 打印机 Mcor ARKe　　　　　图 3-33　LOM 打印的工艺品

3. 选择性激光烧结法（SLS）

（1）工艺原理　选择性激光烧结工艺原理是采用红外激光作为热源来烧结粉末材料，并以逐层堆积方式成形三维零件（结构）的一种快速成形技术。

具体过程：采用 CO_2 激光器对粉末材料（塑料、陶瓷与黏结剂混合粉、金属与黏结剂混合粉等）进行选择性逐层烧结成形的一种工艺方法。

打印前先将充满氮气的密闭工作室进行升温，调整好激光束强度。将很薄的一层粉末沉积到成形桶的底板，并刮平；按计算机切片截面数据控制激光束的运动轨迹，对粉末材料进行扫描烧结；激光器所经过的区域粉末被烧结，生成零件实体的一个切片层（每一层都是在前一层的顶部进行，这样所烧结的切片层就能与前一层牢固地黏结）；通过层层叠加，之后去除未烧结的粉末，就得到最终的三维零件实体；最后冷却 5～10h，即可从粉末缸中取出成形后零件。其成形原理如图 3-34 所示。

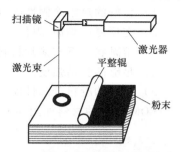

图 3-34　选择性激光烧结 SLS 成形原理图

（2）成形材料　与其他增材制造技术相比，SLS 最突出的优点在于它所使用的成形材料十分广泛。从理论上说，任何加热后能够形成原子间黏结的粉末材料都可以作为 SLS 的成形材料。

目前，可成功进行 SLS 成形加工的材料有石蜡、高分子材料（PC，尼龙，PE，PP等）、金属、陶瓷粉末、复合粉末材料等，如图 3-35 所示。

（3）SLS 工艺的特点

1）SLS 技术的优点：材料选择广泛；打印过程无须支撑结构；可成形悬臂、内空等其他工艺难成形的结构。材料利用率高，未使用过的粉末还能继续利用。

a) 钛合金粉末　　　b) 陶瓷粉末

图 3-35　SLS 成形材料

2）SLS 工艺的缺点：粉末烧结的表面粗糙，需后续处理；工作室需要升温、冷却，成形时间较长；高分子材料在用激光烧结融化时，通常会产生异味；SLS 工艺需要激光器，设备的制造和维护成本高。

图 3-36 所示为 SLS 成形样品和设备。

a) SLS 成形的轮椅　　b) SLS 成形的发动机模型　　c) 武汉华科成形设备　　d) 3D Systems 公司 SLS 成形设备

图 3-36　SLS 成形样品与设备

4. 熔融沉积成形法（FDM）

熔融沉积成形法是将丝状材料，例如热塑性塑料、蜡或金属的熔丝加热为熔融流体后从喷嘴挤出，按照预定轨迹和速率将熔融流体堆积成形，从而凝固成形为工件。FDM 也是从底层开始，一层层堆积，完成一个三维实体的成形过程，其成形原理如图 3-37 所示。FDM 工艺无须激光系统，设备组成简单，其成本及运行费用较低，但是需要支撑材料，表面粗糙度较低，不适宜制造复杂结构工件，适合于精度要求不高的小型概念模型或原型模型制造。

FDM 技术常用材料有蜡、ABS、PC、PLA、尼龙。制件性能相当于工程塑料或蜡模，如图 3-38 所示。

（1）FDM 技术的优点　原理相对简单，无需激光器等贵重元器件；是最早实现的开源

3D 打印技术，用户普及率高；对使用环境几乎没有限制，可在家或办公室使用；原材料以卷轴丝的形式提供，易于运输和更换；打印成品强度、韧性都很高。

（2）FDM 技术的不足 喷头采用机械式结构，打印速度慢；尺寸精度较差，表面相对粗糙；需要设计、制作支撑结构，打印复杂结构模型时，支撑结构很难去除。

由于 FDM 工艺具有一些显著优点，该工艺发展极为迅速，目前 FDM 系统在全球已安装快速成形系统中的份额大约为 30%。FDM 打印技术已被广泛应用于各个领域，如家电、通信电子、汽车、医学、建筑玩具等领域。

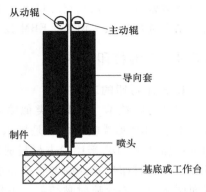

图 3-37 熔融沉积 FDM 成形原理图

a) PLA塑料类

b) ABS塑料类

图 3-38 FDM 使用的材料

5. 金属零件成形工艺方法

激光近净成形（LENS）不同于 SLS 工艺，不采用铺粉烧结，而是采用与激光束同轴的喷粉送料方法，将金属粉末送入激光束产生的熔池中熔化，通过数控工作台的移动逐点逐线进行激光熔覆，以获得一个熔覆截面层，通过逐层熔覆最终得到一个三维的金属零件。这种在惰性气体保护之下，通过激光束熔化喷嘴输送的金属液流，逐层熔覆堆积得到的金属制件，其组织致密，具有明显的快速熔凝特征，力学性能好，达到甚至超过锻件性能。目前，LENS 工艺已经制造出铝合金、钛合金、钨合金等半精化的毛坯，但该工艺难以成形复杂和精细结构，粉末材料利用率偏低，主要应用于毛坯成形。

激光选区熔化增材制造（SLM）工艺是利用高能束激光熔化预先铺设在粉床上的薄层粉末，由下而上逐层熔化凝固形成实体零件。该工艺过程与 SLS 类似，不同之处在于前者金属粉末在成形过程中发生完全冶金熔化，而后者仅为烧结，并非完全熔化。为了保证金属粉末材料的快速熔化，SLM 采用较高功率密度的激光器，光斑聚焦到几十微米到几百微米。成形的金属零件接近全致密，强度达到锻件水平。与 LENS 技术相比，SLM 成形精度较高，可达 0.1mm/100mm，适合制造尺寸较小、结构形状复杂的零件，如轻质点阵夹芯结构、空间曲面多孔结构、复杂型腔流道结构等。相较于电子束选区熔化，激光选区熔化由于所使用的粉末尺寸更小、分层薄，能够实现无余量加工。但该工艺成形效率较低，可重复性及可靠性有待优化。

电子束选区熔化（EBM）与 SLM 工艺成形原理基本相似，主要差别在于热源不同，EBM 为电子束，后者为激光束。EBM 技术的成形室必须为高真空，才能保证设备正常工作，这使 EBM 系统复杂度增大。由于 EBM 以电子束为热源，金属材料对其几乎没有反射，能量吸收率大幅提高。在真空环境下，熔化后材料的润湿性大大增强，熔池之间、层与层之间的冶金结合强度加大。但是，EBM技术需要预热，使得成形效率降低。

3.5.4　三维打印技术

1. 三维打印的工艺方法

三维打印技术（3DP）类似喷墨打印机，其核心部分为打印系统，由若干细小喷嘴组成。不过3DP喷嘴喷出的不是墨水，而是黏结剂、液态光敏树脂、熔融塑料等。成形工艺如下：黏结型3DP采用粉末材料成形，通过喷头在材料粉末表面喷射出的黏结剂进行黏结成形，以此打印出零件的各个截面层，然后工作台下降，铺上一层新粉，再由喷嘴在零件新截面层按形状要求喷射黏结剂，不仅使新截面层内的粉末相互黏结，同时还与上层零件实体黏结，如此反复直至制件成形完毕。

光敏固化型3DP工艺的打印头喷出的是液态光敏树脂，利用紫外光对其进行固化。类似于行式打印机，打印头沿着导轨移动，根据当前切片层的轮廓信息精确、迅速地喷射出一层极薄的光敏树脂，同时使用喷头架上的紫外光照射使当前截面层快速固化。每打印完一层，升降工作台精确下降一层高度，再次进行下一层打印，直至成形结束。

熔融涂覆型3DP工艺即为熔融沉积成形工艺FDM。成形材料为热塑性材料：包括蜡、ABS、尼龙等，以丝材供料，丝料在喷头内被加热熔化。喷头按零件截面轮廓填充涂覆，熔融材料迅速凝固，并与周围材料凝结。

2. 三维打印材料

材料是3D打印的物质基础，是当前制约3D打印发展的瓶颈之一。工程塑料、橡胶、光敏树脂、石膏、金属和陶瓷等，在生物应用领域还有人造骨粉、细胞生物原料等，这些材料都是针对3D打印设备和工艺来研发的，有不同的形态，比如粉末状、丝状、层片状、液体状等，粉末状3D打印材料的颗粒呈现球形，半径在$100\mu m$以下。在3D打印中所使用的材料概括为四大类：金属材料、有机高分子材料、无机非金属材料、生物材料。

（1）金属材料　金属材料包括金属粉末、丝材等形式，在高温热源下完成增材制造。适用于金属增材制造的材料包括：钛以及钛合金、镍合金、钢、铝合金、钴铬合金、硬质合金等。目前工业应用较为广泛的就是金属材料增材制造，主要用于航空、航天、医学等领域。

（2）有机高分子材料　有机高分子增材制造原料包括专用光敏树脂、黏结剂、催化剂、蜡材以及高性能工程塑料与弹性体等。

（3）无机非金属材料　作为三大材料之一的无机非金属材料也是增材制造的主要原料，包括氧化铝、氧化锆、碳化硅、氮化铝、氮化硅等，形态主要有粉末和片材等。

（4）生物材料　生物材料包括人造骨粉、细胞生物原料等。当今生物可植入材料增材制造大大拓展了生物医学视野，完善了个性化医疗器械的开发，不同软硬程度的器官、组织模拟材料，促进生物学进步。

近年来，医学上对骨骼修复和移植的个性化需求显著增加，增材制造可满足该定制化的需求，促使增材制造技术在生物医用材料领域占据重要地位。随着材料科学技术和计算机辅助技术（CAD/CAM）的发展，可用于增材制造的生物植入材料不再局限于钛系、钽系、钴铬钼等合金，聚醚醚酮、磷酸钙盐等非金属类材料因良好的生物相容性也得到了广泛应用。

3.5.5　4D打印技术

1. 4D打印的提出与内涵

自3D打印技术问世至今，很多人都认为"3D打印"和"增材制造"是同一概念，具有完全相同的含义。然而，增材制造技术经过三十多年的发展，其含义逐渐发生变化，内涵逐渐丰富，随着2013年4D打印概念的提出，增材制造和3D打印"同一性"的固有思维随之被打破。

（1）4D打印概念的提出　智能构件的形状、性能和功能能够在外界特定环境的刺激下随时间或空间发生预定的可控变化，智能构件即为具备这种"智能"特性的构件。增材制造技术是由新材料技术、制造技术、信息技术等多学科交叉融合发展的先进制造技术，它基于构件的CAD模型，通过逐层成形并叠加的原理，能够实现任意复杂结构的成形。因此，增材制造技术尤其适用于结构复杂的智能构件的成形。智能构件的增材制造技术赋予传统增材制造构件以"智能"特性，给传统的3D打印技术增加了时间和空间的维度。所以，智能构件的增材制造技术即是4D打印技术。

（2）4D打印的内涵　4D打印的概念由美国麻省理工学院（MIT）的Sky Tibbits教授在2013年的TED（Technology，Entertainment，Design）大会上首次提出并演示，他将一个软质长圆柱体放入水中，该物体自动折成"MIT"的形状，这一形状改变的演示即是4D打印技术的开端。4D打印在提出的时候被定义为"3D打印+时间"，即3D打印构件，在外界环境的刺激（如热能、磁场、电场、湿度和pH值等）下，随着时间的推移，自驱动地发生形状的改变。最初的4D打印概念注重的是构件形状的改变，并且认为4D打印是智能材料的3D打印。随着研究的深入，4D打印的概念和内涵也在不断演变和深化。2016年，中国第一届4D打印技术学术研讨会，提出4D打印的内涵，即增材制造构件的形状、性能和功能能够在外界预定的刺激（热能、水、光、pH值等）下，随时间发生变化。新提出的内涵表明4D打印构件随外界刺激的变化不仅仅是形状，还包括构件的性能和功能，这使得4D打印的内涵更丰富。

有研究表明，4D打印不仅是应用智能材料，还可以是非智能材料，还包括智能结构，即在构件的特定位置预置应力或者其他信号；4D打印构件的形状、性能和功能不仅是随着时间维度发生变化，还包括随空间维度发生变化，并且这些变化是可控的。因此，进一步深化4D打印内涵注重在光、电、磁和热等外部因素的激励诱导下，4D打印构件的形状、性能和功能能够随时空变化而自主调控。4D打印构件能实现三个方面的可控变化，分别是形状变化、性能变化和功能变化，简称为"变形""变性"和"变功能"。这"三变"中只要实现了其中一个，便认为是实现了4D打印。

2. 4D打印材料

为实现4D打印的智能构件的形状、性能和功能的可控变化，合理的材料选用、设计和应用是关键。

目前，4D打印材料按照物理化学属性可分为高分子及其复合材料、金属及其复合材料、陶瓷及其复合材料。4D打印材料的性能特点决定4D打印构件的智能行为、服役能力和应用领域。

（1）高分子及其复合材料　高分子及其复合材料具有价格低廉、密度低、成形工艺简单等优点，部分还具有良好的生物相容性和生物可降解性，因此已成为4D打印领域应用最广泛的材料。

（2）金属及其复合材料　相较于高分子及其复合材料而言，金属及其复合材料一般具有更为优良的力学性能，可实现承载和变形、变性、变功能等智能变化的多功能集成。目前4D打印金属及其复合材料主要包括各类形状记忆合金及其复合材料。在现有形状记忆合金中，Ni-Ti形状记忆合金的形状记忆效应和超弹性最好，且具有高的回复应力和驱动能量密度、优良的耐蚀性和生物相容性，因此已成为目前4D打印领域研究最广、应用最多的形状记忆合金。

（3）陶瓷及其复合材料　陶瓷材料具有稳定的物理和化学性质、优良的耐磨和耐蚀性、优良的电绝缘性能，因而在航空航天、生物医疗、环保节能、电子通信等诸多领域有着广阔的应用前景。但是传统陶瓷材料脆性大，增材制造之后难以实现可控形状变化。

香港城市大学的吕坚教授团队开发了一种二氧化锆纳米颗粒掺杂的聚二甲基硅氧烷基复合弹性体材料。这种材料柔软且具有弹性，可通过简单的DIW构建出陶瓷的前驱体，编程变形后经热处理可转变为陶瓷。利用该复合弹性体材料，吕坚教授团队首次实现了陶瓷构件4D打印。

3. 4D打印应用展望

4D打印技术是在材料、机械、力学、信息等学科的高度交叉融合基础上产生的颠覆性制造技术，是制造复杂智能构件的有效手段。因此，4D打印技术将具备广阔的应用前景。

（1）在航空航天领域的应用　4D打印技术不仅可解决航空航天领域部分构件结构复杂、设计自由度低、制造难的问题，而且其"形状、性能和功能可控变化"的特征在智能变体飞行器、柔性变形驱动器、新型热防护技术、航天功能变形件等智能构件的设计制造中将展现出巨大的优势。例如，智能变体飞机。美国国家航空航天局提出一种未来的智能变体飞机的设计构想。该智能变形飞机的外形可随外界环境而产生自适应变化，能保持整个过程中性能最优，舒适性高同时成本低，这是4D打印在航空领域典型的、极具前景的应用。再如形状记忆合金4D成形的折叠式卫星天线。

（2）在汽车领域的应用　汽车凭借智能材料，可以"记住"自身原来的形状，甚至可以在汽车发生事故后实现"自我修复"，还可以改变汽车的外观和颜色。4D打印构件组成的汽车会具有可变的外形，比如可调节的天窗和扰流板，汽车可以根据气流改进其空气动力学结构，提升操纵性能。丰田公司采用TiNi基形状记忆合金成形的散热器面罩活门，当发动机的温度低于形状记忆合金的响应温度时，形状记忆合金弹簧处于压缩状态，则活门关闭；当发动机温度升高至响应温度以上时，弹簧则为伸长状态，从而活门打开，冷空气可以进入发动机室内。

（3）在生物医疗领域的应用　生物支架经常用在外科手术中。如血管支架，起到扩充血管的作用。支架在植入时所占空间较小，处于收缩状态，当植入到指定位置时再撑开以实现扩充血管的功能。支架一般是多孔结构，这些特点使得4D打印技术尤其适用于生物支架的成形。除了生物支架，接骨器也是4D打印技术的重要应用，和生物支架具有相同的形状记忆原理，4D打印形状记忆合金成形的多臂环抱型锁式接骨器，在温度刺激下发生变形，撑开以实现骨骼的固定。

3.5.6　5D打印技术

4D打印技术是在3D打印技术基础上增加了一个时间维度，我国卢秉恒院士提出了5D打印概念，认为除了材料结构随着时间而变化外，更加重要的是功能的改变与再生，增加了功能这一维度。这一观点将使传统的静态结构和固定性能的制造向着动态和功能可变的制造发展，突破传统的制造理念，向着结构智能和功能创生方向发展。5D 打印的特征是在三维空间制造的基础上，除了增加时间维度外，增加了更为重要的功能再生维度。

5D 打印仍采用 3D 打印技术设备，但是其打印材料是具有活性功能的细胞和生物因子等材料，这些生物材料在后续发展中还要发生功能的变化，5D 打印在制造的初始阶段就进行了全生命周期的设计。5D 打印将使得人类从木材、金属、硅材料等向生命体材料发展，其制造不再是不可变的结构，而是具有功能再生的器件。在这个过程中需要建立功能引导变革性设计与制造技术，通过学科交叉融合来推动制造技术的发展。

3.5.7 增材制造技术的发展现状与局限性

1. 增材制造技术的发展现状

2013 年美国麦肯锡咨询公司发布的"展望 2025"报告中，将增材制造技术列入决定未来经济的十二大颠覆技术之一。目前，增材制造成形材料包含了金属、非金属、复合材料、生物材料甚至是生命材料，成形工艺能量源包括激光、电子束、特殊波长光源、电弧以及以上能量源的组合，成形尺寸从微纳米元器件到 10m 以上大型航空结构件，为现代制造业的发展以及传统制造业的转型升级提供了巨大契机。增材制造已经从开始的原型制造逐渐发展为直接制造、批量制造；从 3D 打印，到随时间或外场可变的 4D 打印；从以形状控制为主要目的的模型、模具制造，到形性兼具的结构功能一体化的部件、组件制造；从一次性成形的构件的制造，到具有生命力活体的打印；从微纳米尺度的功能元器件制造到数十米大小的民用建筑物打印等，增材制造作为一项颠覆性的制造技术，其应用领域不断扩展。

在我国，增材制造技术在相关国家科技计划的持续支持下，已为我国航空航天、电力能源、模具制造、汽车制造等领域高端装备的飞跃发展和品质提升作出了重要贡献。目前我国已初步建立了涵盖 3D 打印金属材料、工艺、装备技术到重大工程型号应用的全链条增材制造的技术创新体系，整体技术达到国际先进水平，并在部分领域处于国际领先水平。例如，我国采用激光熔覆沉积技术实现了世界上最大、投影面积达 16m^2 的飞机钛合金整体承力框的增材制造；制造出了长达 1.2m 的世界最大单方向尺寸的激光选区熔化钛合金制件，解决了传统方法难以实现的极端复杂结构的多结构、功能集成整体制造难题。我国在 2018 年发射的嫦娥四号中继卫星搭载了多个采用增材制造技术研制的复杂形状铝合金结构件。我国近年来，增材制造在医学领域研究和应用成功案例较多。西安交通大学第二附属医院从 2012 年开始开展 3D 打印技术重建脊柱脊髓功能的临床应用研究，目前成功完成临床试验。2016 年，金属 3D 打印椎体假体通过医疗器械注册认证。2017 年，广东省首例 3D 打印人工椎体植入手术中使用的 3D 打印人工椎体。2018 年，南方医院使用 3D 打印人工椎体/椎间盘一体化植入物成功实施了植入手术，同年陆军军医大学大坪医院成功实施 3D 打印人工颈椎椎体植入手术。

此外，增材制造同传统制造工艺相组合，为提高零件增材制造效率和成形质量提供了一种新的途径。增材制造与焊接、铸造、机械加工等组合，发展成为新的特种加工系统或装备。例如，电弧增材制造与铣削复合加工系统可实现先增材制造再铣削。

2. 增材制造技术的局限性

经过近 40 年的发展，增材制造技术面向航空航天、轨道交通、新能源、新材料、医疗仪器等战略新兴产业领域已经展示了重大价值和广阔的应用前景，是先进制造技术的重要发展方向，是智能制造不可分割的重要组成部分。但是增材制造技术在制造材料、制造效率、制造质量等方面仍然受到制约。

1）材料范围的局限。目前可用于增材制造的材料不超过 100 种，而在工业实际应用中的工程材料可能已经超过了 10000 种，但增材制造材料的物理性能尚有待提高。此外，增材制造多元材料、多功能材料、梯度功能材料、智能材料等是今后增材制造的发展趋势。

2）生产效率的局限。同传统制造技术相比，制造效率一直是增材制造致命劣势，尤其是金属材料增材制造，从每小时几十克至数千克，光固化增材制造效率不足 $2 \times 10^{6} \mathrm{mm}^{3}/\mathrm{h}$。因此，为满足新工业时代发展需要，不论是金属材料增材制造还是非金属增材制造，提高制造效率是关键内容。

3）产品质量的局限，包括成形精度的局限和产品质量的不稳定性等。与传统的切削加工技术相比，增材制造技术无论是尺寸精度还是表面质量上都还有较大差距，目前精度仅能控制在 ±0.1mm。而且增材制造的材料和工艺尚不稳定，制造工件单件化，其内在组织和性能呈现随机性和偶发性，增材制造产品质量受增材制造工艺、热力学、增材制造材料热物理性能等多因素交互影响，制造缺陷和热应力难于避免和控制。

随着工业时代 4.0 以及物联网的快速发展，利用增材制造云平台等新模式拓展增材制造的应用路径，增材制造逐渐向多元化、高效化、互联网+、定制式以及同传统加工技术组合与包容化方向发展。结合云制造、大数据、物联网等新兴技术及其他基于工业 4.0 的智能集成系统，促进增材制造设备和技术的全面革新。

3.5.8 增材制造技术应用实例

1. 增材制造植入体

增材制造技术突破了传统模具加工工艺的限制，近年来，医学上对骨骼修复和移植的个性化需求显著增加，促使增材制造技术在生物医用材料领域占据重要地位。随着医疗水平的提升，对个性化仿生人造骨的需求显著增多，可通过增材制造技术制备的人造骨几乎涵盖了人体的各个部位，包括颌面修复及整形、融合器、人工椎体及人工关节（髋臼杯、胫骨平台、垫块）等。图 3-39 所示为增材制造在生物医疗仿生人造骨领域的主要应用，所用的植入体材料包括金属、陶瓷及高分子（聚醚醚酮）等诸多材料体系。

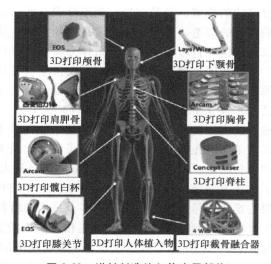

图 3-39　增材制造植入体应用部位

2. 惠普推出批量化生产金属 3D 打印技术——HP Metal Jet

惠普公司在 2018 年国际制造技术展（IMTS）上发布了专为大批量生产工业级金属零件而研发的世界领先的 3D 打印技术——HP Metal Jet。该技术是首个切实可行的工业级生产金属零件的 3D 技术，相较于其他 3D 打印技术，HP Metal Jet 可将工作效率提升约 50 倍，惠普今天还推出了 Metal Jet 生产服务应用平台，支持全球客户快速迭代新型 3D 零件设计、可实现终端零件批量化生产。图 3-40 所示为惠普 HP Metal Jet 工厂。

HP Metal Jet 是一项突破性的三维黏结剂喷射成型技术，是惠普 30 多年以来对打印头和先进化学技术不断累积和创新的成果。HP Metal Jet 打印床规格为 430mm×320mm×200mm，提供 4 倍冗余喷嘴和双倍打印杆，并大幅减少黏结剂重量，相较于其他金属 3D 打印解决方案，其工作效率和可靠性大大提高。

HP Metal Jet 技术为威乐（全球水泵和水泵系统解决方案领导者）生产更经济、液压效率更高的工业零件。威乐需要生产形状各异、尺寸不一的初始液压部件，例如叶轮、导叶体和泵壳，而 HP Metal Jet 技术生产的零件不仅可以满足高度定制化的需求，还拥有能够承受强烈的吸力、压力和温度波动的高性能。全球知名品牌大众汽车和威乐也采购该技术制造的汽车零部件。图 3-41 所示是用 HP Metal Jet 制造的大众汽车变速杆。

图 3-40　HP Metal Jet 工厂

图 3-41　用 HP Metal Jet 制造的大众汽车变速杆

HP Metal Jet 突破了传统金属加工技术，能实现全新的应用，比如制造出新型几何图形的零件，客户将能够通过全新 Metal Jet 生产服务应用平台上传 3D 设计文件，并预定大批量工业级零部件生产服务。

3.6　生物制造技术

3.6.1　生物制造技术概述

生物制造是制造技术与生命科学技术交叉融合产生的新兴学科方向，这一学科方向的发展将为巨大的人体组织与器官市场提供新技术，同时也给制造技术的变革带来新机遇。生物制造的概念最早由 "21 世纪制造业挑战展望委员会" 主席 Bollinger 博士在 1998 年提出。从狭义上讲，生物制造是指运用现代制造科学和生命科学的原理和方法，通过单个细胞或细胞团簇的直接和间接受控组装，完成具有新陈代谢特征的生命体成形和制造的技术。

生物制造是一种新的制造模式，这种新的仿生加工方法，由生命科学、材料科学、生物技术以及制造技术各学科相互渗透、交叉形成的新技术，该技术以传统制造科学为基础，结合生命科学、材料科学和信息技术不断发展形成的，主要包括生物制造工程、生物制造系统、生物制造产业、生物制造工艺和生物制造新材料等领域，成为继信息技术之后的又一具备战略意义的先进制造技术。生物制造技术结合先进的生物研究成果及制造技术，能够生产出具有特定功能及生物活性的组织和器官。其制造过程、制造系统和生命过程与生命系统在很多方面有相似之处，都有自组织性、自适应性、协调性、应变性、智性和柔性。

生物制造的内涵可以从广义和狭义两个层次来理解。从广义上来讲，仿生制造、生物质和生物体制造及涉及生物学和医学的制造科学和技术均视为生物制造。具体到机械制造领域，生物制造可以理解为直接利用生物大分子、细胞、组织、结构及生命过程等生物手段或采用基于生物原理的加工工具、润滑方式、运动方式等进行工程材料、结构、零件、系统的合成、加工、成形、操作的制造技术。

狭义的生物制造，主要指生物体制造，即运用现代制造科学和生命科学的原理和方法，通过单个细胞或细胞团簇的直接和间接受控组装，完成具有新陈代谢特征的生命体成形和制造。这些生命体经培养和训练，可以修复或替代人体病损组织和器官。

传统的制造技术只包含无生命的物理、化学过程，而生物制造技术是利用生物体的生长和繁殖规律，或利用生物材料或生物体本身的特点进行加工，即有生命的生物过程。因此，与传统的机械加工方法完全不同，生物制造具有更多的优点，并在加工方式、加工条件、加工过程以及加工后的处理方面具有传统加工所达不到的优点。根据生物加工方法的不同，生物制造的研究方向如图 3-42 所示。

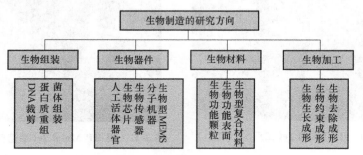

图 3-42 生物制造的研究方向

3.6.2 生物制造技术的内容

生物制造通常包括仿生制造和生物成形制造两方面内容。

1. 仿生制造

（1）仿生制造内涵 仿生制造（Bionic Manufacturing）是模仿生物的组织、结构、功能和性能，利用机械制造、材料加工、生物制造等手段实现仿生结构、仿生表面、仿生器具、仿真装备、生物组织及器官的制造，以及借助于生物形体和生长机制进行加工成形的过程。

仿生制造技术以制造过程与生物体之间存在的相似性为基础，学习模仿生物系统的组织结构、生物系统的工作原理、生物系统的能量转换、生物系统控制机制以及生物系统的生长方式。例如，生物的细胞分裂、个体的发育和种群的繁殖，涉及遗传信息的复制、转录和解释等一系列复杂的过程，这个过程的实质在于按照生物的信息模型准确无误地复制出生物个体来。这与传统制造过程中按数控程序加工零件或按产品模型制造产品非常相似，见表 3-18。

表 3-18 制造过程与生命过程的类比

生命过程	制造过程	生命过程	制造过程
遗传密码（DNA）	产品模型（STEP）	核糖体 RNA（rRNA）	生产设备
基因	特征	转动 RNA（tRNA）	原材料
个体复制：DNA-RNA	产品生产：产品模型-工艺	三磷酸腺苷（ATP）	能源
蛋白质合成—生命个体	规程—材料加工—产品	各种酶	各种生产工具及信息处理工具
信使 RNA（mRNA）	加工样板或数控程序		

模仿生物的组织结构和运行模式的制造系统与制造过程统称为仿生制造，仿生制造包括生物组织和结构的仿生、生物遗传制造和生物控制的仿生。例如，仿生多孔结构、仿生微粒结构等仿生材料结构制造；仿生脱附非光滑形貌、仿生黏附刚毛形貌、仿生自洁乳突形貌、仿生减阻沟槽形貌等仿生表面结构制造；仿生扑翼飞机、仿生机器鱼、仿生肌肉等仿生运动结构制造。

（2）生物组织及器官制造 随着近年来科学研究的不断深入，人工生物组织和人工器官制造、纳米生物学和生物纳米制造、生物和机电系统的集成制造等技术发展，生物制造科学的内涵和外延都发生了深刻的变化，涵盖的内容更加广泛，包括基于生物加工原理产品的制造、生物组织及其功能替代物制造、生物系统检测与操控装置制造、生命体与人工装置的集成制造、可再现生物系统功能和性能的仿生制造等。仿生制造是融生命科学、化学、材料、机械制造、纳米科学于一体的先进制造技术。

生物组织与器官制造即为用生物材料、细胞和生物因子制造具有生物学功能的人体组织或器官替代物的过程。生物组织与器官的制造主要围绕非活性组织的植入式假体、简单活性组织以及复杂内脏器官支架、心脏、肝脏、皮肤、骨骼、膀胱等组织与器官的生物制造等。其中植入式假体是目前临床医学应用最广泛的产品，其特点是采用非活性材料制造的组织或器官的替代物，植入体内后可替代缺损组织或器官的部分生理功能。例如，人工椎体及人工关节、血管支架、人工眼、人工耳蜗、人工心脏等。图 3-43 给出了人体器官制造的三个层次。

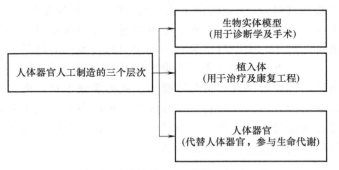

图 3-43　人体器官制造的三个层次

（3）机械仿生设计　机械仿生设计应顺应人与自然和谐发展潮流，将自然界生物的优秀特征应用于机械设计中。目前机械仿生设计逐步从传统的基础设计向着多元化方向发展，归纳如下：

1）功能特性仿生：现今已有的设计实例中，不仅包括生物外形的仿生，还包括生理特性的一系列应用。这些技术的研究在汽车设计等领域都取得了显著的成果。功能特性的仿生使机械设计更具灵活性。

2）运动特征仿生：机械设计中，通过分析生物的特点并将其细节化，从中找出与实际生产中的契合点，对生物基本运动方式、运动系统的调节等方式进行仿生设计。

3）组织结构仿生：组织结构仿生是从微观角度上实现了人与自然的协调发展。机械仿生设计中，推出的一系列仿生材料满足了高强度、高效率的性能需求，为生产发展带来了极大的经济效益。而通过对生物内部组织机制一些必要性联系的分析，机械微组装、分级结构设计等也都有了新的发展方向。

4）信息控制仿生：信息控制仿生所涉及的研究内容包括：①仿生体系统的运动控制（如结构动力学智能控制、并行控制、运动协调控制、系统辨识与故障诊断）；②模糊神经元网络控制及遗传算法；③仿生体控制决策（包括自适应及自学习方法、多传感器融合等）；④生物体行为控制机理（受控生物体仿生控制器的设计与实现）。

2. 生物成形制造

传统制造是通过各种机械、物理、化学的方式强制成形，属于他成形方法，如车削、冲压、化学镀等制造过程都为强制性的成形；而生物的生命过程是靠生物本身的自我生长、发展、自组织、遗传完成的，属于自成形方式。

生物成形制造采用生物方法，利用生物的某些特性，通过腐蚀加工、约束控制和限制生长等技术，达到器官、零件成形的目的。生物成形制造包括生物去除成形、生物生长成形及生物约束成形三个方面。

（1）生物去除成形　典型的生物去除成形方法为生物刻蚀加工，该方法采用生物菌对材料进行加工，利用微生物在其生长过程中需要消耗某些金属元素实现其新陈代谢和生长繁殖的特点，通过生物氧化还原反应对金属工件进行去除加工，生物去除成形是近年来发展的一种生物电化学和机械微细加工的交叉领域。日本三重大学和冈山大学在日本文部省科学基金资助下着手生物技术用于工程材料加工的研究，证实了微生物加工金属材料的可能性。目前，在这方面的研究局限于特定材料和少数微生物，还只限于实验室的研究探索阶段，尚未制造出实用性较强的零件和器件。

（2）生物生长成形　生物生长成形是通过控制基因的表达，利用基因工程的主要手段和技术实现生物生长，将生长因子与生物支架材料结合，生长出所需的零件。例如，医学上采用具有生物相容性和可降解性的材料（采用较多的人工骨骼材料有陶瓷、磷酸盐材料和硫酸钙材料），先制造出生长单元的框架，再向生长单元内部注入适合的生长因子，使各个生长单元并行生长。此外，还可以通过控制含水量来控制高分子材料的伸缩，制造类生物智能体。例如，美国科学家利用生物制造技术在老鼠背上培育出人耳朵。

（3）生物约束成形　生物约束成形是通过复制或金属化某些不同亚结构与几何外形的菌体，再经排序或一系列微操作，从而实现生物约束成形。例如，生物沉积加工技术，即用化学沉积方法制备具有一定强度和外形的空心金属化菌体，并以此作为构形单元构造微结构或者功能材料。例如，我国科学院微生物研究所进行了固囊酵母菌细胞镀镍金属化的研究，使菌体仍然保持了原有的形态。

3.6.3　基于增材制造技术的生物制造

增材制造技术逐层堆积成形的特点决定了其与生物仿生制造具有高度的契合性。增材制造可以同时控制材料局部的化学组分和精细结构，实现复杂度更高、功能性更强的生物仿生材料制备和结构设计制造，已成为生物仿生制造领域的重要技术手段。最近两年，在超韧仿生复合材料、可折叠仿生结构增材制造、生物组织增材制造等方面均有研究。

21世纪是生命科学的时代。随着近年来科学技术的迅猛发展，生命组织和机体的自我生长和生物功能研究成为人类探索和利用的前瞻技术方向，制造技术与生命科学的交叉融合正在显示出其巨大的科技引领能力和未来产业价值。生命体的许多功能不断被认知，它在人体组织器官和未来工程领域都具有巨大的发展潜力。近年来，科学技术的发展逐渐呈现一个发展趋势——通过增材制造技术探索生命体的制造。它帮助人类与疾病和衰老抗争，为提升人的生存质量提供新技术。人体复杂器官制造是未来社会迫切需要发展的方向。

近期 Science 杂志报道，美国研究团队带来了一项具有里程碑意义的发明：一个由水凝胶打印而成的肺模型，它具有与人体血管、气管结构相同的网络结构，能够像肺部一样朝周围的血管输送氧气，完成"呼吸"过程，这就体现了制造技术向具有呼吸运动和传输功能的制造技术发展的趋势。

美国普渡大学和加州大学河滨分校根据彩虹色螳螂虾利用蟹螯碾碎甲壳类猎物而自身不受损伤的机制，采用增材制造技术制造出新型超韧仿生复合材料，并通过实验验证了其具有高抗冲击性能的机理。许多海洋甲壳类动物壳体和昆虫外骨骼中都存在大量纤维物质，在条纹区以类螺旋梯状的螺旋结构高度整齐排列。在电子显微镜和数字成像技术的辅助下，研究人员成功捕获了纤维的裂纹行为，即当裂纹形成时，会产生许多较小的裂缝，冲击力将沿着扭曲裂纹传播，消解冲撞时材料吸收的能量，使裂纹生长的驱动力逐渐减小，从而避免蟹螯发生致命性破裂。该项研究有助于开发重量更轻、硬度高、韧性强的仿生复合材料，在航空航天、战车装甲等领域具有重要应用潜力。

韩国国立济州大学利用增材制造技术开发出一种水下仿生晶须传感器，该传感器可仿效大多数水中生物使用的触须来探测目标，并具有高精度跟踪和监测水下漩涡的能力。由于设计方法简单、机械稳定性好、制造成本低，这种新型多功能仿生传感器可在软体机器人、传感器、可穿戴设备以及人机交互等领域发挥重要的作用。

我国卢秉恒院士研究团队基于 5D 打印技术，在人体心肌组织支架的制造、类脑神经组织制造、爬行生命机械混合机器人方面取得了初步进展。

3.6.4　国内外生物制造产业与科技的发展现状

全球发达国家和地区先后将生物制造产业纳入优先发展的战略新兴产业范围，目前已有超过 20 个国家和组织制定了关于生物制造的国家战略规划，如美国、欧盟、日本等。世界经合组织（OECD）预测，到 2030 年，生物制造在生物经济中的贡献率将达到 39%，超过生物农业（36%）和生物医药（25%），且将有 25% 有机化学品和 20% 的化石燃料由生物基化产品取代，基于可再生资源的生物经济形态终将形成。

中国生物制造产业有良好的发展环境与政策支持基础，"十二五"以来，中国将生物制造产业列为重要战略性新兴产业，设立了现代生物制造科技专项，通过"973""863"计划和科技支撑计划等渠道，大力支持生物制造科技和产业的发展，取得了一批代表性创新成果，并获得了一批国家级科技奖励。

3.6.5　生物制造应用实例——5D 打印的生物功能组织制造

1. 类脑组织制造

世界卫生组织的统计数据表明，脑疾病（如帕金森病、阿尔茨海默病、自闭症、抑郁症等）给全球社会造成的负担已超过心血管疾病和癌症。由于对其发病机制的认识有限，几乎所有的病例都缺乏有效的治疗。在脑科学及脑疾病的研究中，作为研究对象的人脑组织缺乏成为其主要的瓶颈，并且动物脑组织无法完全表征人脑组织特征。因此，体外构建接近自然人脑组织的模型是脑科学发展的必然需求。

西安交通大学卢秉恒院士的研究团队，在类脑组织体外构建的设备研发方面，设计并搭建了细胞打印/培养一体化系统，可同时实现多种细胞和基质成分的打印。实现了包裹大鼠原代神经元细胞的三维活性神经组织的制备，打印后组织的细胞活性在 94% 以上。如图 3-44 所示为研究团队的体外类脑组织打印/培养一体化平台。

2. 生物机械共生体制造

卢秉恒院士开发团队设计并采用 3D 打印技术制造了一种以海蛞蝓为仿生原型的爬行生命机械混合机器人。研究了蛞蝓的解剖学结构及其运

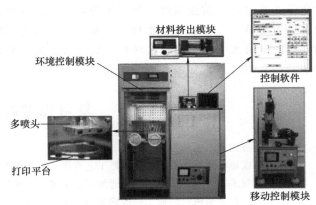

图 3-44　体外类脑组织打印/培养一体化平台

动方式，建立了运动简化模型并进行了步态分析，在此基础上，设计了类生命机器人的本体结构，依据摩擦力的各向异性设计了其爬行步态，并通过 3D 打印制作了类生命机器人构件。在类生命机器人的驱动性能研究方面，建立了基于二阶弹簧阻尼系统机器人的运动学与动力学模型，并利用运动学与动力学实验平台开展了机器人驱动性能检测实验，如图 3-45 所示。

为了给生命体提供必要的保护及生命维持养分，使其长期保持活性，设计了一种用于肌细胞培养分化的负泊松比支架微结构，来提高肌细胞分化程度与肌肉组织的收缩力。通过实验研究了骨骼肌细胞的生长分化情况，扫描电镜等结果表明，骨骼肌细胞可分化形成成熟的肌纤维，为功能化生命体的构建奠定了基础。生命体功能调控方面，搭建了生命体多场耦合刺激平台，研究了仿生理环境富集刺激（如电刺激、机械刺激等）对生命体驱动性能的调控作用机制。上述研究探索了生命体机器人未来的可能发展方向。

图 3-45　类生命机器人实体

本 章 小 结

先进制造工艺是在传统制造工艺的基础上不断改进和提高过程中形成的，具有优质、高效、低耗、洁净和灵活的特点。依据材料成形学观点，可将机械零件成形工艺分为材料受迫成形、材料去除成形、材料堆积成形、材料生长成形。在**材料受迫成形**工艺领域，包含有精密洁净铸造、精密模锻、超塑性成形、精密冲裁、辊轧工艺、粉末锻造成形、高分子材料注射成形等不同的先进、高效、低耗成形工艺技术。在**超精密加工和高速加工**的材料去除成形工艺领域，其加工精度进入了微纳精度级别，加工速度达到刀具和机床所承受的临界范围，涉及超精密加工机理，超精密加工刀具、磨具及其制备技术，超精密加工机床设备，精密测量技术以及严格的工作环境等关键技术。**微纳制造**是指尺度为毫米、微米和纳米量级的零件及系统的设计、加工、组装、集成与应用技术，其中微制造的常用制造工艺有机械微加工、光刻工艺、牺牲层工艺、LIGA技术等，纳制造工艺有基于STM的纳米加工以及基于STM的原子操纵。材料堆积成形的**增材制造**是采用软件离散—材料堆积原理实现零件的成形过程。包括早期成熟的快速原型制造方法、面向金属零件直接成形的方法和经济普及型的3D打印等工艺方法。**仿生制造**是模仿生物的组织、结构、功能和性能，制造仿生结构、仿生表面、仿生器具、仿真装备、生物组织及器官，以及借助于生物形体和生长机制进行加工成形的过程。目前主要研究内容包括仿生机构及系统的制造、功能表面的仿生制造、生物组织及器官的仿生制造、生物加工成形制造等。

复习思考题

1. 描述先进制造工艺的发展与特点。
2. 从材料成形学角度来看，零件成形工艺有哪几种类型？分别列举它们的内容。
3. 就目前技术条件下，如何划分普通加工、精密加工和超精密加工？
4. 如今为什么超精密切削加工一般均采用金刚石刀具？超精密磨削一般采用什么类型的砂轮？
5. 超精密加工对机床设备和环境有何要求？
6. 查阅资料，了解高速加工技术的发展现状及应用。
7. 列举当前常用的增材制造的工艺方法，叙述各种工艺方法的工艺过程及其特点。
8. 列举当前常用的微制造工艺技术以及纳制造工艺技术。
9. 查阅资料，了解增材制造有哪些新材料及增材制造的最新进展。
10. 查阅资料，了解仿生制造的国内外新进展。

第4章　先进制造自动化技术

制造自动化技术是先进制造技术中的一个重要组成部分，制造自动化技术水平代表着一个国家的科学技术水平和经济实力。采用自动化制造技术，可以大大减轻劳动强度，提高劳动生产率和产品质量，降低制造成本，增强企业商品市场的竞争力。先进制造自动化促使制造业逐渐由劳动密集型产业向技术密集型和知识密集型产业转变。

在"狭义制造"概念下，制造自动化通常是指生产车间内的产品机械加工、装配和检验过程的自动化。在"广义制造"的概念下，制造自动化则包含了产品设计自动化、过程自动化、质量控制自动化、企业管理自动化等整个产品制造的自动化工程，以实现高效、优质、低耗、及时、洁净生产的企业生产经营目标。本章所述的先进制造自动化技术，仅限于狭义概念下的自动化技术，即生产车间的加工化过程，包括制造设备自动化、物料运储自动化、装配过程自动化检测监控自动化等内容。

先进制造自动化技术的发展经历了刚性自动化、柔性自动化、综合自动化、智能自动化的发展。其典型代表有数控系统，柔性制造系统，计算机集成制造系统等。

4.1　数控加工技术

数控加工技术综合了机械加工技术、自动控制技术、检测技术、计算机和微电子技术，是当今世界上机械制造业的先进制造自动化技术之一。数控加工技术以其高精度、高速度、高可靠性等特点，已成为先进制造技术的技术基础。

根据系统组成、数控功能及驱动控制等方面特征，数控加工技术大致可划分为 6 个发展阶段，见表 4-1。不同时期市场需求及技术发展水平呈现出不同的特点，数控技术逐渐从所谓的"硬件数控"发展到"软件定义"的智能化产品。

表 4-1　数控加工技术发展的不同阶段

特点	第 1 阶段 研究开发期 （1952—1970）	第 2 阶段 推广应用期 （1970—1980）	第 3 阶段 系统化 （1980—1990）	第 4 阶段 集成化 （1990—2000）	第 5 阶段 网络化 （2000—2015）	第 6 阶段 智能化 （2015 至今）
典型应用	数控车床、铣床	加工中心、电加工机床和成形机床	柔性制造单元；柔性制造系统	符合加工机床 5 轴联动机床	数字化工厂	智能、可重构制造系统
系统组成	电子管、晶体管小规模集成电路	专用 CPU 芯片	多 CPU 处理器	模块化多处理器	开放体系结构工业危机	赛博物理系统 CPS
工艺方法	简单加工工艺	多种工艺方法	完整的加工过程	复合多任务加工	高速、高效加工；微纳加工	混合高效绿色

（续）

特点	第 1 阶段 研究开发期 （1952—1970）	第 2 阶段 推广应用期 （1970—1980）	第 3 阶段 系统化 （1980—1990）	第 4 阶段 集成化 （1990—2000）	第 5 阶段 网络化 （2000—2015）	第 6 阶段 智能化 （2015 至今）
数控功能	NC 数字逻辑控制 2～3 轴控制	全数字控制刀具自动交换	多轴联动控制；人机界面友好	多过程、多任务复合化、集成化	样条插补曲面优化加工过程管理	虚拟、云化自适应及智能化
驱动特点	步进电动机伺服液压马达	直流伺服电动机	交流伺服电动机	总线及直线电动机驱动	高速高精度全数字、网络化	高动态特性；自适应自诊断

（1）数控机床　数控机床是用数字信息对机床运动及其工过程进行控制的机床，是典型的机械、电子、计算机和检测技术相结合的机电一体化制造装备。数控机床是现代制造自动化的基础，是柔性制造系统的核心，也是现代集成制造系统的最基本组成部分。

数控机床能够实现控制自动化，操控人员进行编程后，即能让机床自动化执行加工操作，因此可以大大地降低工作强度。数控机床在现代化管理中有较好的应用，将数控机床本身的控制模式和运转信息添加在计算机信息网络中，能够便于计算机辅助设计管理一体化，因此对现代化生产管理提供较好的基础。数控机床能有效地实现加工的自动化过程，并且该自动化过程并不是一成不变，而是通过相关零件的不同设置和不同型号进行动态调整，通过计算机的记忆储存能力，将相应程序和代码进行自动执行，对不同产品的生产只需要对执行程序的切换即可实现快速的工作。数控机床一般由机床本体、数控装置、伺服系统、辅助装置组成，如图 4-1 所示。

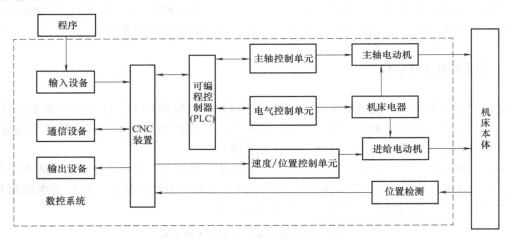

图 4-1　数控机床的组成

（2）数控系统　数控系统是数控机床的控制核心，价值占到整机的 30%～40%，其功能、控制精度和可靠性直接影响机床的整体性能、性价比和市场竞争力。数控系统包括含有数控装置（CNC）、可编程序控制器（PLC）、主轴伺服驱动单元、进给伺服驱动单元、人机界面（HMI）以及检测反馈装置等。

4.1.1　计算机数字控制（CNC）系统

商业化数控系统有多种硬件结构形式，包括单 CPU、多 CPU、基于 PC 的开放式系统结构等。随着现代制造业的发展，数控系统的适应性和通用性被寄予了更高的期望，封闭式结构的局限性越来越明显。开放式数控系统是指数控系统制造商可通过对数控系统功能进行重新组合、修改、添加或删减，快速构建的不同品种和档次的数控系统，并且可以针对不同厂家、用户和行业需求，将其特殊应用和技术经验集成到数控系统中，形成定制型数控系统。未来的数控系统能够被用户重新配置、修改、扩充和改装，并允许模块化地集成传感器、监视加工过程、实现网络通信和远程诊断等，而不必重新设计软硬件。尽管当前封闭式数控系统的占有量较大，但是开放式数控系统已逐渐应用于高档数控机床，发展前景良好。

1. 开放式的数控系统

作为制造技术与信息技术融合的产物，数控系统伴随着信息技术的发展而不断演化。传统的数控系统为满足其对功能与性能安全、可靠的要求，通常采用封闭式结构，其体系封闭、兼容性差、功能不易扩展、人机界面不丰富等缺点，阻碍了数控技术的进一步发展。

开放式数控系统是指数控系统制造商可通过对数控系统功能进行重新组合、修改、添加或删减，快速构建的不同品种和档次的数控系统，并且可以针对不同厂家、用户和行业需求，将其特殊应用和技术经验集成到数控系统中，形成定制型数控系统。未来的数控系统能够被用户重新配置、修改、扩充和改装，并允许模块化地集成传感器、监视加工过程、实现网络通信和远程诊断等，而不必重新设计软硬件。开放式数控系统已逐渐应用于高档数控机床，发展前景良好。

国际电气电子工程师协会（IEEE）关于开放系统的定义是：能够在多种平台上运行，可以和其他操作系统互操作，并能给用户提供一种统一风格的交互方式，具有相互操作性、可移植性、可扩展性、可缩放性和即插即用性。国际上一些工业发达国家已经展开了对开放式数控系统标准体系的研究工作，其核心是要建立一套规范，该规范可以充分体现开放式数控系统的特征，以便于最大程度地发挥开放式数控系统的优势，目前国际上初具规模的开放式数控系统研究计划有：

（1）NGC 和 OMAC　NGC 是美国于 1981 年提出的新一代控制器计划，其核心是展开对开放式数控体系结构的研究，该计划最终产生了一个开放式体系结构的规范 SOSA。在 NGC 的指导下，由福特、通用、克莱斯勒三家公司联合提出了名为"开放式模块化结构控制器"的计划，简称 OMAC。该计划的目的是使系统制造商、机床厂家和最终用户可以缩短产品开发周期，降低开发费用，方便进行二次开发和系统集成，简化系统的使用和维护。

（2）OSEC　日本的东芝机械、山崎、三菱电机等 6 家公司联合成立了 OSEC（开放系统环境）研究会，并开始实施 OSEC 研究计划。OSEC 的研究目的是制订开放式数控系统的体系结构及安装规定，并且进行实验验证与标准化活动。OSEC 的最终目标是要建立一个工厂自动化控制设备标准。OSEC 把数控系统看作是分布式制造网络上的一个服务器，它用来接收上层控制单元的任务请求，并执行该请求。

（3）OSACA　OSACA 是由欧洲国家的 22 家控制器开发商及科研机构联合发起的关于开放式数控系统体系结构的研究计划。并且，OSACA 在 IEEE 对开放系统定义的基础上建立了具有开放性结构的数控系统平台。

OSACA 中，数控系统的体系结构被划分成两个部分，即应用软件和系统平台。应用软件即系统控制对象的各功能模块，被称为 AO（Architecture Object）。系统平台提供的服务是通过标准应用程序接口 API 来实现，API 是 AO 连接系统平台的唯一途径，它提供了各功能模块在平台上的统一接口。在 OSACA 体系下，用户可以在不用考虑具体供应商的情况下选择功能模块来构建特定的控制系统，并对系统的功能进行自由的配置。

目前，我国大多数的开放式数控系统都是以 PC 机为平台组建的，这种数控系统的最大优势是其硬件系统和软件系统都是开放的，其在功能扩展、软硬件升级、兼容性等方面都更易实现。数控系统是一种典型的实时多任务系统，今天的开放式数控系统以 PC 平台及实时操作系统通过总线将部件互联。数控系统的开放程度具体表现在人机界面的二次开发、数控核心的裁剪以及整个体系结构的开放性。特别是开放体系结构，系统拓扑结构可变，规模可变、可移植，组成模块可以更换和协同工作，可在标准规范下按需配置成不同的数控系统，甚至以工业 APP 或云数控的形式组成数控系统，如图 4-2 所示。

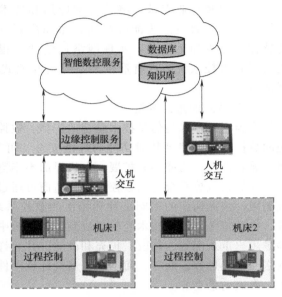

图 4-2　云数控系统的框架结构

图中机床 2 的数控上层核心位于云端，操作人机界面位于异地，通过高速网络与本地机床的过程控制互联，实现对机床的控制。

目前实现数控系统的开放性主要有 3 种方案：

1）集中式。主要是传统数控系统厂家采用的开放性技术路线，将人机界面在 PC 平台上构建，通过计算机总线将数控核心等 CPU 系统连接在一起，结构紧凑，典型产品如西门子的 828D、发那科的 30I。

2）分离式。人机界面在 PC 平台及通用操作系统下开发，其数控核心硬件系统和伺服控制保持原来结构，如西门子 840Dsl、海德汉 iTNC 530。

3）软件定义型数控。硬件以 PC 平台加网络总线方式将部件互联，软件在实时操作系统上进行开发，典型产品如德国倍福数控、沈阳机床的 i5 数控系统、华中数控等。

当前开放式 CNC 系统的研究内容有开放式数控系统的体系结构规范、通信规范、配置规范、运行平台、数控系统功能库和数控系统功能软件开发工具等。开放式 CNC 系统大致可归纳为以下三类结构：

1）基于 PC 型（见图 4-3）。

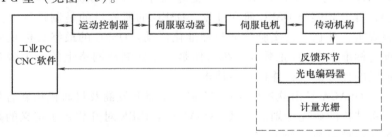

图 4-3　基于 PC 型

2）PC+CNC 型。以专用 CNC 系统+PC 机组成，PC 作前端，CNC 作后端，既能运行各种 PC 软件又保持原 CNC 系统的功能；复杂的多轴插补由 CNC 完成。

3）全软件型（见图 4-4）。

开放式数控技术不仅使数控系统在制造车间得到普及，也为融入新的技术奠定了基础。

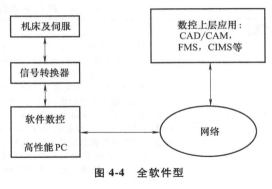

近年来，信息与通信技术的发展，特别是传感器、物联网、大数据、人工智能以及边缘计算的发展，为研制智能化数控系统创造了条件，并对数控系统提出了新的需求。

1）将边缘智能应用于数控系统，以满足系统实时性及隐私性要求。

2）将智能控制技术与自动化技术融合数控系统，以提高加工的精度、质量和效率。

3）通过工业互联网技术实现加工过程的感知及与智能工厂的融合，实现数控系统与数字化车间的互联互通。

图4-4　全软件型

4）通过数字化技术实现工件设计与编程、机床配套调试的优化、加工过程仿真等工序链的一体化。

5）通过互操作技术将数控系统与车间工艺与企业信息系统整合在一起，为数字化和无纸化生产，实现智能工厂奠定基础。

以近年来智能制造在航空航天领域的推广与应用为例，使数控机床不再单纯是加工设备，而是智能工厂/数字化车间的重要组成部分。智能制造的批量客户化的制造需求，要求将加工现场的感知、大数据处理、数字化建模、智能决策等新功能集成到数控系统中，形成制造过程的闭环，研制基于边缘智能的开放式数控系统，如图4-5所示。建立系统在不确定环境中的智能行为，应对不确定的市场环境，是数控系统的开发与应用的新方向。

在开放式数控系统的基础上，通过将工业物联网、边缘计算、数字孪生、人工智能等新一代信息技术融入数控系统，开展基于边缘智能的开放式数控系统的研发，在确保加工控制要求的基础上，进

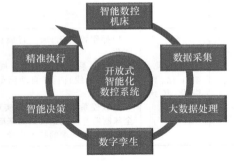

图4-5　开放式、智能化数控系统

一步实现数控系统对加工过程的泛在感知及智能控制，以增强系统加工处理能力，并通过智能编程、智能故障诊断和远程监控，以及设备故障的预测诊断等功能，提升数控机床的性能和可靠性，提高复杂零件的加工效率和质量，在航空航天、汽车制造等领域具有广泛的应用前景。

2. 数控系统的新需求与发展趋势

数控系统作为制造技术与信息技术融合的产物，"工业4.0"、工业互联网以及"智能制造"的发展对数控系统的设计提出了新要求，万物互联时代的到来为数控系统智能化提供了新方向，具体发展趋势见表4-2。

智能机床涉及一系列基础支撑技术，除了传统的先进制造技术，新一代人工智能技术为制造赋能，成为智能机床的推进器，其中大数据、深度学习和知识图谱成为新一代人工智能发展的核心推动力。以知识图谱为代表的知识工程，侧重于解决影响因素较多，但机理相对简单的问题；以深度学习为代表的机器学习，侧重于解决影响因素较少，但计算高度复杂的问题。从控制闭环角度出发，机床智能化围绕着适时感知、分析识别、智慧决策、精准执行和学习提升五个关键技术，使机床能够自主、高质量、高效益及绿色地进行加工制造，如图4-6所示，其关键技术如图4-7所示。

表 4-2　数控系统的新需求与发展趋势

序号	发展趋势	功能突破	举例
1	向高速、高精度、高可靠性方向发展	1）直线电动机驱动的主轴转速可达 15000～100000r/min；工作台快移速度可达 60～200m/min；加工切削进给速度高于 60m/min 2）FANUC 数控系统推出了 AI 纳米轮廓控制、AI 纳米高精度控制等先进功能，能以纳米为单位的插补指令，大大提高了工件加工表面的平滑性和光洁度；SI-EMENS 数控系统所独有的 80 位浮点计算精度，充分保证插补中轮廓控制的精确性，获得更高的加工精度 3）数控机床的平均无故障工作时间（Mean Time Between Failure，MTBF）必须大于 3000h，无故障率需达到 99% 以上	纳米平滑加工技术 使用纳米平滑技术保证加工表面平滑性
2	向多轴联动、复合化方向发展	1）为了满足复杂曲面的加工需求，必须采用多轴联动数控系统 2）多轴联动加工可利用刀具的最佳几何形状进行切削，产品的加工效率、加工质量和加工精度将大幅提升 3）在一台机床上集成多种不同的加工工艺，实现工件在一次装夹下的整体加工，有效减少机床和夹具数量、提高工件加工精度等	1）七轴五联动复合机床加工大型螺旋桨 2）五轴联动精雕机加工齿轮
3	智能化、柔性化、网络化方向发展	1）操作智能化、加工智能化、维护智能化、管理智能化 2）数控系统向柔性化发展：由点（数控单机）、线（柔性生产线）向面（自动化车间）、体（CIMS）的方向发展 3）数控系统的网络化是实现虚拟制造、敏捷制造、全球制造等新制造模式的基础单元，是满足制造企业对信息集成需求的技术途径	德玛吉（DMG）CELOS APP 图解界面和触屏操作

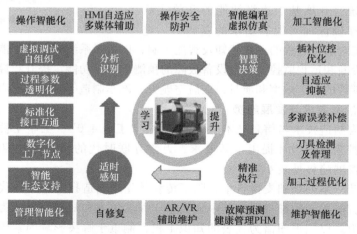

图 4-6　数控机床智能化的主要需求

3. 伺服系统

伺服系统包括驱动装置和执行机构两大部分，伺服系统把数控装置输出的脉冲信号通过放大和驱动元件使机床移动部件运动或使执行机构动作，以加工出符合要求的零件。每一脉

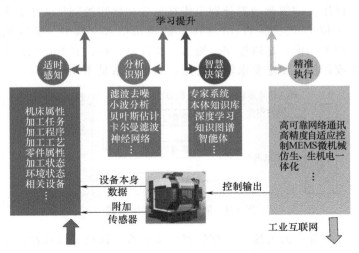

图 4-7　机床智能化关键技术

冲使机床移动部件产生的位移量称为脉冲当量，常用的脉冲当量为 0.01mm/脉冲、0.005mm/脉冲、0.001mm/脉冲等。因此，伺服系统的精度、快速性及动态响应是影响加工精度、表面质量和生产率的主要因素。

　　目前在数控机床的伺服系统中，常用的位移执行机构有步进电动机、直流伺服电动机和交流伺服电动机。后两种都带有感应同步器、光电编码器等位置测量元件。所以，伺服机构的性能决定了数控机床的精度与快速性。

　　伺服驱动器和伺服电动机是伺服系统中最终驱动机械本体的重要环节。伺服系统中的伺服电动机应具备以下特征：

　　1）体积小，重量轻，有较大的输出转矩。

　　2）低惯性，可以适应速度指令或位置指令的快速变化。

　　3）良好的控制性能以及发电制动功能。

　　4）转矩脉冲小。

　　电路中还加入了故障处理和保护环节，如过压、欠压、过流、断相及电动机过热等硬件检测和保护电路。伺服电动机接受外部指令（速度模拟指令、转矩模拟指令和位置脉冲指令），对电动机进行控制，并将编码器分频后的脉冲信号反馈给上级控制器。伺服驱动器接受外部模拟速度指令，经 A/D 转换后，与检测的当前速度比较，进行速度偏差放大。伺服驱动器根据偏差对伺服电动机实行速度（转矩）控制，使用 PWM 电路驱动电动机，基本原理如图 4-8 所示。

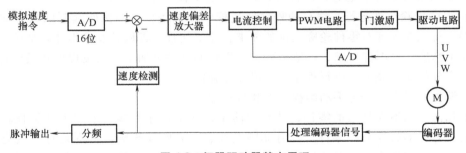

图 4-8　伺服驱动器基本原理

为了实现预定操作，伺服驱动器分别工作在速度和转矩控制模式下，驱动器的速度模式和力矩模式都接受上位 DSP 控制器（PMAC）的模拟信号。其中，速度模式是以控制位置为主要控制指标，而力矩模式是以控制转矩为主要控制指标，在力矩模式下可以在额定转矩范围内实现恒转矩或者按照预定要求输出转矩。具体关系见图 4-9 所示。

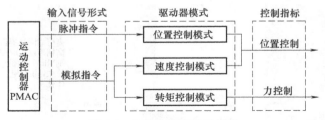

图 4-9　伺服驱动器输出模式

其中，数控装置通常由输入接口、存储器、运算器、输出接口和控制电路等构成。输入接口接收控制介质或操作面板上的信息，并将其信息代码加以识别，经译码后送入相应的存储器。存储器中的代码或数据是控制和运算的原始依据。控制器根据输入的指令控制运算器和输出接口，以实现对机床各种操作的执行。运算器主要对输入的数据进行某种运算，按运算结果不断地由输出接口输出脉冲信号，驱动伺服机构按规定要求运动。输出装置根据控制器的指令将运算器的计算结果输送到伺服系统，经过功率放大驱动相应控制轴的伺服电动机，使机床完成刀具相对工件的运动。

4. 数控编程技术

数控加工是在数控设备上按照预先编制好的加工程序对工件进行高效加工的一种方法。数控编程是将零件加工的工艺过程、切削参数、刀具轨迹以及刀具选择、其他辅助动作（换刀、冷却、工件夹紧/松开等）等按数控系统规定的指令代码编制数控加工程序，输入数控装置，经校核试切无误后用以控制数控机床的加工，其主要过程包括工艺分析、数据处理、编制程序、程序校验和试运行等。

（1）工艺分析　根据零件图对被加工工件进行工艺分析，明确加工内容和要求。制订加工工艺方案，确定零件的加工方式、安装方法，加工刀具和切削参数等，在满足加工精度的前提下尽可能做到工艺方案的经济性和合理性。

（2）数据处理与数值计算　根据零件几何形状、加工路线、编程误差和数控系统要求，进行基点、刀具运动轨迹等计算。

（3）编写数控加工程序　根据确定的各项工艺内容和运动轨迹坐标值，按照数控系统所规定的程序指令和格式要求，逐段编写零件加工程序。

（4）输入数控程序　通过用户接口，将数控加工程序输入到数控系统。

（5）程序校验与试运行　编写的程序经过校验和试运行，确保所编制的数控加工程序正确无误。首先要保证对零件轮廓轨迹的要求，还要检查刀具调整及编程计算是否正确，保证零件加工精度达到图样要求，一般需要进行零件的首件试加工。当发现尺寸误差超过允许误差时，应分析误差原因，进行程序修改或尺寸补偿。

数控编程技术主要分为手动编程技术和自动编程技术。

对于几何形状不太复杂的零件，计算较简单，加工程序不多，采用手动编程较容易实现。但是，对于形状复杂的零件，具有非圆曲线、列表曲线轮廓，特别是对于具有列表曲面、组合曲面的零件或者零件几何元素并不复杂但程序量很大的零件（如一个零件上有数千个孔），以及铣削轮廓时，数控装置不具备刀具半径自动偏移功能而只能按刀具中心的运动轨迹进行编程等，计算繁琐，程序量非常大，手动编程难以胜任，就需要自动编程。自动编程技术又主要分为 APT（Automatically Programmed Tool，APT）语言编程技术和 CAD/CAM 软件编程技术。

采用 APT 语言自动编程，由于计算机自动编程代替程序编制人员完成了繁琐的数值计算工作，并省去了编写程序单的工作量，解决了手动编程中无法解决的许多复杂零件的编程难题。但其缺陷体现在：APT 语言编程技术的系统技术难度大，给工作人员带来了巨大的挑战；此外产品的设计和加工并没有实现一体化。这些缺陷阻碍了 APT 语言编程技术在工业加工领域的推广和应用。

CAD/CAM 集成系统数控编程是以待加工零件 CAD 模型为基础的一种集加工工艺规划和数控编程为一体的自动编程方法，使用于数控编程的主要有表面模型和实体模型，其中以表面模型在数控编程中应用较为广泛。以表面模型为基础的 CAD/CAM 集成数控编程系统，习惯上又称为图像数控编程系统。此技术更加直观、形象，既不需要像手工编程技术那样进行繁琐的数学计算，也不需要利用语言描述几何形状，而是直接面对产品的几何图形。

CAD/CAM 集成系统数控编程的主要特点是零件的几何形状可在零件设计阶段使用 CAD/CAM 设计，集成系统的几何设计模块在图形交互方式下进行定义、显示和修改，最终得到零件的几何模型（可以是表面模型，也可以是实体模型）。数控编程的内容包括刀具的定义及选择、刀具相对于零件表面的运动方式的定义、切削加工参数的确定、走刀轨迹的生成、加工过程的动态图形仿真显示、程序验证直到后置处理等，一般都是在屏幕菜单及命令驱动等图形交互方式下完成的，具有形象、直观和高效等优点。

以表面模型为基础的数控编程方法比以实体模型为基础的数控编程方法简单。基于表面模型的数控编程系统一般只用于数控编程。也就是说，其零件的设计功能（或几何造型功能）是专为数控编程服务的，也容易使用，针对性很强，典型的软件系统有 Mastercam 等。以实体模型为基础的数控编程则不同，其实体模型一般都不是专为数控编程服务的，甚至不是为数控编程而设计的。为了用于数控编程，往往需要对实体模型进行可加工性分析，识别加工特征（加工表面或加工区域），并对加工特征进行加工工艺规划，最后才能进行数控编程，其中每一步可能都很复杂，需要在人机交互方式下进行。图 4-10 描述了以表面模型为基础的数控编程和以实体模型为基础的数控编程步骤。

4.1.2　应用实例

（1）欧盟"Twin Control"孪生控制项目　德国西门子围绕"机床数字化制造"，借助"数字化孪生"来实现从产品研发、设计、生产，直到服务的全过程的数字化，从而实现效率、可用性和可靠性的提高，进一步优化加工精度、设计、加工过程乃至维护和服务。西门子于 2019 年国际机床展上推出了全新理念的数控系统 Sinumerik One，第 1 次将数字孪生纳入数控系统中，从而在一个高性能硬件平台下实现虚拟与现实的融合，依靠在虚拟与现实空间的无缝交互，为机床控制器在功能、性能、数字化和智能化方面树立了新的标准。无论是机床制造商还是机床使用者，都将直接从数字孪生数控系统上获益。

Sinumerik One 集成了 Simatics7-1500F PLC，通过 OPC UA 进行高效的数据交互，可与 TIA 博途软件平台配合，为机床制造商和用户提供一个便捷高效的研制和使用环境，还将信息安全集成至数控系统，支持统一的西门子工业安全标准，实现纵深防御的工业安全理念。

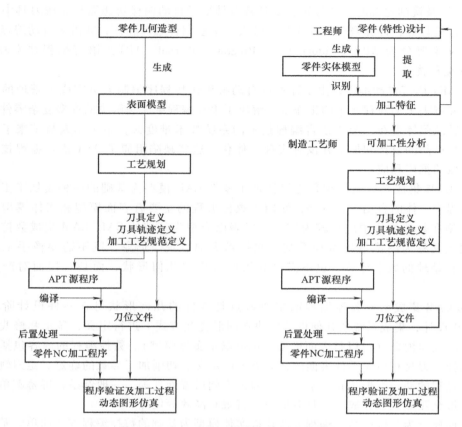

图 4-10　CAD/CAM 集成系统数控编程步骤

Create Myvirtualmachine 和 Run Myvirtualmachine 两款应用软件也集成在数控系统中，可使用户方便地在数控系统中创建机床的数字孪生，实现数控对真实机床与虚拟机床（数字孪生）的同步操控，促进制造业向数字化、智能化转型。

孪生控制"Twin Control"是欧盟地平线"Horizon 2020"框架计划中的项目，它通过在虚拟世界中不断更新集成各种仿真优化后的模型，应用整体概念和方法使实时模型具有更逼真的性能和更准确的评价能力，如图 4-11 所示，在物理世界里，机床制造商设计、生产机床，然后卖给用户使用。"Twin Control"模型在虚拟世界中集成了进给驱动、数控、机床结构、加工工艺过程等模型以及能耗模型，能够实时预测机床加工及其部件工作状态，并将相关数据上传到云平台的机床数据库，通过与对机床实际监测和试验的数据进行比较，进行模型修正与更新。同时将物理机床的实际状态、性能预测、维修计划、补偿和控制数据传给机床用户和机床制造商，使加工过程透明以及进一步利用数据。

（2）华中数控的智能数控系统 INC　华中 9 型工程样机是在华中 8 型数控的基础上开发，其架构如图 4-12 所示。其中本地部分包括数控装置、伺服驱动、电动机和其他辅助装置，承担数控机床的实时控制任务。INC 能对指令数据、响应数据以及通过传感器对如温度、振动、视频等信号进行实时采集和传输，因而具有了基本的状态感知能力。采用NCUC2.0 总线实现伺服驱动、智能模块等设备的高速互联互通，利用 NC-Link 实现与其他机床、工业机器人、AGV 以及管理信息系统等的连接，获得大数据并存储于 INC-Cloud 云平台。建立了物理机床和真实数控系统所对应的数字孪生模型 Cyber MT 和 Cyber NC，在虚拟

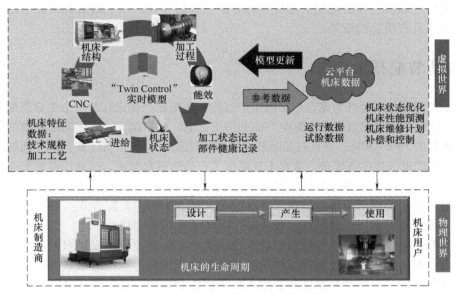

图 4-11 "Twin Control" 孪生控制项目

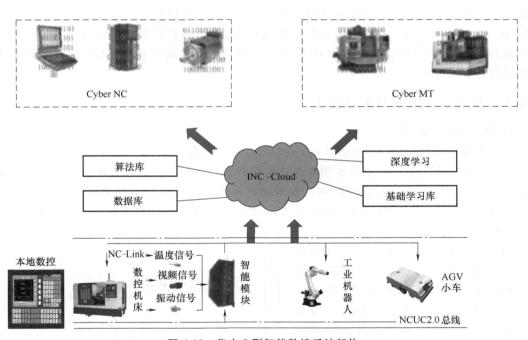

图 4-12 华中 9 型智能数控系统架构

空间中，Cyber MT 和 Cyber NC 模拟物理机床和真实数控的运行原理和响应规律，实现了以虚拟实、虚实融合。

特别是 INC 创立了"双码联控"控制技术，开辟了数控机床智能化的技术路线，使传统数控加工程序的"G 代码"（第 1 代码）和多目标优化加工的智能控制"i 代码"（第 2 代码）同步运行，实现了数控加工的优质、高效、安全和绿色。将加工程序 G 代码在 Cyber NC 上进行模拟、仿真、优化迭代，直到达到优化目标为止，并根据优化结果生成第 2 代码（i 代码）指令。实际加工时，原来加工程序 G 代码与含有优化结果的 i 代码在数控中同时运行，从而实现加工过程的优化。配置这种智能数控的 3 种机床上的试验验证了这种体系架构的智能机床具有明显的效果。

4.2 自动装配技术

装配是指将零件结合成为完整产品的生产过程，装配在产品设计制造全生命周期中占据了重要地位，装配的质量和效率直接影响产品的使用性能。根据统计，实际装配环节的投入占总生产制造成本的 30%~50%，并且在实际装配中并不能保证一次完成，需要反复地装配，同时修改零件结构严重依赖实体模型，这样不仅降低了产品的研发效率，而且使得装配成本极高。

装配工艺可由以下三种不同的方法之一获得：人工装配、机械自动化装配、柔性装配或机器人装配。单位装配的成本，取决于产品的年产量和采用的装配方式。装配环节也是制约生产自动化的主要因素，产品装配性能决定了其能否采用自动化装配。

人工装配的单位装配成本保持为常数，自动化装配的单位装配成本则随产量的增加而线性降低，而机器人装配的单位装配成本则随产量的增加表现为双曲线函数关系。自动化装配系统需要专门的机械设计师和熟练的技术人员来操作和维护，他们都是只进行装配某个特定部件的单一操作，若出现装配的修改和重新设计，就可能要对设备进行大范围的修正。柔性装配或机器人装配是对机械自动化装配的速度和精度同人工装配柔性的一个很好折中。设备通常能适应设计的改变，在产量上具有柔性和可重复性。维护设备和工艺所需的技术支持是相当常规的，由编程的机器人执行相应操作。自动化的成本或用于机器人的投资是面向自动化产品设计的重要因素。

4.2.1 自动装配组成与关键技术

1. 自动装配的设计

自动装配的设计（DFA-Design for Assembly）是一种针对装配环节统筹兼顾的设计思想和方法，就是在产品设计过程中利用各种技术如分析、评价、规划、仿真等充分考虑产品的装配环节及其相关的各种因素的影响，在满足产品性能与功能的条件下改进产品的装配结构，使设计出来的产品是可以装配的，并尽可能降低装配成本和产品总成本。如图 4-13 所示为 DFA 的体系结构。

DFA 从干涉碰撞检测、装配序列规划、产品可装配性评价、装配过程仿真四个不同方向对装配结构进行分析，以确定结构设计的可装配性、装配质量和结构设计的有效性，从而避免因这些问题而导致的再设计所造成的巨大浪费，从而提高产品设计质量，缩短产品设计周期，降低产品设计成本。

（1）干涉碰撞检测　干涉碰撞检测采用三个应用层次（即静态干涉层、动

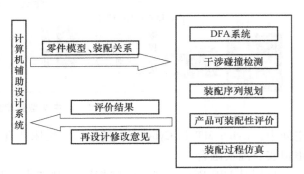

图 4-13　DFA 的体系结构

态干涉层和运动干涉层）分别对产品结构、装配过程及机构运动过程进行干涉检测，以体现产品性能的逐步提高。

（2）装配序列规划　装配序列规划是指将零部件作为规划目标对象，分析不同零部件

之间的关系模型，结合最终装配成品的形态，编制全部零部件的装配或拆卸顺序，从本质上来说是装配顺序的优化问题。

装配规划包括装配序列规划和装配路径规划。装配序列规划关系到不同零部件的装配顺序，由于现代化生产中的最终产品（尤其是复杂设备）是由多个零件组成的，这就必须考虑装配过程中不同部件的装配顺序，以求得到可行甚至最优的装配工艺规程。装配路径规划关系到零部件在装配过程中的运动路线，这同样也对装配工艺的可行性产生影响，通过装配路径规划可以检测装配干涉，并通过人机交互分析可以判断装配的难易性。

（3）产品可装配性评价　分析各因素对零件、产品、装配顺序的影响，求出定量评价结果，从而判断出可装配性的好坏。如果可装配性不好，应根据各因素评价值确定修改方案，直到符合可装配性要求为止。装配质量评价技术作为装配质量相对好坏的评估结果越来越受到人们的关注，装配质量评价全面综合地考虑人、机、料、法、环等五大影响产品质量的主要因素。在产品全生命周期中，要想降低产品的投入成本，必须要先简化产品的结构，首先考虑零件的可装配性，其次才关注零件的加工特性，因此装配质量评价更多的是侧重产品的可装配性评价。

（4）装配过程仿真　能使装配过程可视化，并能根据实际情况调整装配顺序和路径，使装配工作更符合工艺要求。实现了基于装配顺序对当前路径进行可行性检查、交互进行路径的改进、可视化路径显示、单部件及整个部件装配过程的动画显示。

2. 装配系统分类

装配系统一般可分为以下四类：

（1）装配工位　装配工位是装配设备的最小单位。它一般是为了完成一个装配操作而设计的。自动化的装配工位一般用来作为系列装配的一个环节。自动化的装配工位的产生率很高，但是当产品变化时它的柔性较小。柔性装配工位以装配机器人为主体，根据装配过程的需要，有些还设有抓钳等装配工具的更换系统以及外部设备。可自由编程的机器人的控制系统可以同时控制外设中的夹具。

（2）装配间　装配间是一个独立的柔性自动化装配工位，配有自己的搬送系统、零件准备系统和监控系统，这些可作为它的物流环节和控制单元。一般来说，一个装配间的中心是一台装配机器人。此外还要有夹具，夹具的位置一般是固定的，以保证整个部件（或一个单元）在一个固定的位置完成全部装配。在这个装配间里，准备好了所有需要装配的零件，机器人使用一只或可更换的机械手，或者可更换的其他装配工具即可顺序地抓取和安装所有的零件。装配间适合中批量生产的装配工件。

（3）装配中心　装配间和外部的备料库（按产品搭配好的零件，放在托盘上）、辅助设备以及装配工具结合在一起统称为装配中心。储仓往往位于装配机器人的作用范围之外，作为一个独立的、自动化的高架仓库。储仓的物流和信息流的管理由一台计算机承担。也可以若干个装配间与一座自动化储仓相联接，组成一套柔性装配系统。

（4）装配系统　装配系统是各种装配设备连接在一起的总称。一套装配系统包括物流和信息流，有装配机器人的介入，除自动装配工位外，还有手工装配工位。特别是当产品的结构很复杂的时候不能没有手工装配工位。这种手工与自动混合的系统称为混合装配系统。在这种系统中应该注意，在手工工位和自动化工位之间应该有较大的中间缓冲储备仓。

3. 自动装配基础知识

（1）常用的连接方式及要求　常用的连接方式有：折边、镶嵌或插入、溶入、翻边或咬接、填充、开槽、钉夹、粘接、压入、凸缘连接、铆钉、螺纹联接、焊接、铆接、铰接等。按照连接方法的自动化实现程度，由高到低可分压入、凸缘连接、溶入、焊接、铆钉、螺纹联接、翻边或咬接、折边、镶嵌或插入、填充、开槽、铆接、铰接、钉夹、粘接，见表4-3。

表4-3 典型的连接动作

名称	原理	运动	说明
插入（简单连接）		↓	有间隙连接，靠形状定心
插入并旋转		↻	属形状耦合连接
适配		✳	为寻找正确的位置精密地补偿
插入并锁住		↓→	顺序进行两次简单连接
旋入		↻↓	两种运动的复合，一边旋转一边按螺距往里钻
压入		⬅	过盈连接
取走		↑	从零件储备仓取走零件
运动		↻	零件位置和方向的变化
变形连接		⟩⟨	通过方向相对的压力来连接
通过材料流连接		╪	钎焊、熔焊等

（续）

名称	原理	运动	说明
临时连接		←——————→	为搬送做准备

（2）产品的自动装配工艺性　适合装配的零件形状对于经济的自动化装配是一个基本的前提。就单个零件、部件和产品来说层叠式和鸟巢式的结构对于自动化装配是有利的，另外适合自动化装配的结构形式还有集成式，集成方式可以实现元件最少，维修也方便。如图 4-14 所示为适合自动化装配的结构形式。

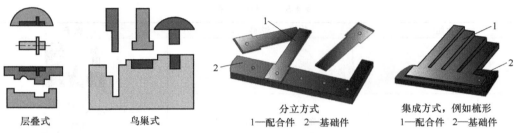

层叠式　　　　鸟巢式　　　　分立方式　　　　集成方式，例如梳形
　　　　　　　　　　　　1—配合件　2—基础件　　1—配合件　2—基础件

图 4-14　适合自动化装配的结构形式

层叠式的装配是将零件进行堆积，鸟巢式的装配是以一个零件为基础，其余的零件都安装在此零件之上。适合传送和装配的工件形状还要满足：配置路径要短、抓取部位与配合部位要有一定的距离、所有零件都要避免尖锐的棱角、配合部件与参考点之间的距离要保证一定的公差。

（3）装配过程的确定　对复杂的产品必须先装配子部件，即装配过程是多阶段进行的。按原理划分，装配过程的划分见表 4-4。

表 4-4　装配过程的划分

序号	示意图	说明
1		无分支
2	部件　产品	有分支
3		单阶段
4		多阶段
5		装配站

（续）

序号	示意图	说明
6		流水作业

　　按照时间和地点关系，装配过程可划分为串联装配、时间上平行的装配、在时间上和地点上都相互独立的装配以及在时间上独立地点相互联系的装配。在确定最佳装配顺序时，优先权见表 4-5。

表 4-5　装配的优先权

功能	说明	例子
准备支点	构成集合布局	
定位	确定连接之前的相对位置	
固定紧固	零件位置被固定	

4. 装配机器人

　　在自动装配系统与 FAS 中，最重要的组成部分是装配机器人。各种形式和规格的装配机器人正在取代人的工作，特别是对人有害的工作，以及特殊环境中进行的工作。按照用途划分机器人的种类如图 4-15 所示。

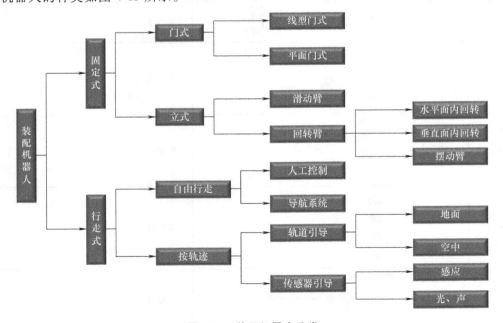

图 4-15　装配机器人分类

装配机器人由手臂、手（手爪）、控制器、示教盒、传感器等组成，其中装配机器人手爪及自动夹紧装置，可分为机械夹紧、磁性夹紧、真空夹紧、刺穿式手爪、黏结式手爪、万能手爪等。典型的装配机器人结构如图 4-16 所示。

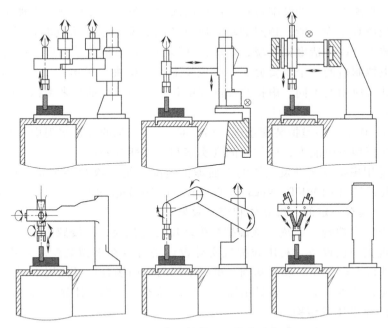

图 4-16　典型的装配机器人结构

4.2.2　虚拟装配

1. 定义

虚拟装配是近十几年兴起的虚拟制造技术研究的重要方向之一，它从产品装配的视角出发，以提高全生命周期的产品及其相关过程设计的质量为目标，综合利用计算机辅助设计技术、虚拟现实技术、计算机建模与仿真技术、信息技术等，建立一个具有较强真实感的虚拟环境，设计者可在虚拟环境中交互式地进行产品设计、装配操作和规划、检验和评价产品的装配性能，并制订合理的装配方案。虚拟装配技术已成为数字化制造技术在制造业中研究和应用的典范，针对复杂产品利用该技术可优化产品设计，避免或减少物理模型的制作，缩短开发周期，降低成本，从而实现产品的并行开发，提高装配质量和效率，改善产品的售后服务。虚拟装配在航空航天、汽车、船舶、工程机械等领域的复杂产品设计及其装配工艺规划中具有重要的意义，受到国内外的普遍关注。

狭义的虚拟装配就是在虚拟场景中快速把单个的零件或部件组装成产品的方法。广义的虚拟装配是指在虚拟环境中，无需产品或支撑过程的物理实现，只需通过分析、检验模型、可视化数据表达等手段，利用计算机工具来安排或辅助。虚拟装配的主要目的是：

（1）完成虚拟装配工艺规划　主要涉及机械制品的装配工艺方案以及装配序列的编排、夹紧力的检测、装配工装的控制、装配形变的研究、装配的现场监控等，运用相关交互性技术手段，从物理特征和交互过程方面来对产品的装配过程进行模拟仿真，以此来发现各种缺陷和问题，从而确定符合实际同时又具有较高工作效率的装配工艺路线。

（2）实现面向装配的设计　主要涉及装配建模、机构的运动分析、干涉碰撞分析及可装配性分析等方面，主要侧重从产品的几何层面来验证产品的合理性，涉及结构设计、产品工艺工序和装配路径等方面。

虚拟装配主要实现 2 个层次的映射，即底层的产品数字化模型映射产品的物理模型，顶层的装配过程仿真映射真实的装配过程。底层的映射避免了产品模型的物理实现，同时使得工程分析、装配仿真成为可能；顶层的映射使得产品装配规划、仿真验证及评价成为可能。利用虚拟现实技术可以创造虚拟环境，在虚拟环境中进行虚拟设计和虚拟制造，虚拟装配就是虚拟设计、虚拟制造的一个重要分支。虚拟装配的环境决定了虚拟装配应用系统的规模、投资、功能，针对应用的不同，虚拟装配的环境各有不同。概括起来虚拟装配环境的研究可分为以下几类：

（1）基于 CAD 平台的虚拟装配系统　通过对 CAD 系统的开发实现虚拟装配的功能，该类系统具有强的模型编辑能力，但仿真的真实感和可靠性较差。

（2）基于通用虚拟现实开发系统的桌面虚拟装配系统　虚拟装配系统的开发基于通用的虚拟现实开发系统（如 WKT、Vega、PTC Division Mockup 等），可以连接一些虚拟现实的输入/输出设备，具有一定的三维立体和交互效果。

（3）大规模的虚拟现实系统　该虚拟装配环境功能强大，沉浸感强。

（4）虚拟现实外设设备　利用虚拟现实外设设备可以在虚拟装配环境中进行数据的输入与输出，是进行人机交互的硬件基础。根据不同的应用场合可以使用不同的外设设备，主要有：数据手套、立体眼镜、头盔显示器、三维跟踪器、三维立体显示器等。

2. 虚拟装配技术体系结构

虚拟装配技术可分为以下 3 类：

（1）以产品设计为中心　在产品的设计阶段就对其装配结构进行优化设计，确保产品的可装配性；在产品设计过程中，虚拟装配技术主要用于 2 个方面：一是基于虚拟装配的产品设计，二是基于虚拟装配的产品结构优化。基于虚拟装配的设计实质上是一种基于 TOP-DOWN 的 CAD 技术，可以实现零件和装配体的混合设计；基于虚拟装配的产品结构优化是为了更好地帮助设计人员进行与装配有关的设计决策，以提高产品的可装配性，是虚拟环境下对产品的计算机数据模型进行装配关系分析的一项计算机辅助设计技术。

（2）以工艺规划为中心　利用计算机和虚拟装配技术对产品的装配工艺过程进行设计，从而得到一种可行的、更好的装配过程方案；以工艺规划为中心的虚拟装配的主要研究内容是装配作业与过程规划，包括装配或拆卸顺序的规划、装配路径的规划、工艺路线的制订、操作空间的干涉验证、工艺卡片和文档的生成等内容。

（3）以虚拟原型为中心　对产品外观、功能和性能进行系统仿真，并与实物原型、产品测试和评价进行比较。虚拟装配和虚拟原型技术的结合，可以有效地分析零件的设计公差及其加工与装配过程中的误差对产品装配性能的影响，为产品的精度分析、公差优化设计等提供了可视化手段。

虚拟装配设计环境（Virtual Assembly Design Environment，VADE）通过建立一个用于装配规划和评价的虚拟环境来探索产品装配过程中应用虚拟现实技术的可行性，设计人员在产品设计初期便可同时考虑产品装/拆相关环节，避免相应的设计缺陷。VADE 实现了与参数化 CAD 系统（如 Pro/Engineer）的数据共享，能进行产品结构树、零部件实体模型从 CAD 的自动转换，通过捕捉 CAD 环境下的装配约束信息实现零部件装配顺序和装配路径规划，并为零部件的设计改进提供反馈信息，如图 4-17 所示。

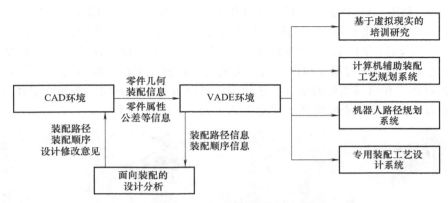

图 4-17　VADE 应用结构示意图

3. 虚拟装配的关键技术

按照国内外研究目的和实现功能的不同，虚拟装配的研究大体上围绕产品的设计、装配工艺的规划、装配系统规划和装配性能分析 4 个方面进行。虚拟装配的核心技术是开发虚拟装配应用系统时必须解决的重要共性技术，涉及零部件建模、装配序列规划及优化、可行性装配路径规划、装配合理性评价、决策支持、装配误差分析等内容，见表 4-6。

表 4-6　虚拟装配的关键技术

序号	关键技术	要点
1	虚拟环境中的模型建立及数据交换	用虚拟现实软件开发的虚拟装配系统，需要将 CAD 零部件模型及其相关信息转换后导入到虚拟环境,实现交互操作
2	装配/拆卸规划技术	工艺设计人员根据经验、知识在虚拟装配环境中交互地对产品的三维模型进行试装/拆卸,规划零部件装配/拆卸顺序,记录并检查装配/拆卸路径,验证工装夹具的工作空间并确定装配/拆卸操作方法,验证装配、拆卸方案,最终得到合理的装配方案
3	装配规划优化技术	借助优化算法搜索装配顺序,通过确量化指标进行评价,最终实现对装配规划的优化。虚拟装配序列规划是装配工艺的基础
4	基于约束的运动导航与精确定位	提供装配导航和精确定位功能,虚拟装配系统能够识别和理解操作者的装配意图,对零件进行运动引导,实现精确定位
5	交互操作中碰撞检测	碰撞检测包括静态碰撞检测、伪动态碰撞检测和动态碰撞检测 3 个方面
6	可变形体装配	诸如线缆、管路等可变形体在装配过程中会伴随着变形,不同于刚性实体,因此,可变形体的装配需要复杂的解算方法
7	虚拟装配中的人机交互与分析	通过虚拟现实技术,开发人员可以在产品开发阶段就对产品装配过程中涉及的人机因素(如装配所需时间、装配操作的舒适程度、安全性)进行分析

4. 虚拟装配技术的应用实例

（1）国产客机 CR919 与 CR929　使用机器人和增强现实（AR）技术来保持 ARJ-21-700 和 CR929 工作组之间的距离。工程师在上海浦东国际机场的 ARJ-21 第二条生产线成功地实施了一个自主开发的基于增强现实技术的电缆连接器和组装系统，以协助团队完成电线终端，这项新技术已将所需人员从 3 人减少到 1 人。同时，工作组在开发中俄 CR929 项目时成功应用了国产机器人钻孔、定位夹紧和扫描系统，以降低人员聚集的风险。据官方透露，该公司已经完成了两架 CR929 飞机复合材料机身的组装。

（2）空客的 AR、VR 和 MR 技术应用　AR、VR 和 MR 技术在空客公司已经有多年的应用：平视显示器在某些飞行阶段为飞行员提供支持，在整个飞机设计过程中设计和部署了

VR 软件工具。利用 CAD 数据，工程师可以在零件实际制造之前使用 VR 查看、交互和调整 3D 数字模型。在数字化车间中，增强现实技术可以投射数据、信息和设计细节，帮助施工和检查过程。自 2011 年以来，工程师和运营商使用了一种手持式设备，在真实的飞机上显示一个 3D 模型，提供了对尺寸和位置的宝贵见解。传感器跟踪环境和用户的移动，并发送视频，以查看数字和物理结构的结合。这种方法可以节省大量时间。例如，空客 A380 机身上使用的 6 万个支架的检查时间从 3 周减少到 3 天，如图 4-18 所示。

图 4-18　空客应用的 AR、VR 和 MR 技术

任何空客员工都将能够访问数字飞机数据，并使用 Rift 或 Vive 耳机拉出 3D 数字模型，从任何角度进行查看，以快速审查空间可达性、维护流程或简单地测试新设计。通过微软的 HoloLens 增强现实眼镜，电气团队可以看到叠加在实际飞机上的虚拟线束电缆的不同部分。虚拟现实和增强现实技术已经变得比以往任何时候都更具移动性，更经济实惠，更易于使用。

4.2.3　物料运储与检测系统

物料运储系统是自动化制造系统的重要组成部分，担负着将制造系统中的毛坯、半成品、成品及工夹具等物料及时、准确地送到指定的地点并进行加工或存储。物料运储系统的自动化可极大地提高系统的生产效率，压缩在制品和库存数量，降低生产成本，提高综合经济效益。

物料运储系统的组成单元和结构形式随制造系统的类型和服务对象的不同有较大差异。刚性制造系统面向单件、大批量生产，其物料运储系统是通过专用的料仓、料斗、上料器、送料器、输送机、输送带等装置实现的；柔性制造系统面向多品种、中小批量的生产对象，其物料运储系统也必须具有较大的柔性，较多采用自动输运小车、工业机器人、托盘交换器、自动化仓库等柔性运储装备。

1. 自动供料系统

装配工艺的自动化柔性化，很大程度上取决于一个好的供料系统。自动装配要求有一个高生产率的条件，各种装配零件从散装状态到待装状态，必须经过一个处理过程，即能在正确的位置、准确的时刻、以正确的空间状态，从行列中分离出来，移置到装配机相应工位上。

供料系统包括上料装置、输料装置、擒纵机构等，对装配零件进行定向整理与规则运动。供料系统对自动装配过程有很大影响。它的开发费用和时间占有较大比例，其可靠性是影响自动装配过程故障率的主要因素。供料过程与装配零件的结构特性和状态特性有直接关系。

（1）物流搬运装备　正确选择搬运装备是提高搬运效率、降低搬运成本的重要措施。

根据物料形状、移动距离、搬运流量、搬运方式进行选择：

1）适用于短距离和低物流量的简单传送装备，如叉车、电瓶车、传送滚道等。

2）适用于短距离和高物流量的复杂传送装备，如搬运机械手或机器人等。

3）适用于长距离和低物流量的简单运输设备，如汽车等运输车辆。

4）适用于长距离和高物流量的复杂运输装备，如火车、船舶等。

（2）上下料装备　上下料是指将毛坯送到正确的加工位置或将加工好的工件从机床上取下的过程。按自动化程度可分为：人工上下料装置（面向于单件小批生产或大型的或外形复杂的工件）、自动上下料装置（面向于大批大量生产，如料仓式、料斗式、上下料机械手或机器人等）。

1）料仓式上料装置。当单件毛坯的尺寸较大，而且形状比较复杂难于自动定向时，可采用料仓上料机构，适用于加工时间较长的零件，用在大量和批量生产中。装置包括料仓、隔料器、上料器、上料杆等。

① 料仓：料仓作用是储存毛坯，其大小取决于毛坯的尺寸及工作循环的长短。毛坯在料仓中的送进方法有两类：毛坯的自重送进和强制送进。

② 隔料器：把待加工的毛坯从料仓中的许多毛坯中挑选出来，使其自动进入上料器；或由上料器直接将其送到加工位置。通常上料器兼作隔料器。

③ 上料器：把毛坯从料仓送到机床加工位置的为上料器，分为槽式上料器、圆盘式上料器，可由机床的部件和专门的接收器来充当上料器，如图4-19所示。

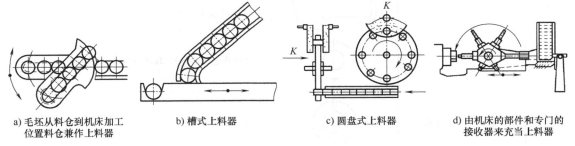

a) 毛坯从料仓到机床加工　　b) 槽式上料器　　c) 圆盘式上料器　　d) 由机床的部件和专门的
　位置料仓兼作上料器　　　　　　　　　　　　　　　　　　　　　接收器来充当上料器

图 4-19　不同方式上料器

④ 上料杆：将毛坯件推入加工位置，可采用挡块来限制毛坯送进的位置或依靠上料杆的行程使毛坯到达所要求的位置。

2）料斗式上料装置。料斗式与料仓式不同，料仓式只是将已定向好的工件由储料器向机床供料，而料斗式则可对储料器中杂乱的工件进行自动定向整理再送给机床。料斗式上料装置由装料机构和储料机构组成。其中，装料机构由料斗、搅动器、定向器、剔除器、分路器、送料槽、减速器等组成；储料机构由隔料器、上料器等组成，如图4-20所示。

图 4-20　振动料斗

料斗式上料装置按激振方式可分为电磁式、压电式、气动式及机械式。自动装配设备中常用的料斗形状为圆柱式或阶梯式，两种设计的释放方向可逆时针，也可顺时针。料斗与出料口对接，储存和输送已排列好的零件。

送料槽要求工件能顺利流畅稳速移动，不能发生阻塞或滞留现象，要认真考虑其倾斜度和弯曲的大小。基本形式包括矩形、槽形、U形、圆形、双轨式、单轨式、直立的笼形、滚道式。送料槽的截面形状，要保证传递过程中不改变其规则的状态，表4-7为各种不同截形滚道。

表4-7 不同截形滚道

序号	名称	示意图	说明
1	开式固定滚道		适用于平面件
2	覆盖式滚道		适用传递薄件和防止边缘重叠的零件,但故障不易排除
3	半覆盖式滚道		方便处理故障
4	两侧覆盖式滚道		适用于传递大头件
5	此型为在输料槽运动方向上装有一个拨杆		可排除零件的相互骑压
6	线性接触滚道		摩擦面小,可减少对外物侵入敏感性,但不适于电磁驱动,因稳定性不好
7	闭合的管道		适用传递平滑的柱、球类零件
8	一侧有开口的管道		排除故障容易
9	U形管道		适于传递悬置的大头件

装置中减速器的作用是防止工件移动速度过大造成机件或工件因碰撞而损坏。分路器的作用是把运动的工件分为两路或多路，分别送到各机床。

装料机构必须具备三个功能，即储料、定向和供料功能，具备足够的容量以维持额定的进料量，并使零件以正确的姿势进入装配系统。料斗有自动定向功能，对装配零件的结构特征与状态进行整理，使其在参数坐标系中对几何体进行定向布置，并限定时间、数量和运动轨迹。

3）上下料机械手（见图4-21）。机械手是按照程序要求实现抓取和搬运工作，或完成某些劳动作业的机械自动化装置。按其安放位置，机械手可分为内装式、附装式和单置万能式；按其是否移动，机械手可分为固定式和行走式。

（3）工件传送装备 机床间的工件传递和运送装置主要有托盘交换器（见图4-22）、有轨小车和无轨小车等。传送装备不仅起到将各物流站、加工单元、装配单元衔接起来的作

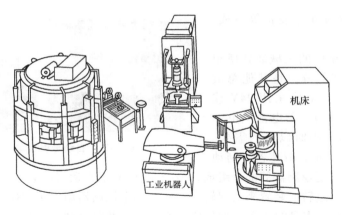

图 4-21　上下料机械手

用，而且具有物料的暂存和缓冲功能。常见的传送装备有滚道式、链式、悬挂式等，如图 4-22 所示。

图 4-22　滚道式、链式、悬挂式传送机

1）托盘交换器（见图 4-23）是机床和传送装备之间的桥梁和接口。不仅具有连接作用，还可以暂时存储工件，起到防止物流系统阻塞的缓冲作用。

图 4-23　托盘交换器

2）传送装备还包括有轨运行小车（RGV）和自动导引小车（AGV）。

RGV 沿直线导轨运动，靠直流或交流伺服电动机驱动，由 CPU、光电装置、接近开关等控制。其优点是可传送大（重）件，速度快，控制系统简单，成本低。缺点是改变路线比较困难，适于运输路线固定不变的生产系统。

自动导引小车（AGV）是一种由微机控制的，按照一定的程序或轨道自动完成运输任务的运输工具，是典型的机电一体化设备，具有自动化程度高、柔性好、可实时监控和控制、安全可靠、准时性好的特点，且维护方便，如图 4-24 所示。

AGV 控制的目的就是将小车与导引路径连接在一起形成统一的系统，以完成物料的输送。AGV 由车体、蓄电池、驱动装置、转向装置、车上控制器、通信装置、安全系统、移载装置、信息传输与处理装置等组成，如图 4-25 所示。

车体由车架和相应的机械装置所组成，是 AGV 的基础部分，是其他总成部件的安装基础。AGV 常采用 24V 或 48V 直流蓄电池为动力。蓄电池供电一般应保证连续工作 8 小时以上的需要。AGV 的驱动装置由车轮、减速器、制动

图 4-24　自动导引小车（AGV）

器、驱动电动机及速度控制器等部分组成，是控制 AGV 正常运行的装置。AGV 接收导引系统的方向信息后，通过转向装置来实现转向动作。车上控制器用来接收控制中心的指令并执行相应的指令，同时将本身的状态（如位置、速度等）及时反馈给控制中心。通信装置实现 AGV 与控制站及地面监控设备之间的信息交换。安全系统是用来对 AGV 本身的保护，以及对人或其他设备的保护。移载装置与所搬运货物直接接触，实现货物转载的装置。信息传输与处理装置主要是对 AGV 进行监控，监控 AGV 所处的状态，并与地面控制站实时进行信息传递。

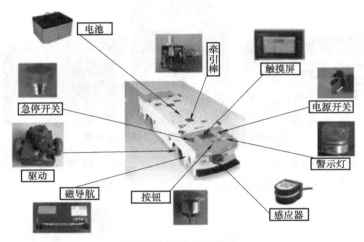

图 4-25　AGV 组成

按照导引原理的不同，AGV 分为外导式和自导式两类。外导式（固定路径导引）：是在运行路线上设置导向信息媒介，如导线、色带等，由于车上的导向传感器检测接收到导向信息（如频率、磁场强度、光强度等），再将此信息经实时处理后用以控制车辆沿运行线路正确地运行。自导式（自由路径导引）：常用的自由路径导引方法有行驶路径轨迹推算导向法、惯性导航法、环境映射导引法和激光导航法等，见表 4-8。

表 4-8　AGV 导引方式

序号	导引方式		原理
1	外导式	电磁导引	1）通以 3~10kHz 的低压、低频电流，该交流电信号沿电线周围产生磁场 2）AGV 上装设的信号检测器可以检测到磁场的强弱，并通过检测回路以电压的形式表示出来
2		光学导引	1）利用地面颜色与色带颜色的反差（在明亮的地面上用黑色色带，在黑暗的地面上用白色色带） 2）当 AGV 偏离导引路径时，传感器检测到的亮度不同，经过运算回路计算出相应的偏差值，然后由控制回路对运行状态进行及时修正，使其回到导引路径上来

（续）

序号	导引方式		原理
3	自导式	自由路径导引	采用坐标定位原理,即在车上预先设定运行作业路线的坐标信息,并在车辆运行时,实时地检测出实际的车辆位置坐标,再将两者比较、判断后控制车辆导向运行

2. 自动化立体仓库

自动化立体仓库简称"立体仓库",一般是指采用高层货架来储存单元货物,用相应的物料搬运设备进行货物入库和出库作业的仓库,其技术主题构成可参考表 4-9。

表 4-9　自动化立体仓库的技术主题构成

主题	一级技术分支	二级技术分支	三级技术分支
立体仓库	高层货架	固定式	单元货格式
			贯通式
			柜式
		直线移动式	
		旋转移动式	
	巷道式堆垛机	单立柱	
		双立柱	
	出入库系统	天车	
		叉车	
		有轨运行小车（RGV）	
		自动导引小车（AGV）	
		拆码垛机器人	
	自动控制系统		
	仓储管理系统		
	周边设备	自动识别系统	
		自动分拣设备	
		存储环境监测	

自动化立体仓库又称立库、高层货架仓库、自动存储系统 AS/RS（Automatic Storage & Retrieval System）,它是一种不需要人工处理,采用高层立体货架（托盘系统）储存物资、并通过计算机控制管理仓库内部各项作业、自动控制堆垛机运输车进行存取作用的仓库。自动动化立体仓库在管理信息及 AS/RS 系统的指令下,与加工装配设备及 AGVS、搬运机器人等一起成为柔性制造系统（FMS）与自动装配系统（FAS）的重要支柱,也是计算机集成制造的集成环节之一。以它为中心组成了一个毛坯、半成品、配套件及成品的自动存储、自动检索系统,如图 4-26 所示是 FMS 或 FAS 的重要支柱。

图 4-26　双立柱堆垛机

（1）巷道堆垛机　属于立体仓库的核心设备,堆垛机是立体仓库的主要作业机械,是一种专用起重机。堆垛机在电动机驱动下沿高层货架间巷道轨道往返运行,升降台在电动机驱动下沿立柱上下往返运动,叉牙在电动机驱动下再出入库站或货位移载货物。堆垛机按结构可分为单立柱和双立柱两种基本形式。如图 4-26 所示是双立柱堆垛机结构,一般都采用上下轨道,可以充分保证堆垛机的平稳运行。

（2）运输系统　立体仓库的主要外围设备,负责将货物运输到堆垛机或将堆垛机上的货物移走,输送机种类很多,常见的有辊道输送机、链条输送机、升降台、分配车、提升机和皮带机等。

（3）AGV　AGV作为现代物流系统的关键装备，是一个具有独立寻址功能的无人驾驶自动运输车，一般用于立体仓库进出口处进行货物周转。

（4）管理和控制系统　自动化立体仓库的计算机管理及控制系统，是基于现代信息技术，控制技术及计算机通信技术等而发展起来的综合应用系统，自动化立体仓库的先进性就是由此而体现的。其中，库存管理系统，即称中央计算机管理系统，是自动化立体库系统的核心；自动控制系统用来驱动自动化立体仓库系统各设备。

管理控制系统的配置因仓库而异，目前国内外仓库的管理控制系统大致可分为三级管理和二级管理两类。三级管理是指上位管理级、中位监控级和下位操纵级。三级管理主要用于容量较大、设备种类较多的物资仓库，如一些大型企业的备配件仓库；二级管理与三级管理相比，不专门高监控级，由管理级兼并有关监控功能。这种结构更多地应用于计算机网络及通信技术，软件技术水平较高且硬件配置简单，节省了投资，如图4-27所示。

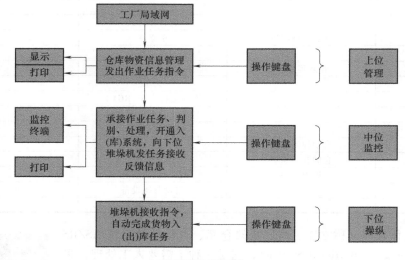

a) 三级管理及控制结构

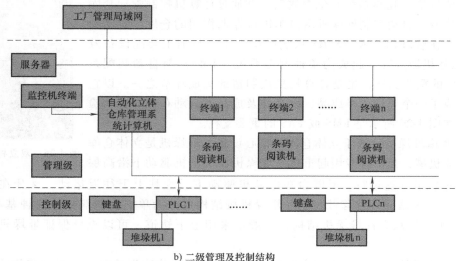

b) 二级管理及控制结构

图 4-27　自动化立体仓库管理及控制结构

自动化立体仓库管理实现功能见表4-10。

表4-10　自动化立体仓库管理实现功能

序号	实现功能	内容
1	出库作业功能	1) 响应各终端的入出库申请; 2) 根据入出库原则和现有库存情况,决定存取库的最佳货位; 3) 获取并检测各出入库货物的相关信息
2	数据管理功能	1) 查询现存货物的所有信息特定时间段内,入出库货物信息查询; 2) 仓库现有空货位查询; 3) 编制、打印各种报表和单据; 4) 出入库作业完成后更新相应的数据库记录
3	信息交换功能	1) 各终端与服务器之间的通信; 2) 管理机与服务器之间的通信; 3) 管理机与下位各 PLC 之间的通信; 4) 管理机与监控终端的通信; 5) 管理机与监控的实时通信
4	库存分析功能	1) 根据生产计划和某个新产品所需,分析、判断现有各种材料和半成品的库存是否满足需求; 2) 对库存各类货物的余缺做出相应的报警提示; 3) 通过对在库货物记录信息分析,可以对仓库的货物周转和资金占用等情况做出定量报告
5	监控系统功能	1) 对作业信息及运行设备的状态进行监视和管理; 2) 控调度系统根据作业命令,对作业的先后顺序进行优化组合排队; 3) 对机械设备的位置、动作、状态、货物承载及运行故障等信息进行显示,以便操作人员对现场情况进行监视和控制

3. 物料自动识别及数据获取

物料管理的基本技术是对物料进行自动识别和跟踪。自动识别是指在没有人工干预下对物料流动过程中某一活动关键特性的确定。这些关键特性包括产品的名称、数量、设计、质量、物料来源、目的地、体积、重量和运输路线等。物料自动识别的方法有多种,但其识别过程都一样的,主要有以下三个步骤:

1) 数据编码,建立编码系统。

2) 机器阅读或扫描,用于阅读标签的设备,把标签上的信息转变为电信号。

3) 译码,将电信号转换为编码前的人工可读的信息。

自动识别和数据获取的方法可以概括为以下六种:

1) 光学,利用对比强烈的图形符号编码以便光学仪器识别。

2) 磁,类似磁带,包括磁条,磁卡,以及银行使用的磁性黑水。

3) 电磁,射频识别技术。

4) 智能卡,在塑料卡内植入包含大量信息的芯片。

5) 触摸技术,如触摸屏等。

6) 生物技术,利用生物学特征进行识别,包括语音识别、指纹识别和视网膜识别等,如图4-28所示。

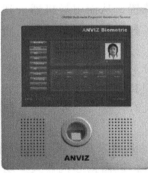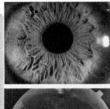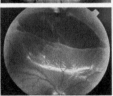

图4-28　生物识别设备

4. 现代制造系统的检测监控

现代制造系统的检测监控包括以下五方面：

（1）运行与控制检测监控　包括运行与控制系统自检、系统通信功能及状态检测、设备状态检测、循环时间检测、作业状态检测等。

（2）加工设备和刀具的状态检测监控　包括观测制造设备运行状态正常与否，主轴切削扭矩检测，主轴温升检测，刀具状态监控，切削液状态检测，排屑状态检测，机床振动噪声检测等。

（3）工件加工质量检测　利用数控机床所带的测量系统对工件进行在线主动检测，采用三坐标测量机或其他检测设备和装置在系统内进行测量。

（4）物料流检测监控　包括工件进出站的闲、忙状态监测，工件、夹具在工件进出站的自动识别，工件（含夹具、托盘）在工件进出站、托盘缓冲站、机床托盘自动交换装置与自动导引小车之间的引入/引出检测，物料在自动立体仓库上的存取检测，货位状态检测，AGV 载荷状态检测，AGV 障碍物与冲突检测，刀具参数的阅读与识别，刀具进出站刀位状态检测，换刀机器人运行状态运行路径检测，换刀机器人对刀具的抓取、存放检测等。

（5）环境参数及安全监控　包括电网电压、电流值监测，空气的湿度、温度监测，供水、供气压力监测，火灾监测，人员进出监测，环境监测以及其他监测。

4.2.4　自动装配系统视觉识别技术

在现代工业化生产过程中，装配作业所占的比例日益增大，其作业量达到 40% 左右，作业成本占产品总成本的 50%～70%。以装配机器人为主构成的自动装配系统近年来获得迅速发展。现如今，国内外装配作业中已大量采用机器人来从事装配工作，汽车装配生产线上采用装配机器人装配汽车的零部件，在电子、电器行业中，用机器人来装配电子元件和器件等。装配作业自动化已被应用在大件装配、多品种、小批量装配及装配作业内容改变频繁的场合等诸多领域。

1. 自动装配中的视觉识别系统

视觉识别系统就是用机器代替人眼来做测量和判断。视觉识别系统是指通过机器视觉硬件系统将被摄取目标转换成图像信号，传送给图像处理系统，根据像素分布、亮度和颜色等信息，转变成数字化信号，图像处理系统对这些信号进行各种运算来抽取目标的特征，进而根据判断的结果来控制现场的设备动作。

视觉识别系统可实现与机器人的直接通信，通过视觉识别系统对零件图像的采集，经过软件算法处理后，可告诉机器人工件所在的位置，从而引导机器人到指定的位置，完成指定的任务。视觉识别系统精度高，分辨速度快，和机器人配套使用，大大提高了生产效率和产品的质量。

在装配生产线上，将摄像机固定于传送带上方，实时地采集装配零件的位置信息并传到图像处理系统，通过图像处理对零件进行识别和定位，确定零件的类型、位置和方向，并将此信息传给机器人控制系统，从而引导机器人对传送带上零件进行跟踪并准确抓取零件进行装配。

自动装配中的视觉识别系统由成像系统、图像采集模块以及图像处理模块（软件）组成，对装配系统中的工件以及障碍物进行定位，进而指导机器人运动。自动装配生产线的视觉识别系统组成如图 4-29 所示。

1）成像系统：CCD 摄像机。

2）图像采集模块：图像采集卡。

3）图像处理模块（图像处理软件）：包括图像处理和图像分析软件。

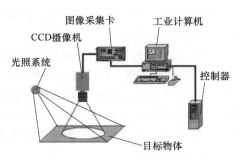

图 4-29　视觉识别系统组成

CCD 摄像头是一种进行光电转换的光电耦合器件，但通过 CCD 采集到的只是携带零件信息的模拟图像，而计算机进行处理的是数字图像，所以还要通过图像采集卡进行 A/D 信号转换。由计算机完成数字图像的生成和处理，所以计算机的性能将直接影响到整个视觉识别系统的性能。

机器视觉识别系统的软件包括：

（1）图像处理　包括数字图像获取、数字图像预处理（图像灰度处理、噪声滤波、边缘检测）。

（2）图像分析　包括图像增强、边缘检测、特征提取等。

（3）坐标标定　找到像素坐标系与机器人坐标系之间的关系，为视觉定位抓取提供理论依据。自动装配生产线的视觉识别系统工作过程框图如图 4-30 所示。

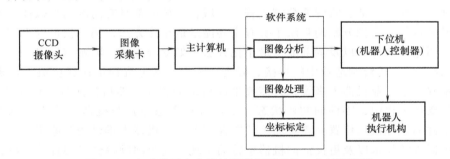

图 4-30　自动装配生产线的视觉识别系统工作过程框图

2. 视觉识别技术

（1）图像采集　图像的获取是机器视觉技术中至关重要的一步，图像获取是后续图像处理的保障。利用摄像头进行图像捕捉，摄像头的选择因功能而异。此外，图像的质量优劣还与光线强度与光源有关，添加照明功能辅助图像采集。图像采集工作涉及图像传感器的使用，一般灵敏度高、像素大、动态范围大、功耗低的图像传感器较受人们欢迎。目前市场上普遍使用的传感器是 CCD，其灵敏度高、读取噪声低，因此在图像传感器中占据一定的市场。日常生活中常见的图像采集有数码相机、手机、各式各样的摄像头、多媒体等，图像采集的速度、质量将直接影响到后面图像的处理以及机器的控制。

（2）图像分析与处理　图像分析一般利用数学模型对图像的色彩、透明度、色差进行分析，进而提取出有用的图像信息。主要包括图像信息识别与读取、图像的存储、图像数据变换、图像分割、模型匹配及解释。

一般的图像处理方法是数字处理，主要技术和方法包括去噪、图像增强、图像复原、提取特征等。图像处理所需的硬件有数字图像采集卡以及图像处理计算机，主要的图像处理操作，还是要通过图像处理软件来完成。涉及的算法有傅里叶变换、正余弦变换、小波变换，还有神经网络、深度学习等智能算法。

图像是机器获取和交流信息的主要来源。通过图像的获取、分析与处理，将外界信息转化成可供计算机分析的数字信号，进而通过分析系统传输给控制系统，发出下一条动作的指令，控制机器完成任务。

（3）自动装配系统中的视觉识别关键技术

1）图像预处理。由于获取条件的不同和外界的各种干扰，经过成像系统采集到的原始图像往往存在着大量的噪声和失真，这种数据无法直接用于视觉系统。为了消除外界环境对图像采集的干扰，需要对图像进行预处理，例如通过图像分析和识别等手段，消除使图像质量恶化的因素，使采集到的图像能够更有效地用于有效信息的提取。图像预处理的降噪手段主要有以下几种：

① 均值滤波：其是一种线性滤波算法，用图片中目标像素周围 8 个像素的平均值来代替该像素自身，从而达到降噪效果。但是该算法自身存在一定的缺陷，会破坏图像的细节部分，使其变得模糊，不能有效地去除噪点。

② 中值滤波：是一种基于统计排序理论的非线性滤波算法，其将待处理的像素点用周围的 8 个或 24 个像素点的中值进行替换，从而达到降噪的目的。

③ 高斯滤波：其为一种线性平滑滤波算法，用于处理高斯噪声，将待处理的像素点用周围其他像素点的加权平均值代替。高斯滤波处理对于服从正态分布的噪声特别有效。

2）图像分割。图像分割是图像处理和计算机视觉领域的基本工作，按照图像的灰度、颜色、纹理、形状等特征，将图像分割成若干区域，区域内部具有高度的相似性，不同的区域呈现互异的特征。图像分割的算法主要有全局能量最小化方法，例如模拟退火方法、动态规划方法、图论方法等，以及局部能量最小化方法，如变分方法、ICM 方法等。

3）物体定位。传统制造业中的焊接、搬运、装配等固定流程正在逐步被工业机器人取代，这些步骤对于工业机器人来说，只需要生成指定的程序，然后按照程序依次执行即可。在机器人的操作过程中，零件的初始状态（如位置和姿态等）与机器人的相对位置并不是固定的，工件的实际摆放位置和理想加工位置存在差距，机器人难以按照原定的程序进行加工，随着机器视觉技术以及更灵活的机器手臂的出现，这个问题得到了很好的解决，为智能制造的迅速发展提供了动力。

4）机器人坐标标定。找到图像像素坐标系与机器人坐标系之间的关系，为机器人视觉定位抓取提供依据。常用的标定方法有直接线性法和张正友标定法。

直接线性法忽略相机的非线性畸变，标定方程的相关参数通过直接求解一组线性方程来得到，直接线性法以针孔成像模型为基础，不考虑成像的过程以及成像过程中的非线性补偿，参数值从得到的直接线性变换矩阵中求得；张正友法是通过多幅平面模板标定相机的方法，这种方法在应用时二维平面模板的图像是从不同角度拍摄的，在模板图像的获取中，相机和二维平面模板需存在相对运动，并且需要拍摄三幅以上图像，根据图像处理后得到的信息以及使用相应的数学工具进行计算，即可找出相机与二维平面模板之间的映射关系。

直接线性法，首先将装配台上方相机固定，使其始终在同一位置拍照，再将标定用锥状工件固定于机器人末端执行器上，同时准备带有黑白方格的标定板来完成标定工作。

将标定板放置于视野中间，打开相机对图形进行定位，以此作为基准图形并拍照，通过 MATLAB 软件处理获得四个黑白格组成的"田"字中心点在像素坐标系中的坐标（u，v），然后保持标定板不动，对机器人进行示教，使标定件的尖端与"田"字中心点重合，读出示教器上机器人运动位置点数值，即为"田"字中心点在机器人坐标系中的坐标（XW，YW），具体操作如图 4-31 所示。

4.2.5　自动装配技术应用

机器人装配技术作为新一代的服务和生产方式，已被认定是对人类发展具有较大影响的前沿技术之一，其不仅可应用在工业制造、生物工程、医疗、教育等国民领域，同时海洋工程、航空航天等国防领域也得到相关应用。伴随着机器视觉、传感器技术及人工智能技术和机器人装配线的融合，机器人装配已不再是反复执行预定路径和动作的传统方式，而是具备了柔性化和智能化的自动装配技术。

美、日、西欧的制造业中约有 40% 的劳动力已更换为工业机器人，自动装配技术得以迅速地开展并且获得了极大成果。美国 ELectroimpace 公司和空客公司共同研制出机器人自

图 4-31　机器人坐标标定

动装配系统"ONCE"，如图 4-32 所示，该系统可用于空客 A/F-52F/E 战斗机机翼后缘襟翼的自动制孔、冲孔、装配等任务。整个系统由工业机器人、工件夹持装置及末端执行器组成，适用于铁、钛合金和复合非金属材料等多种工件的加工，考虑到航天零件装配精度要求极高，而单纯依靠工业机器人存在精度不够的问题，该系统在末端执行器上安装了具有精度检测和误差补偿功能的视觉传感器，最终使得装配的位置精度可达 ±0.05mm，冲孔深度精度为 0.0635mm。

著名机器人制造公司 ABB 研究出一套机器人自动装备系统，对外部环境的检测是通过传感器来完成，对机器人的控制需要实时处理传感信息来进行辅助，比较典型的两种自动装配系统是 ABB True View 和 ABB RobotWare Assembly FC，这两种系统均是在机器人末端执行器上安装视觉与传感识别系统来达到自动装配的目的。

图 4-32　ONCE 机器人自动装配系统

浙江大学研制的基于工业机器人的自动装配生产系统，该系统采用激光跟踪仪对机器人装配位置偏差进行实时补偿，从而提高其装配精度，同时利用力矩传感器和光栅尺搭建闭环控制系统，补偿机器人孔洞装配中由于作用力导致工件微小变形而引起的误差，从而保证微小孔洞装配零件不会受到扭力而断裂。机器人位置角度精度可达 0.05mm 和 0.05°，微小孔洞装配深度误差控制在 0.03mm 以内，可满足航天制造要求。

4.3　工业机器人及应用

4.3.1　概述

机器人是现代科学基础发展的必然产物，机器人集中了机械工程、电子技术、计算机技术、自动控制理论以及人工智能等多学科的最新研究成果，代表了机电一体化的最高成果，是当代科学技术发展最活跃的领域之一。

许多发达国家都竞相投入大量的人力、物力、财力对机器人技术进行研究和开发，发展

中国家也都相继进入机器人研究和开发行列。从某种意义上来说，由于机器人技术是集光、机电、信息自动化于一身的高端技术，所以机器人的发展水平很大程度上代表了一个国家制造业的水平和综合实力。同时现代的市场是一个开放的、无国界的、自由竞争的市场，机器人的应用不仅可以提高产品的质量，加快产品的更新速度，适应快速变化的市场，满足消费者的需要，而且可以降低产品的成本，提高市场竞争能力。另外一个重要的作用是，特种机器人的发展可增强国家可持续发展能力。因为机器人技术的发展依赖于相关的基础研究和关键技术的发展，同时机器人技术的应用又带动了相关学科和技术的研究水平。

现代机器人技术的研究开始于20世纪中期，是在计算机和自动化的发展，以及原子能的开发利用等技术上发展起来的。随着计算机技术和人工智能技术的飞速发展，机器人在功能和技术层次上有了很大的提高，移动机器人和机器人的视觉和触觉等技术的发展就是这方面的典型代表。20世纪80年代，人们逐渐研究了具有感觉、思考、决策和动作能力的系统的智能机器人。智能机器人技术的研究和应用，又赋予了机器人技术向深广发展的巨大空间，随之而来的各种用途的机器人相继问世，将人类长期的梦想变成了现实。

我国机器人技术起步较晚，但近年来也有了很大的发展。1987年，北京首届国际机器人展览会上，我国展出了10余台自行研制或仿制的工业机器人。经过"七五"、"八五"攻关，我国研制和生产的工业机器人已达到了工业应用水平。经过了近三十年的不懈努力，我国的机器人发展取得了很大的成就，先后研制了300m、1000m、6000m水下机器人、混凝土喷射机器人、排险机器人、核工业机器人、微操作机器人、管内作业机器人等特种机器人，很大程度上缩短了我国机器人水平与国外发达国家之间的差距，有力地推动了我国机器人事业的发展。但同时也应看到我国的机器人技术还有许多方面等待发展完善，机器人领域的研究还有很大的发展空间，机器人的应用还有广泛的前景。如图4-33所示为一汽"红旗"轿车机器人焊接线。

图4-33　一汽"红旗"轿车机器人焊接线

工业机器人定义

机器人是代替人去进行各种工作的机器。或者说是一种拟人功能的机械电子装置。有关机器人的定义说法不一：

（1）美国机器人协会（RIA）的定义　机器人是一种用于移动各种材料、零件、工具或专用装置，通过程序动作来执行各种任务，并具有编程能力的多功能操作机。

（2）日本工业机器人协会（JIRA）的定义　工业机器人是装备有记忆装置和末端执行装置，能够完成各种移动来代替人类劳动的通用机器。

（3）国际标准化组织（ISO）的定义　机器人是一种自动的、位置可控的，具有编程能力的多功能操作机，这种操作机具有几个轴，能够借助可编程操作来处理各种材料、零件、工具和专用装置，以执行各种任务。

我国国家标准GB/T12643—2013将工业机器定义为"是一种能自动控制、可重复编程、多功能、多自由度的操作机，能搬运材料、工件或操持工具，用以完成各种作业"。

简言之，机器人应该具有以下特征：

1）机器人应具有感觉与识别能力（一般玩具机器人没有感觉和识别能力，不属于真正的机器人）。

2）在编程条件下能自动工作。

3）具有高度灵活性，通过改变程序可以完成不同的工作。

4.3.2　工业机器人的构成及分类

1．工业机器人的组成

目前使用的工业机器人多半是代替人工的部分工作，按给定程序、轨迹和要求，实现自动抓取、搬运或操作的自动机械。它主要由执行系统、驱动系统、控制系统以及检测机构组成，如图 4-34 所示。

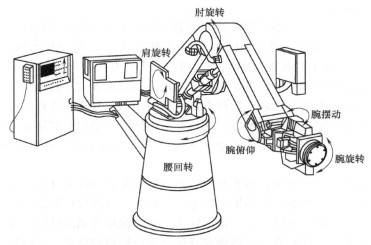

图 4-34　工业机器人组成

（1）机器人本体　工业机器人机械结构系统由机座、手臂、手腕、末端执行器和移动装置组成。工业机器人的手臂由动力关节和连接杆件构成，用以支承和调整手腕和末端执行器的位置。执行系统分为：

① 手部：又称手爪或抓取机构，其作用是直接抓取和放置物件（或工具）。

② 腕部：又称手腕，是连接手部和臂部的部件，其作用是调整或改变手部的姿态。

③ 臂部：又称手臂，是支撑腕部的部件。其作用是承受物件或工具的荷重，并把它传送到预定的工作位置。有时也将手臂和手腕统称为臂部。

④ 立柱：是支撑手臂的部件。其作用是带动臂部运动，扩大臂部的活动范围，如臂部的回转、升降和俯仰运动都与立柱有密切联系。

⑤ 行走机构：目前大多数工业机器人没有行走机构，一般由机座支承整机。行走机构是为了扩大机器人使用空间，实现整机运动而设置的。行走机构有两种形态，模仿动物步行形态的足；模仿车子行走形态的滚轮。

（2）计算机硬件系统及系统软件　计算机系统通过对驱动系统的控制，使执行系统按照规定的要求进行工作。控制系统还对生产系统（加工机械和其他辅助设备）的状况做出反应，产生相应的动作，是反映一台工业机器人的功能和水平的核心部分。为实现对机器人的控制，除了具有强有力的计算机硬件系统支持外，还必须由相应系统软件。通过系统软件的支持，可以方便地给机器人控制程序，让机器人完成某一具体任务。

（3）输入/输出设备及装置　输入/输出设备是人与机器人交互的工具。用于机器人控制器的输入输出设备主要有：CRT 显示器、键盘、示教盒、打印机、网络接口等。示教盒用于示教机器人时引导机器人及在线作业编程。

（4）传感系统　该系统通过各种检测器、传感器来检测执行机构的运动情况，根据需要反馈给控制系统，与设定值进行比较后，对执行机构进行调整，以保证其动作符合设计要求，主要是对位置、速度和力等各种外部和内部信息进行检测。

（5）驱动器　该系统是驱动执行机构运动的传动装置，常用的形式有液压传动、气压传动和电传动等。目前驱动方式主要有气动、液压和伺服电动机三种。气动驱动具有成本低、控制简单的特点，但噪声大、输出小，难以准确地控制位置和速度。液压驱动具有输出功率大、低速平稳、防暴等特点，但需要液压动力源。

2. 工业机器人的分类

目前还没有统一的机器人的分类标准，根据不同的要求可进行不同的分类。

（1）按机械结构类型分（典型结构）　关节型机器人 a）、球坐标型机器人 b）、圆柱坐标型机器人 c）、直角坐标型机器人 d）。关节型机器人常有回转和旋转自由度构成，与坐标型机器人相比具有工作空间大的特点，它有多种形态和驱动方式；圆柱坐标型机器人是由一个回转和两个平移自由度组合构成。这种机器人是用于用回转动作进行物料的转载；直角坐标型机器人由 3 个独立平移自由度组成。这种类型的机器人结构和控制算法简单，应用于弧焊和装配等场合，但工作空间较小，不适合运动速度过高的场合。如图 4-35 所示为典型机器人结构。

还有一类是关联机器人结构，这种机构在 1965 年由 D. Stewart 提出，故称为 Stewart 机构。根据这种机构的结构特点，人们把它称为并联机构。并联机构从结构上是用 6 根支杆将上下两平台连接而形成的，可以独立地自由伸缩，并联机构分别用球铰和虎克铰与上下平台连接，在三维空间可以作任意方向的移动和绕任何方向的轴向转动。并联机器人是一类全新的机器人，并联机器人的机构问题属于空间多自由度多环机构学理论的新分支，这个分支是随着对并联机器人的研究而发展起来的。并联式结构在其末端件平台上同时由 6 根杆支撑，与串联的悬臂梁相比，刚度大，而且结构稳定；并联式较串联式在相同的自重或体积下有高得多的承载能力；串联式末端件上的误差是各个关节误差的累积和放大，因而误差较大，并联式没有那样的积累和放大关系，误差较小，如图 4-36 所示。

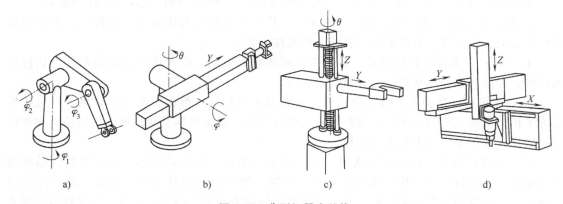

图 4-35　典型机器人结构

（2）从技术进步的角度，机器人可分为不同的类型　到目前为止，机器人可分为三代。第一代机器人是"示教再现"型，目前在工业现场应用的机器人大多还属于这一代。

第二代机器人带有一定的能对环境感知的装置，通过反馈控制，使机器人能在一定程度上适应变化的环境，比如采用焊缝跟踪技术的焊接机器人。

第三代机器人具有发现问题，并且自主解决问题的能力，也就是说具有一定的智能。这一类机器人也被称为自治机器人或智能机器人。这类机器人带有多种传感器，能够进行逻辑推理，判断决策，在变化的内部状态与变化的外部环境中自主决定自身的行为，具有高度的适应性和自治能力，这类机器人正是当前研究的热点，有较大的理论意义、实际研究价值和广阔的应用前景。智能机器人是指能按照人工智能决定行动的机器人。

图 4-36　并联机器人

（3）按用途分类　焊接机器人、冲压机器人、浇注机器人、搬运机器人、装配机器人、喷漆机器人、切削机器人、检测机器人等。还有按控制方式、机器人的功能水平等分类方式。

（4）按驱动方式分类

① 液动式　液压驱动机器人通常由液压机（各种液压缸、液压马达）、伺服阀、液压泵、油箱等组成驱动系统，由驱动机器人的执行机构进行工作。通常具有很大的抓举能力（高达几百千克以上），其特点是结构紧凑，动作平稳，耐冲击，耐振动，防爆性好，但液压元件要求有较高的制造精度和密封性能，否则漏油将污染环境。目前，简易经济型、重型机器人和喷漆机器人考虑液压驱动方式。

② 气动式　其驱动系统通常由汽缸、气阀、气罐和空压机组成，其特点是气源方便，动作迅速，结构简单，造价较低，维修方便。但难以进行速度控制，气压不可太高，故抓举能力较低。轻负荷的搬运，上、下料点操作的工业机器人考虑气压驱动方式。

③ 电动式　电力驱动是目前机器人使用最多的一种驱动方式。其特点是电源方便，响应快，驱动力较大（关节型的持重已达 400kg），信号检测、传递、处理方便。驱动电动机一般采用步进电动机、直流伺服电动机以及交流伺服电动机（其中交流伺服电动机为目前主要的驱动形式）。由于电动机速度高，通常须采用减速机构（如谐波传动、齿轮传动等）。目前，有些机器人已开始采用无减速机构的大转矩、低转速电动机进行直接驱动，这既可以使机构简化，又可提高控制精度。应用类型大致分为普通交、直流电动机驱动、流伺服电动机驱动、交流伺服电动机驱动、步进电动机驱动等。优点：不需能量转换、控制灵活、使用方便、噪声较低、起动力矩大等。

典型工业机器人包括弧焊机器人、点焊机器人、装配机器人和喷涂机器人。一汽"红旗"轿车机器人焊接线，实现了轿车前、后风窗，三角窗的自动焊接，提高了国产轿车焊装技术水平及焊接质量，如图 4-37 所示。

3. 工业机器人的技术参数

机器人按坐标系可分为：右手坐标系、左手坐标系；机械结构类型用结构坐标形式和自由度表示；作业空间用机器人的工作空间来表示；其他特性包括：用途、负载、速度、控制、分辨率等。

（1）自由度　自由度指机器人所具有的独立坐标轴运动的数目，有时还包括手爪（末端操作器）的开合自由度。在三维空间中描述一个物体的位置和姿态（简称位姿）需要 6 个自由度，但工业机器人的自由度是根据其用途而设计的。

a) 汽车后桥壳机器人弧焊线   b) HT-100点焊机器人

图 4-37　电焊和弧焊机器人

（2）重复定位精度　工业机器人的精度是指定位精度和重复定位精度。定位精度是指机器人手部实际到达位置与目标位置之间的差异。重复定位精度是指机器人重复定位器手部于同一目标位置的能力，可以用标准偏差这个统计量来表示。

（3）工作空间　工作空间指机器人手臂末端或手腕中心所能到达的所有点的集合，也叫做工作区域。因为末端操作器的形状和尺寸是多种多样的，为了真实反映机器人的特征参数，所以是指不安装末端操作器时的工作区域。工作空间的形状和大小是十分重要的，机器人在执行某项作业时可能会因为存在手部不能到达的作业死区（dead zone）而不能完成任务。

（4）承载能力　承载能力是指机器人在工作范围内的任何位姿上所能承受的最大重量。承载能力不仅决定于负载的质量，还与机器人运行的速度和加速度的大小和方向有关。为了安全起见，承载能力这一技术指标是指高速运行时的承载能力。

4. 机器人运动学与动力学简述

（1）机器人运动学　机器人运动学主要研究两个问题：一个是运动学正问题，即给定机器人手臂、腕部等各构件的几何参数及连接各构件运动的关节变量（位置、速度和加速度），求机器人末端执行器对于参考坐标系的位置和姿态（关节—末端）；另一个是运动学逆问题，即已知各构件的几何参数，机器人末端执行器相对于参考坐标系的位置和姿态，求是否存在实现这个位姿的关节变量及有几种解（末端—关节）。

机器人的位置描述：一旦建立了坐标系，我们就能够用某个 $3×1$ 位置矢量来确定该空间内任一点的位置；方位描述：为了研究机器人的运动与操作，往往不仅要表示空间某个点的位置，而且需要表示物体的方位（orientation）。物体的方位可由某个固接于此物体的坐标系描述。

（2）机器人动力学　机器人动力学主要是机器人运动与关节驱动力（力矩）间的动态关系。研究的主要目的是解决如何来控制工业机器人的问题，同时为工业机器人的最优化设计提供有力的证据。在工业机器人动力学的研究中，要解决的问题很多，但归纳起来不外乎两大类：第一类问题是动力学的力分析，或称之为动力学的正问题，动力学正问题研究机器人手臂在关节力矩作用下的动态响应。它是指已知作用在机构上的外力和各关节上的驱动力，计算各关节和连杆的加速度和反力，而后对加速度进行积分求得所需要的速度和位移；第二类问题是动力学的运动分析，或称之为动力学的逆问题，机器人动力学的逆问题是研究在已知机器人运动状态时确定各关节驱动力矩（对于平移关节为例）的问题。

研究和解决机器人动力学问题的方法很多，常用的有两种：拉格朗日方程法和牛顿—欧拉方程法。

4.3.3　工业机器人的控制器

1. 机器人控制器分类

机器人系统的基本结构如图 4-38 所示，机器人控制器是系统的核心。

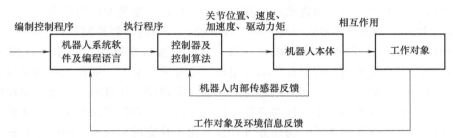

图 4-38　机器人系统的基本结构

机器人控制器的设计通常分为两个阶段：功能设计和结构设计。功能设计阶段主要完成控制功能和算法的定义，而结构设计阶段是实现功能在硬件和软件上的分布。机器人控制器体系结构主要是指控制机器人的软件和硬件结构，通常也称为机器人体系结构。

机器人控制器合理的体系结构对机器人控制算法的实现至关重要。因此，机器人体系结构方面的研究已成为热点，其重点是功能划分和功能之间信息交换的规范方面。随着机器人控制技术的发展，对具有开放式结构的工业机器人控制器的研究越来越为人们所重视。特别是在与机器人控制相关的研究中，为了从关节这一级来改善和提高系统的性能迫切需求工业机器人具有开放的特性。在开放式控制器体系结构研究方面，有两种基本结构：一种是基于硬件层次划分的结构，该类型结构比较简单，仅从功能上来考虑；另一种是基于功能划分的结构，它将软硬件一同考虑。后者是控制器体系结构的研究和发展方向。工业机器人控制系统的构成形式取决于机器人所要执行的任务及描述任务的层次。第一控制层为人工智能级；第二控制层为控制模式级。

从机器人控制器算法的处理方式来看，可分为串行、并行两种结构类型。串行结构是指机器人的指令或控制算法由串行机来处理。主要有单 CPU 集中控制方式，两级或多级 CPU 主从控制方式，分布式处理方式。串行控制器主要特点是采用串行机来计算机器人控制算法。串行结构和并行结构存在一个共同的缺点：计算负担重、实时性差。

另一种方法就是采用多处理器做并行计算，提高控制器的计算能力。并行处理技术是提高计算速度的一个重要而有效的手段，能满足机器人控制的实时性要求。关于机器人控制器并行处理技术，人们研究较多的是机器人运动学和动力学的并行算法及其实现。开发并行算法的途径之一就是改造串行算法，使之并行化，然后将算法映射到并行结构中。一般有两种方式：一是考虑给定的并行处理器结构，根据处理器结构所支持的计算模型，开发算法的并行性；二是首先开发算法的并行性，然后设计支持该算法的并行处理器结构，以达到最佳并行效率。

另一方面，依据控制系统的开放程度，机器人控制器被分为三类：封闭型、开放型和混合型。封闭型的控制系统是不能或者很难与其他硬件和软件系统结合的独立系统。而开放型的控制系统具有模块化的结构和标准的接口协议，其硬件和软件的各个部件都可以很方便地被用户和生产厂家变更，它的硬件和软件结构能方便地集成外部传感、控制算法、用户界面等。混合型控制系统结构是部分封闭、部分开放的。现在应用中的工业机器人的控制系统，基本上都是封闭型控制系统或混合型控制系统。

2. 开放式机器人控制器

与传统的专用系统相比，开放式机器人控制器的优点主要有：

1）开放式机器人控制器的设计可以由用户或第三方开发人员更换或修改，用户可以根据需要进行机器人控制器改型。采用开放式软件/硬件结构也可以根据需要方便地进行扩充功能使其能够适应机器人应用的需求。因此，开放式机器人系统的应用范围更广。

2）硬件和软件结构很容易集成传感器、操作接口，新的伺服控制规律等。

3）开放式机器人控制器采用模块化技术，开发机器人系统的过程中可以使用经过测试、性能良好的子系统模块。功能模块的复用可以降低开发成本，提高系统的质量和安全性能，保证控制器能满足需求，不会产生意想不到的致命错误，使机器人系统安全性能得到可靠的保证。采用通用模块使得重复性的开发工作大大减少，简化了编程工作，从而减少了整个系统开发的时间和成本。机器人的任务可以被细化而其实现又与系统的硬件和软件密切相关。因此，合理的任务划分以及其模块化的硬件实现和软件实现将有利于提高系统的整体性能。

4）开放式控制器便于实现平台、操作系统和用户接口的标准化。通用开放式控制器具有减少培训需求、降低系统支持需求和减少维护成本的优势。

开放式控制器的发展趋势是以通用 PC 为基础，采用面向对象的，模块化的设计方法来构造系统，目前基于 PC 的实现模式主要有以下几种：

1）单 PC 的控制模式。以 PC 为核心，配制实时的操作系统。存在实时性、标准统一性及系统稳定性的问题。

2）PC+PC 的控制模式。PC+PC 的控制模式是一种两级 CPU 结构，即一种主从控制方式。以一级 CPU 为主机，担当系统管理、机器人语言编译和人机接口功能，同时也利用计算机的运算能力完成坐标变换，轨迹插补，并定时地将运算结果作为关节运动的增量送到公共内存供二级 CPU 读取。二级 CPU 完成全部关节位置的数字控制。这类系统中两个 CPU 总线之间基本上没有联系，仅仅通过共享内存交换数据，是一个耦合的关系。OSACA 规范基本上就是采用了这种结构的控制模式。

3）PC+DSP 运动控制器的模式。PC+DSP 运动控制器的模式采用了以 DSP 芯片的多轴运动控制技术。DSP 运动控制器的特点在于它的集成性、兼容性和高速性。PC 机处理非实时的部分，实时的运动控制由 PC、采用 DSP 芯片的多轴控制器来承担。这种控制器灵活性好、功能稳定，是一种较为实用的控制模式，也是目前采用较多的一种开放式数控系统结构。

在这个开放式的控制系统中，由 IPC，DSP（PMAC-8 轴运动控制器），松下、安川伺服电机及驱动器，力传感器，I/O 扩展板 ACC-34AA，双端口 RAM（DPRAM），接口连接板来构成。整个控制器采用了模块化的体系结构，工业 PC 机处理非实时的部分，实时的运动控制由 DSP 运动控制卡来承担，控制系统的硬件组成如图 4-39 所示。

4）PC+分布式控制器的控制模式。PC 分布式控制器的控制模式是一种多 CPU 结构，分布式控制方式。目前这种结构普遍采用上位机，下位机的二级分布式结构。其中，上位机负责系统管理，运动学计算以及轨迹规划等；下位机是由多个 CPU 组成，每个 CPU 控制一个关节的运动，这些 CPU 和主控上位机通过总线形式进行耦合，这种结构的控制器工作速度和控制性能明显提高。但这种多 CPU 系统共有的特征是针对具体问题而采用不同的分布式结构，即每个 CPU 承担固定任务，导致系统受限于特定的应用环境。

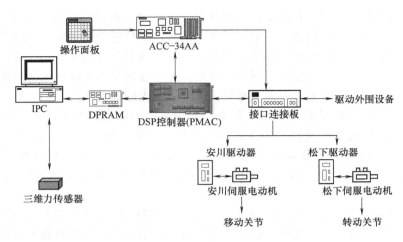

图 4-39 IPC+DSP 控制器结构

4.3.4 工业机器人应用及发展

1. 单机形式应用

工业机器人是一种生产设备，作业时一般需要有外围设备完成一些辅助工作。单机形式工作的工业机器人工作时主要考虑的原则：首先应能满足作业内容、工作空间、工作质量及定位精度等技术参数要求；同时考虑功能价格比。

2. 机械制造系统中的应用

选择与布局设计原则，满足作业技术参数要求；满足系统的生产节拍要求。在系统中，作业不发生干涉的约束条件下，优化工业机器人与前后相连接设备之间的布置，从而减小机器人规格要求，减少制造系统的占地面积，缩短运动路径；机器人与系统中相连接的装备控制应协调，如图 4-40 所示。

3. 工业机器人在极限作业中的应用

工业机器人在柔性加工系统、装配系统、焊接作业系统、喷漆作业系统有广泛应用。

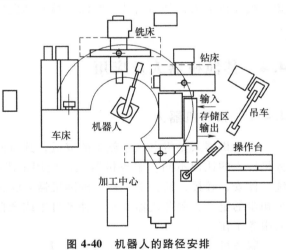

图 4-40 机器人的路径安排

4. 工业机器人的发展趋势

（1）采用模块化设计技术 智能机器人和高级工业机器人的结构都力求简单紧凑，其高性能部件甚至全部机构的设计已向模块化方向发展；其驱动部件采用交流伺服电动机，向小型和高输出方向发展；控制装置向小型化和智能化发展，采用高速 CPU 和 32 位芯片、多处理器和多功能操作系统，提高机器人的实时和快速响应能力；机器人软件的模块化简化了系统编程，发展离线编程技术，提高了机器人控制系统的适应性。因此机器人采用模块化设计技术成了当今机器人发展的一种潮流和趋势。

（2）传感智能机器人发展迅速 由于传感技术的不断发展，各种新型传感器的不断出现，传感型智能机器人发展迅速。例如，超声波触觉传感器、静电电容式距离传感器、基于光纤陀螺惯性测量的三维运动传感器，以及具有工件检测、识别和定位功能的视觉系统，多传感器集成与融合技术等在机器人上的应用极大地推动了传感型智能机器人的发展。我国成功地研究了一种机器人插入装配主动柔顺策略。日本三菱电气公司提出了一种新的定位误差补偿方法，该方法引入前馈分层神经网络，应用人工神经网络的非线性映射功能，能够补偿一般方法无法补偿的误差因素，有效地补偿了工业机器人的运动学误差。

（3）机器人工程系统呈上升趋势　在生产工程系统中应用机器人，使自动化发展成为综合柔性自动化，实现生产过程的柔性化和智能化。例如，近年来由于汽车工业、工程机械、建筑、电子和电动机工业以及家电行业在开发新产品时，引入高级机器人技术，采用柔性自动化和智能化设备，改造原有生产手段，使机器人及其生产系统的发展呈上升趋势。

（4）微型机器人的研究方面有了很大的突破　微型机器人的发展从某种意义上来讲，推动了各个行业的快速发展。例如，已研制开发出的手指大小的微型机器人可以进入小型管道进行检查作业。毫米级大小的微型移动机器人和直径为几百微米的医疗机器人，可以直接进入人体器官，进行各种疾病的诊断和治疗，而不伤害到人的健康。同时，微型机器人的开发和发展促进相关产业的开发和发展，包括对精密机械加工、现代光学仪器、超大规模集成电路、现代生物工程、遗传工程和医学工程等方面的发展产生非常重要的影响。

（5）机器人的应用领域向非制造业和服务业扩展　智能机器人向非制造业和服务业的扩展，给人们的生活、生产带来了很大的方便，解决了许多人们生活中的实际问题。应用于研究和探索的机器人有飞行机器人（用于对空间探索，收集资源等），与人们密切相关的有防火喷涂机器人，外墙清洗、喷涂、检验和瓷砖铺设机器人，病人护理机器人，剪羊毛机器人等。

4.4　其他机器人及应用

4.4.1　服务机器人

服务机器人是机器人家族中的成员，到目前为止尚没有一个严格的定义。不同国家对服务机器人的认识不同。服务机器人的应用范围很广，主要从事维护保养，修理，运输，清洗，保安，救援，监护等工作。国际机器人联合会经过几年的收集整理，给了服务机器人一个初步的定义：服务机器人是一种半自主或全自主工作的机器人，它能完成有益于人类健康的服务工作。

服务机器人应用场景复杂多样、具体细分种类繁多。其可应用在零售、物流、医疗、教育、安防等众多行业和场景，实现引导接待、物流配送、清扫、陪伴教学、安防巡检等多样化、复合型功能。结合大量研究及专家访谈，以应用场景与实现功能为标准，重点将服务机器人聚焦以下 3 大类型下 9 种功能，如图 4-41 所示。

下面以上中下游逻辑拆分服务机器

家用服务机器人

工具型机器人
教育型机器人

医疗服务机器人

医疗手术机器人
医疗康复机器人
医疗辅助机器人
医疗后勤机器人

公共服务机器人

引导接待机器人
末端配送机器人
智能安防机器人

图 4-41　服务机器人分类

人产业链，从基础硬件、系统集成及整机制造、终端应用（上、中、下游）这三大环节可探究中国服务机器人产业的发展现状，如图 4-42 所示。

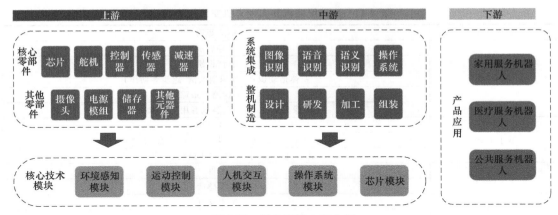

图 4-42 服务机器人产业链

1. 服务机器人核心技术

（1）环境感知技术 环境感知是机器人技术体系实现的基础和前提条件，传感器是机器人感知环境及自身状态的窗口。环境感知技术作为机器人系统不可或缺的一部分，与智能机器人的地图构建、运动控制等功能息息相关，是机器人的"感知+运控+交互"技术体系融合发展的基础和前提条件。机器人的感知功能通常需要通过各类传感器来实现。借助传感器，机器人能够及时感知自身和外部环境的参数变化，为控制和决策系统做出响应提供数据参考。具体来看，机器人的环境感知一般需要应用各类传感器来代替人类感觉，如视觉、听觉、触觉等，强抗干扰能力、高精度以及高可靠性是机器人对传感器的最基本要求。多传感器融合是机器人整合多渠道数据信息并处理复杂情况的重要应用，各类传感器对比见表 4-11。

表 4-11 各类传感器对比

传感器类型	探测距离	精度	功能	优点	缺点
激光雷达	>100m	极高	障碍检测、动态障碍检测、识别与跟踪、路面检测、定位和导航、环境建模等	实际测量周围物体与自身距离，测量精度高	使用效果易受雨雪等恶劣天气的影响
摄像头	50m	一般	利用计算机视觉判别周围环境与物体、判别前车距离	目前唯一能够辨别物体的传感器	易受光影响；特别能力依赖算法；识别稳定性较差
毫米波雷达	250m	较高	感知大范围内车辆的运行情况，多用于自适应巡航系统	性价比高	无法探测行人
超声波传感器	3m 内	高	探测低速环境，常用于自动泊车系统	能探测绝大部分物体，且具有较高稳定性	无法进行远距离探测
GPS	—	智期测量精度高	实时定位导航，把控环境情况	能够实现全局视角的定位	无法获得周围障碍物的位置信息

强调与人的良好交互性是家用服务机器人的显著特征。为了实现自然、高效的人机交互，家用服务机器人的设计者引入了多种新型的人机交互方式。根据所采用的交互通道的不

同，可以把目前应用到家用服务机器人上的人机交互方式分为四大类：基于视觉、基于听觉、基于触觉以及其他，家用服务机器人中人机交互技术见表4-12。

表4-12 家用服务机器人中人机交互技术

交互方式	探测距离
基于视觉	手势识别
	表情识别
	身体运动识别（如识别跌倒、跑步等动作）
	人的检测和跟踪
	图像显示（如显示笑脸或者用户要求信息）
基于听觉	语音识别
	非语音识别（如识别哭泣、尖叫、开门声音、走路声音等）
	语音输出、故事朗读、歌曲播放、铃声提醒等
基于触觉	触屏
	触摸感应
其他	脑电交互
	红外感应

受技术限制，目前市场上的机器人大多服务功能缺乏复合性，感知技术的逻辑性较弱，行业需加强融合型感知技术的应用研究。目前机器人对环境的感知大多通过激光雷达、摄像头、毫米波雷达、超声波传感器、GPS这五类传感器及其之间的组合来实现自主移动功能。

激光雷达是基于光和激光的距离传感器，用于获取精确位置信息，在机器人的感知系统中占据核心位置。激光雷达是一种用于获取精确位置信息的传感器，可以确定物体的位置、大小等，由发射系统、接收系统及信息处理三部分组成。其优点主要包括分辨率高、抗干扰能力强、不受光线影响以及体积小、质量轻等。相较于其他类型的传感器，激光雷达在精度和探测人体的稳定性方面能力十分突出，因此在机器人的感知系统中占据核心位置。

在感知技术领域，美国处于领先地位，如超声波测距传感器、雷达传感器、3D激光扫描技术、深度相机等，并形成传感器网络和多传感器数据融合技术，实现无人驾驶、机器人环境感知等。在视觉感知方面，美国提出了一套完整的视觉计算理论和方法，实现三维场景重构技术，实现了类人视觉，影响了整个机器人视觉技术领域。欧洲具有一批知名国际企业，如博世、施克等。德国的加速度传感器、惯性测量技术、毫米波探测技术、MEMS技术都遥遥领先，部分传感技术已在无人驾驶车辆上使用。日本感知技术主要向智能化和微型化发展，研发多种感知与数据处理、存储、双向通信等的集成和软传感技术，即智能感知与人工智能相结合，同时大规模发展微型传感器、生物化学传感（与生物技术、电化学结合）以及纳米传感（与纳米技术结合）等。

（2）运动控制技术 运动控制技术是机器人实现稳定运行的保障，定位导航与运动协调控制为两大研发方向。运动控制指机器人为完成各种任务和动作所执行的各种控制手段，既包括各种硬件系统，又包括各种软件系统。控制系统是提高机器人性能的关键因素，主要包含位置控制、速度控制、加速度控制、转矩或力矩控制等几种控制类型。服务机器人的运动控制主要有电机系统和液压系统两种实现方式。对于服务机器人来讲，其在运动控制方面的任务中最重要的两项为：定位导航与运动协调控制。

SLAM（即时定位与地图构建）是机器人运动与交互能力实现的关键，是机器人通过对各种传感器数据进行采集和计算，生成对其自身位置姿态的定位和场景地图信息的系统。SLAM技术对于机器人的运动和交互能力十分关键。SLAM系统通常包含多种传感器和多种功能模块。按照核心的功能模块区分，目前常见的机器人SLAM系统可分为两种形式：基于激光雷达的 SLAM（激光 SLAM）和基于视觉的 SLAM（V-SLAM）。激光 SLAM 目前发展比较成熟、应用广泛，未来多传感器融合的 SLAM 技术将逐渐成为技术趋势，取长补短，更好地实现定位导航，如图 4-43 所示。

（3）人机交互技术　人机交互技术是实现人机有效沟通的桥梁，多模态交互是未来的发展方向。人机交互是指借助计算机外接硬件设备，实现人与计算机对话的技术。在人机交互中，人通过输入设备给机器输入相关信号，这些信号包括语音、文本、图像、触控等一种或多种模式，机器通过输出或显示设备给人提供相关反馈信号。服务机器人的人机交互，就是使用人机交互技术，通过屏幕、语音、手势视觉、Web 后台等一系列的方式来控制机器人按照用户的意图执行任务。一个完善的机器人系统需要友好的交互技术做支撑，功能齐全的人机交互系统能极大地提升机器人的使用体验，吸引用户使用。

	分类	特点	成本	应用场景	易用性	主要厂商
激光SLAM	激光雷达分为单线、多线	能测量周围障碍点的角度和距离等信息，其特点是快、准、小；采集速度快、测量精准、计算量小	整体来讲较昂贵，弹市面上陆续出现低成本激光雷达	主要应用在室内，用来进行地图构建和导航工作	直接获取环境中的点云数据，根据生成的点云数据，测算障碍物位置以及障碍物距离	Velodyne、SICK、HOKUYO、思岚科技、北醒光子、北科天绘、海康威视、斯坦德机器人、极智嘉、星秒科技、嘉东光学
V-SLAM	摄像头分为单目、双目、单目结构光、双目结构光、ToF	精度比激光雷达略逊色（低速、简单环境下二者差别不大），但应用场景更丰富，由于可以拍摄并理解画面，可应用于各种复杂且动态的场景	相对激光SLAM便宜	在室内外环境下均能开展工作，对光依赖度高	基于深度相机的视觉SLAM可直接获取数据；而基于单目、双目、鱼眼摄像机的视觉SLAM方案，则不能直接获得环境中的点云，而是形成灰色或彩色图像，需要通过不断移动自身的位置，通过提取、匹配特征点，利用三角测距的方法测算出障碍物距离	速感科技、远形时空、INDEMND、论视科技、中安未来、凌云、小觅智能、中舜光电、乐行天下

图 4-43　SLAM 分类

（4）操作系统技术　企业通常以底层操作系统内容为基础，开发适用于自身特色的应用系统。机器人操作系统是用于机器人的一种开源操作系统或次级操作系统，是为机器人标准化设计而构造的软件平台，提供一系列用于获取、建立、编写和运行多机整合的工具及程序。它能够有效地提高机器人研发代码的复用率，简化多种机器人平台之间创建复杂性和鲁棒性机器人行为的任务量。当前全球主流机器人操作系统为 Android 系统和 ROS（Robot Operating System）系统，如图 4-44 所示。

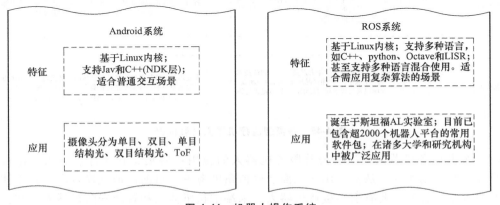

图 4-44　机器人操作系统

（5）芯片技术　芯片应用在机器人的众多环节，中国有望在人工智能芯片领域实现赶超。机器人在定位导航、视觉识别、处理传输、规划执行等环节都需要用到不同类型的芯片，因此芯片对于机器人有至关重要的作用。对于通用芯片和专用芯片的探索研发都具有重要意义。中国的通用芯片技术发展水平与外国相比仍然存在很长的路要走；而在人工智能芯片领域，中国的发展情况目前走在世界前端，有望通过现有技术的优势提升国际影响力，成为生态建设中的重要一环。

2. 服务机器人终端

（1）家用服务机器人　家用服务机器人在中国市场兴起于两大热潮，是率先实现产业化的细分领域。中国服务机器人细分应用市场数据显示，相较于医疗服务机器人与公共服务机器人，家用服务机器人占据最大的市场份额，是率先实现产业化的细分领域。目前在家用服务机器人领域的细分品类中，在工具型机器人领域，扫地机器人、智能音箱等产品已实现规模化量产；在教育娱乐型机器人中，Makeblock、蓝宙科技等STEAM教育机器人公司都处于迅速增长中，教育陪伴类机器人也经历了产品的不断更迭发展。

（2）医疗服务机器人　医疗机器人是基于机器人硬件，将人工智能、大数据等新一代信息技术与医疗诊治手段相结合，在医疗环境下为人类提供必要服务的系统统称。医疗服务机器人是人工智能技术在医疗领域应用的重要硬件平台，是未来医疗服务高质量发展的重要推动力。根据应用领域不同医疗机器人可分为四大类：医疗手术机器人、医疗康复机器人、医疗辅助机器人及医疗后勤机器人，具体如图4-45所示。

图4-45　各类型医疗机器人发展概况

（3）公共服务机器人　当前公共服务机器人的应用主要集聚在餐厅、酒店、银行、医疗以及部分娱乐场所等。从商业用途和商业价值角度考虑，目前落地规模较大、真正体现应用价值的机器人类型主要有引导接待机器人、末端配送机器人和智能安防机器人。在公共安全服务机器人领域，重点针对非结构环境下的机器人对运动与任务执行技术进行研究，突破复杂环境的适应性、防护性和集群控制和管理技术瓶颈，开发复杂环境下的控制系统和作业平台，解决机器人在复杂环境下可靠工作的适应性问题，并开展在救援救灾和反恐防暴领域的各类作业工器具的创新研制和示范应用。

在灵巧作业方面，机械臂的生产技术主要由瑞士的 ABB、德国的库卡、日本的安川和发那科公司掌握，并占据了大部分市场。美国的 iRobot 是全球最大的个人/家用/公共服务机器人生产商，开发的小型化灵巧手臂，已形成产品投放市场，用于辅助人类进行家庭生活类作业。英国的 Shadow Robot 公司研发的灵巧手，其力的输出和活动的灵敏度可达到和人手媲美的程度。在应用方面，美国服务机器人已被几十家医院用于接待、预检、引导、病人数据采集、药品样品运送、远程医疗等领域。

（4）仿人服务机器人　仿人服务机器人在外形和行为设计上模仿人类，具有手部、足部、头部和躯干等，可以适应人类的生活和工作环境，代替人类完成各种作业，在医疗、护理、家庭服务、娱乐、教育、生物技术、救灾等领域具有广阔的应用前景。仿人服务机器人可在公共场合作为接待员、形象代言人、导购员和演员等参与商业活动。本田公司发布的 ASIMO2011 能实现踢球、复杂手语、自动避障、多目标识别等复杂的人机交互功能，如图 4-46 所示。

图 4-46　ASIMO

在本体结构与系统方面，重点突破的关键技术包括：仿人多指灵巧手、柔性机械臂、柔性可控双足下肢等，如图 4-47 所示；在驱动与控制技术方面，重点研究电驱动控制技术、液压驱动控制技术、特种驱动控制技术等；在信息感知与交互方面，研究视觉感知信息处理，多传感器信息融合，人—机—环境交互系统等，如图 4-48 所示。

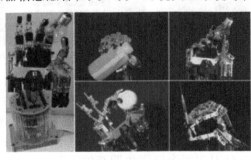

图 4-47　自适应仿人灵巧手和 COMAN 腿部装配结构

图 4-48　基于多传感器融合技术的 PR2 和人—机—环境交互系统

4.4.2 水下机器人

自主水下机器人（AUV）相比于其他类型的水下机器人平台，具有自主性高、探测范围大等优点，在海洋环境观测、海洋资源调查、海洋安全防卫等领域得到了广泛的应用，是人类认识海洋的步伐由近海到深远海迈进所借助的水下核心系统平台。

在水下机器人方面，美国伍兹霍尔海洋研究所研制的 Nereu 混合水下机器人携带系统，能在核、危化等领域进行废料处理和救援工作。英国和德国一直在培育水下服务机器人领域，英国具有水下服务机器人的装备企业，德国教育科技部扶持 DeDave 计划，成功研制海底测绘专用水下服务机器人，可达 6500m 的深度。1986 年，日本海洋科技中心开始计划研制"海沟号"无人潜水艇，1990 年完成设计开始制造，经过六年的努力，研制出"海沟号"无人潜水器。"海沟号"长 3m，重 5.4t，耗资 5000 万美元，它是缆控式水下机器人，装备有复杂的摄像机、声纳和一对采集海底样品的机械手。"海沟号"与母船之间采用光缆通信。有母船发出的信号以及由"海沟号"摄像机拍摄到的实时图像信号均可通过光缆传输，操作人员可观察监视器上的图像，在母船上对"海沟号"进行操作。上海交通大学研制出水下机器人"海龙号"，总长达 3m，底部采用 7 个矢量推进器作为驱动装置；中国科学院沈阳自动化研究所主持研制出水下机器人"北极号"，成功实现了高纬度冰下的自主导航和自治航行；连琏等研制出水下机器人"海马号"，框架顶部采用耐压和大浮力的壳体材料，完成了海底 4500m 试验，如图 4-49 所示。

a)"海沟号"水下机器人　　　b)"海龙号"水下机器人　　　c)"海马号"水下机器人

图 4-49　各国开发的水下机器人

我国从 20 世纪 90 年代初开始研究 AUV 技术，但受关键设备和技术水平方面的限制，加上作业需求侧重在 300m 水深以内的浅海域，研制的大部分 AUV 的工作水深都不超过 300m。从 1992 年 6 月起，中国科学院沈阳自动化研究所联合国内若干单位，通过引进俄罗斯的技术，在俄罗斯 MT-88 AUV 的基础上针对我国海底资源调查的需要，研制了"CR-01"型潜深 6000m、续航力约 10h 的 AUV，并于 1997 年 6 月成功完成了太平洋某区域的深海考察。并在此基础上，2007 年又研制了"CR-02"型 AUV，如图 4-50 所示。

a)"CR-02"AUV　　　　b)"橙鲨号"AUV 的南海试验布放情景

图 4-50　中国研制的"AUV"

以中国科学院沈阳自动化研究所、哈尔滨工程大学、中船重工 710 研究所等为代表的科研院校是我国具有代表性的较早开展 AUV 系统研究的单位。在项目的支撑下研发了一系列的 AUV 平台，最大下潜深度达到 11000m，为海洋生物学、海洋地质等学科提供了丰富的海洋环境数据，强有力地促进了这些学科的发展。具有代表性的如"潜龙"系列潜水器，如图 4-51 所示。"潜龙一号"AUV 是我国第一台实用化的深海 AUV，下潜深度达到 6000m，自 2013 年起多次承担多金属结核区域的探测任务，是我国海洋科考调查船配套的成熟装备。"潜龙二号"AUV 是在"潜龙一号"AUV 的基础上进行了优化，具有非回转体立扁水动力外形，其目的在于使 AUV 适应西南印度洋热液区复杂地形作业的需要。于 2016 年初完成了海上的试验性应用任务，在海底进行了地形地貌、热液异常和磁力等探测。如今，"潜龙三号""潜龙四号"都已开始使用。

图 4-51　"潜龙一号"、"潜龙二号"AUV

4.4.3　微型机器人与微装配机器人

作为机器人技术和微纳米技术结合的产物，微型机器人（micro robot）和微操作机器人是近年来国内外机器人研究的两个崭新亮点。微机械电子学的突破性进展使得科学家可以利用微加工和微封装技术将微驱动器、微传感器、微执行器以及信号处理、控制、通信、电源等集成于一体，成为一个完备的机电一体化的微机电系统（micro electro mechanical system，MEMS），整个系统的物理尺寸也缩小到毫米甚至微米级。借助 MEMS 技术，机械从一个最初的宏观概念进入微观范畴，这也使得机器人微型化和微操作成为可能。

微型机器人指的是微小机构尺寸的机器人系统，如能进入人体内脏器官检查与治疗的微型医疗机器人、用于石油天然气等细小工业管道进行检测和修复的微型管道机器人以及可以进行战场侦察的微型飞行器、微型潜艇和机器昆虫等。微操作机器人与微型机器人相比，它拥有较大的几何尺寸，但能在一个较小的工作空间（如厘米尺度）实现系统精度达微米、亚微米甚至纳米级的精密操作和装配作业。

在现代生物工程中，直径为 $10\sim150\mu m$ 的细胞操作是一项关键技术。典型的细胞作业形式包括细胞的捕获、切割、分离、融合，细胞内器官（核、染色体、基因）的转移、重组、拉伸、固定，转基因注射，细胞壁穿刺，细胞群体操纵等，其操作尺度均在微米甚至纳米级。利用微操作机器人代替人工操作是显微细胞作业的发展趋势，它将机器人控制、微驱动技术、计算机视觉与生物医学工程中的微操作需求相结合，是光、机、电、计算机一体化的综合系统。微操作机器人的发展大大提高了显微细胞作业的自动化水平，保证了操作精度和稳定性，并使得显微操作简单化，从而在生物医学研究中得到广泛应用。

微装配机器人技术使得在微尺度上进行批量化的 MEMS 器件自动装配成为可能，大大促进了微纳米科学的发展与应用。微装配机器人目前尚无明确的分类，通常是根据具体的装配对象和任务进行系统设计，根据装配工艺的复杂程度，可采用全自动、半自动和人工参与操作等方式进行系统设计。全自动系统通常要采用显微视觉和视觉伺服技术，系统设计相对复杂，对视觉传感器（摄像头）的精度要求较高，为了保证系统能自动操作，还需要相应操作环境的识别与定位技术和操作空间的自动转换与标定技术，以及采用系统辨识获取系统标定所需的转换矩阵（雅可比矩阵）参数等。随着纳米技术的迅猛发展，研究对象不断向微细化发展，对微小零件进行加工、调整和检查，微机电系统的装配作业等工作都需要微机器人的参与。微装配机器人一般由以下几个部分组成：高倍数、高分辨率的显微视觉系统；两个自由度以上的高精度、大范围运动的作业平台及辅助设备；能够改变操作对象位姿的多自由度微操作机械手；适于微小物体操作的不同类型微夹持器。

随着微纳米科学技术的发展，针对宏—微操作对象的微装配技术研究愈发显示出它的必要性。如惯性约束聚变（Inertial Constraint Fusion，ICF）实验中的微靶装配就是一类典型的宏—微装配问题，如图 4-52 所示。ICF 微靶装配同时涉及 3 种外形尺度的靶零件，其装配精度要求达到微米级，这给微装配机器人的结构设计与系统控制提出了很大的挑战。

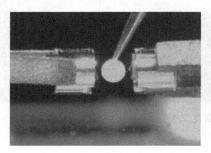

图 4-52　华中科技大学研制的 ICF 微靶装配机器人系统

德国卡尔斯鲁厄大学研制了一种基于微移动机器人 MINIMAN 的桌面型微装配平台，MINIMAN 由压电陶瓷驱动，运动分辨率为 10nm，最大运动速度为 3cm/s。在微机器人上集成了不同种类微操作工具，可以实现对微器件的空间定位与操作。为了形成有效的微信息反馈，系统集成了多种微感知手段，包括基于 CCD 摄像头的全局视觉、基于光学显微镜的局部视觉和激光测量等，如图 4-53 所示。

图 4-53　MINIMAN 微操作移动机器人

4.4.4　特种机器人技术研究与应用

在特种机器人方面，特种机器人是替代人在危险、恶劣环境下作业必不可少的工具，是可以辅助完成人类无法完成的作业（如空间与深海作业、精密操作、管道内作业等）的关键技术装备。美国在特种机器人方面处于世界领先地位，我国在政策鼓励下进步明显，尤其是在水下机器人方面具有突出进步。

由美国 Recon Robotics 公司推出的战术微型机器人 Recon Scout 和 Throwbot 系列具有重量轻、体积小、无噪声和防水防尘的特点。由 Sarcos 公司最新推出的蛇形机器人 Guardian S，可在狭小空间和危险领域打前哨，并协助灾后救援、特警及拆弹部队的行动。

由斯坦福大学研究团队发明的人形机器人 OceanOne 采取 AI+触觉反馈的协同工作方式，让机器人手部能够感受到所抓取物体的重量与质感，实现对抓取力量的精确掌控。美国波士顿动力公司致力于研发具有高机动性、灵活性和移动速度的先进机器人，如图 4-54 所示，先后推出了用于全地形运输物资的 BigDog，拥有超高平衡能力的双足机器人 Atlas 和具有轮腿结合形态并拥有超强弹跳力的 Handle。

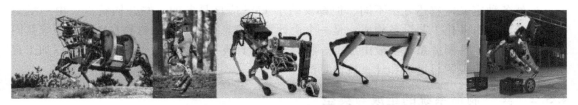

图 4-54　美国波士顿动力公司的机器人典型代表

4.5　柔性制造（Flexible Manufacturing）

随着生活水平的提高，用户对产品的需求向着多样化、新颖化的方向发展，传统的、适用于大批量生产的自动线生产方式已不能满足企业的要求。企业必须寻找新的生产技术以适应多品种、中小批量的市场需求，减少生产成本，缩小产品的并发周期。同时，计算机技术的产生和发展、CAD/CAM、计算机数控、计算机网络等新技术的出现以及自动控制理论、生产管理科学的发展也为新生产技术的产生奠定了技术基础。柔性制造正是适应多品种、中小批量生产而产生的一种自动化技术。

4.5.1　柔性制造系统的概述

随着消费结构的升级，以及买方市场和消费者对于个性化、定制化和时效性需求的步步紧逼，满足"多样化、小规模、周期可控"的柔性制造系统（FMS）开始逐渐成为制造企业在抢占多元化市场中制胜的法宝。所谓柔性制造系统，一般是指由多台数控加工中心、物料运储装置和计算机控制系统组成的自动化制造系统，它能根据制造任务或生产环境的变化迅速进行调整，适用于多品种、中小批量生产。柔性制造系统是一种技术复杂的、高度自动化的系统，它将微电子学、计算机和系统工程等技术有机地结合起来，有效地解决了机械制造高自动化与高柔性化之间的矛盾。

如今，在制造企业推动数字化转型和智能制造的浪潮之下，以数控加工中心为主体的柔性制造系统也正朝着柔性加工单元（FMC）、柔性生产线（FML）乃至柔性工厂（FMF）发展并日趋成熟，这对数控加工中心提出了更高的要求。未来，数控加工中心不仅要适应柔性制造系统由点向线、由线到面、由面到体的逐渐改变，也要更加注重应用性和经济性。除了高精度、高速度和高性能之外，数控加工中心也必须朝着网络开发、信息集成和智能化的方向不断发展。

国际生产工程研究协会对 FMS 的定义如下：柔性制造系统是一个自动化的生产制造系

统，在最少人干预下，能够生产任何范围的产品族；系统的柔性通常受到系统设计时所考虑的产品族限制。

美国国家标准局（United States Bureau of Standard）把 FMS 定义为由一个传输系统联系起来的一些设备，传输装置把工件放在其他联结装置上送到各加工设备，使工件加工准确、迅速和自动化。中央计算机控制机床和传输系统，柔性制造系统有时可同时加工几种不同的零件。

中华人民共和国国家军用标准有关武器装备柔性制造系统术语中的定义为柔性制造系统是由数控加工设备、物料运输装置和计算机控制系统组成的自动化制造系统，它包括多个柔性制造单元，能根据制造任务和生产环境的变化迅速进行调整，适用于多品种、中小批量生产。

虽然各种定义的叙述方法不同，但都反映了 FMS 应该具备的一些共同特点：由一组数控机床及其他自动化工艺设备构成，是一个由计算机信息控制系统和物料自动储运系统共同组成的整体。柔性制造系统一般由加工、物料运输、计算机信息三个子系统组成，以加工自动化为基础，实现物料运输和计算机信息的自动化。

4.5.2 柔性制造系统的组成与类型

1. 柔性制造系统的组成

柔性制造系统有加工制造和生产管理两种功能，按照加工对象确定工艺过程，选择相适应的数控加工设备和工件、工具等物料的储运系统，并由计算机进行控制，通过自动调整来实现一定范围内多种工件的成批高效的生产，及时地改变产品以满足市场需求，从而提高生产效益。柔性制造系统可概括为三个组成部分：多工位数控加工系统、自动化物流系统及计算机信息控制系统，如图 4-55 所示。

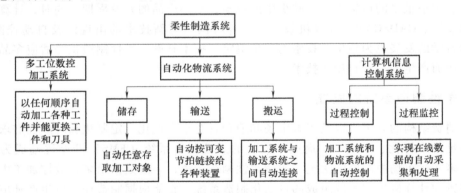

图 4-55　柔性制造系统的构成

图 4-55 中多工位加工系统由若干台 CNC 机床及其所使用的刀具构成；自动化物流系统由输送系统、储存系统和搬运系统三部分组成，输送系统用于建立各加工设备之间的自动化联系，储存系统具有自动存取机能，用以调节加工节拍的差异，搬运系统用于实现加工系统和物流系统以及储存系统之间的自动化关联；计算机信息控制系统包括过程控制及过程监控两个子系统，其中，过程控制系统可对加工系统及物流系统进行自动控制，过程监控进行在线状态数据的自动采集和处理。

FMS 的差别较大，功能不一，但都包含三个基本部分：加工系统、运储及管理系统和计算机控制系统。在此基础上，可以根据具体需求选择不同的辅助工具，如监控工作站、测量工作站等。详见表 4-13。

表 4-13　FMS 的组成

组成名称		作用	组成内容
基本部分	加工系统	FMS 的主体部分,用于加工零件	加工单元指有自动换刀及换工件功能的数控机床
	运储及管理系统	向加工单元及辅助工作站运送工件、夹具、刀具等工具	工件运送及管理系统组成 毛坯、半成品、夹具组建的储存仓库 工件托盘运输小车 工件、夹具、装卸站 缓冲存储站 刀具运送及管理系统组成 刀具存储库 交换刀具的携带装置 交换刀具的运送装置 刀具刃磨、组装及预调工作站
	计算机控制系统	控制并管理 FMS 的运行	由计算机及其通信网络组成
辅助工作站		选项功能	根据不同需求,配置不同的辅助工作站,如清洗工作站、监控工作站、在线测量工作站等

（1）加工系统　加工系统就是把原材料转变为最后的产品，主要包括各种 CNC 机床、冲孔设备、装配站、锻造设备等加工设备。加工系统中所需设备的类型、数量、尺寸等均由被加工零件的类型、尺寸范围和批量大小来决定。由于柔性制造系统加工的零件多种多样，且其自动化水平相差甚大，因此构成柔性制造系统的机床是多种多样的，可以是单一机床类型的，即仅由数控机床、车削加工中心（TC）或适合系统的单一类型机床构成的 FMS，称之为基本系统；也可以是以数控机床、数控加工中心（MC）为结构要素的 FMS；还可以是普通数控车床、数控加工中心以及其他专用设备构成的多类型的 FMS。根据系统规模的不同，系统中的机床数量也相差较大，FMS 系统一般在 2~20 台。柔性制造过程中加工系统使用的设备是根据待加工产品的大小和类别确定的，一般包括加工车床和数控（CNC）车床（或称车削中心），能够自动地完成各个工序的加工。磨损了的刀具、车床卡盘的卡爪、特种夹具及加工中心的主轴箱都可以进行自动更换。

（2）运储及管理系统　该系统就是对毛坯、夹具、工件、刀具等出入库的报运、装卸。这部分的任务主要有三方面：①材料、半成品、成品的运输和存储；②刀具、夹具的运输和储存；③托盘、辅助材料、废品和备件的运输和储存。

在大多数 FMS 中，进入系统的毛坯在工件装卸站装夹到托盘夹具上，然后由工件传递系统进行传输和搬运。该系统工作时，工件主要在机床之间、加工单元之间、自动仓库与机床或加工单元之间以及托板存放站与机床之间进行运送和搬运。

托板存放站与机床之间的工件托板装卸设备有托板交换器（APC），多托板库运载交换器（APM）和机器人。装卸工件的机器人还分为内装式机器人、安装式机器人和单置万能式机器人。自动搬运设备包括滚柱式传送带、无人线导小车、自动导向小车、有轨小车、桥式行车机械手（或悬挂式机械手）、中央托盘库、物料或刀具装卸站、中央刀库等。其中，托盘是工件与机床间的硬件接口，加工时将工件安装于夹具中，夹具安装于托盘上。托盘分为回转式和往复式托盘交换器（见图 4-56）。

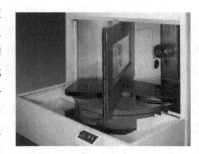

图 4-56　托盘及托盘交换器

加工所需刀具经过刀具预调仪预调，将有关参数传到计算机后，由人工把刀具放置到刀具进出站的刀位上（或刀盒中），由换刀机器人（或 AGV 自动导向搬运车）将它们送到机床刀库或中央刀库。

自动运输系统是为 FMS 服务的，它决定着 FMS 的布局和运行方式。由于大部分 FMS 工作站点多，输送线长，输送的物料种类不同，因此自动运输系统的整体布局比较复杂，分为直线型、环型输送形式（见图 4-57），以及网络型、机器人为中心的输送形式。

图 4-57　直线型和环型输送形式

（3）计算机控制系统　该系统主要对整个柔性制造系统实施监控。FMS 控制系统是一个多级递阶控制系统。它的第一级是设备级控制器，主要对各种设备如机器人、机床、坐标测量机、小车、传送装置以及储存/检索系统等进行控制。其功能是把工作站控制命令转换成可操作的、有次序的简单任务，并通过各种传感器监控这些任务的执行。该级控制系统向上与工作站控制系统通过接口连接，向下与设备连接。

第二级是工作站控制器。它包括对整个系统运转的管理、零件流动的控制、零件程序的分配以及第一级生产数据的收集。

控制系统的第三级是单元控制器，通常也称为 FMS 控制器。单元控制器作为制造单元最高一级控制器，是柔性制造系统全部生产活动的总体控制系统，全面管理、协调和控制单元内的制造活动。同时它还承上启下，是制造单元与上级（车间）控制器信息联系的桥梁。因此，单元控制器对实现第三层有效集成控制，提高集成制造系统的经济效益，特别是生产能力，具有十分重要的意义。

2. 柔性制造的类型

（1）柔性制造模块（FMM）　FMM 由单台 CNC 机床配以工件自动装卸装置组成，可以进一步组成柔性制造单元和柔性制造系统。它可以有不同的组合，如加工中心配以工件托板存放站，中间通过机器人传递、装卸工件。柔性制造模块本身可以独立运行，但不具备工件、刀具的供应管理功能，没有生产调度功能。

（2）柔性制造单元（FMC）　FMC 一般由加工中心、数控机床、工业机器人和物料运输存储设备构成。FMC 具有较大的灵活性，能够适应多品种产品的加工。FMC 可以看成一个最小规模的 FMS，是 FMS 向廉价化和小型化方向发展的一种形式。FMC 是单机柔性化和自动化的具体实现，目前 FMC 在发达国家已进入普及应用阶段。

（3）柔性制造系统（FMS）　该系统由柔性制造单元扩展而来，由 2 台以上的加工中心以及清洗、检测设备组成，具有较完善的刀具和工件的输送和储存系统，通过一整套计算机控制系统管理全部生产计划进度，并对物料搬运和机床群的加工过程实现综合控制。除调度管理计算机外，还配有过程控制计算机和分布式数控终端等，形成由多级控制系统组成的局部网络。FMS 可在不停机的前提下进行多品种、中小购买产品的加工和管理。

（4）独立制造岛（AMI）　独立制造岛是以成组技术为基础，由若干台数控机床和普通机床组成的制造系统。其特点：是将工艺技术装备、生产组织管理和制造过程结合在一起，借助计算机进行工艺设计、数控程序管理、作业计划编制和实时生产调度等。其使用范围广，投资相对较少，各方面柔性较高，如图4-58所示。

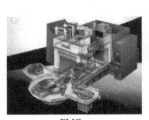
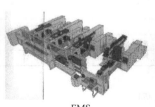
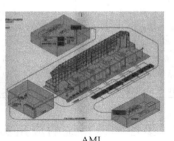

FMC　　　　　　　　FMS　　　　　　　　AMI

图4-58　FMC/FMS/AMI

（5）柔性制造线（FML）　FML是处于单一或少品种大批量非柔性自动线与中小批量多品种FMS之间的生产线，其加工设备可以是通用的加工中心、CNC机床，也可采用专用机床或NC专用机床，对物料搬运系统柔性的要求低于FMS，但生产率更高。它是以离散型生产中的柔性制造系统和连续生产过程中的分散型控制系统（DCS）为代表，其特点是实现生产线柔性化及自动化，其技术已日臻成熟，迄今已进入实用化阶段。

（6）柔性制造工厂（FMF）　FMF是将多条FML连接起来，配以自动化立体仓库，用计算机系统进行联系，采用从订货、设计、加工、装配、检验、运送至发货的完整FMS。它包括了CAD/CAM，并使计算机集成制造系统（CIMS）投入实际，实现生产系统柔性化及自动化，进而实现全厂范围的生产管理、产品加工及物料储运进程的全盘化。FMF是自动化生产的最高水平，可以反映出世界上最先进的自动化应用技术。它是将产品的制造、开发及经营管理的自动化连成一个整体，以信息流控制物质流的智能制造系统（IMS）为代表，实现了工厂柔性化及自动化，如图4-59所示。

图4-59　柔性制造线与柔性制造工厂

其中，FMC、FMS和FML特点各异，适用性也各有不同，实际应用中要根据各企业实际情况加以判断和选择。三种模式在技术应用、生产效率以及资金投入等方面的不同特征，见表4-14。

表4-14　柔性制造技术三种应用模式的特征对照表

特征	柔性制造单元（FMC）	柔性制造系统（FMS）	柔性制造线（FML）
生产柔性	较强（单一工序）	强（多工序、无需换线时间）	较弱（需换线时间）
设备组成（通常配置）	1-2台数控设备	2-5台数控设备	多台通用和专用设备
工序集中度	弱	强	中

（续）

特征	柔性制造单元（FMC）	柔性制造系统（FMS）	柔性制造线（FML）
可扩展性	弱	强	中
生产效率	较高	高	高
换线敏感度	中	高	低
技术利用率	较高	高	较低
适应产品品种、批量	较多品种、小批量	多批次、多品种、小批量	少品种、大批量
投资强度比	低	中	高
系统可靠性	高	较高	较低
系统可维护性	中	高	较低
操作人员技能要求	低	中	高

4.5.3　柔性制造系统的应用实例

作为国家首批智能制造试点示范企业之一，三一重工位于长沙的"18 号工厂"，其智能化制造车间实现了生产中人、设备、物料、工艺等各要素的柔性融合。两条总装配线可以实现 69 种产品的混装柔性生产；在 10 万平方米的车间里，每一条生产线可以同时混装生产 30 多种机械设备，马力全开可支持 300 亿元的产值，在这里已实现了生产中人、设备、物料、工艺等各要素的柔性融合。

18 号智能工厂通过全三维环境下的数字化工厂建模平台、工业设计软件，以及产品全生命周期管理系统的应用，实现数字化研发与协同；多车间协同制造环境下计划与执行一体化、物流配送敏捷化、质量管控协同化，实现混流生产与个性化产品制造，以及人、财、物、信息的集成管理；自动化立体库/AGV、自动上下料等智能装备的应用，以及设备的 M2M 智能化改造，实现物与物、人与物之间的互联互通与信息握手；基于物联网技术的多源异构数据采集和支持数字化车间全面集成的工业互联网络，驱动部门业务协同与各应用深度集成。

实施智能化改造后，18 号厂房实现了厂内物流、装配、质检各环节自动化，一个订单可逐级快速精准地分解至每个工位，创造了一小时下线一台泵车的"三一速度"，实现"产品混装+流水线"的高度柔性生产和对整个生产过程的精益管控，大大提高了产品制造过程的质量、物流、生产管控程度，企业生产效率提高 24%以上，生产周期缩短 28%，减少生产误操作 40%，不良品率下降 14%，物流运作效率提高 18%以上，送货速度提高 12%；节省人力成本约 20%，总体制造运营成本降低 28%，生产节能 7%。原来的制造周期需要 28 天左右，通过对生产线的柔性化改造后，制造周期缩短了近 40%。

厂房的整个柔性制造生产系统包含了大量数据信息，包括用户需求、产品信息、设备信息及生产计划，依托工业互联网络将这些大数据联结起来并通过三一的 MES 系统处理，能制订最合适的生产方案，最优的分配各种制造资源。

4.6　现代物流与智能物流

4.6.1　物流的概述

物流这一概念最早起源于美国，它的英文名称是 Physical Distribution，本意是"实物分配"或"货物配送"，包括产品（物质资料及服务）从生产场所到消费场所的流动过程中所涉及的各种经济活动。

现代物流是以满足消费者的需求为目标，把制造、运输、销售等市场情况统一起来考虑的一种战略措施，这与传统物流把它仅看作是"后勤保障系统"和"销售活动中起桥梁作用"的概念相比，在其含义的深度和广度上又有了进一步的发展。对于现代制造业，就产品的制造过程而言，用于加工和制造的时间仅为 5%~10%，其余 90%多的时间消耗在存储、等待加工和运输等不增值状态，物流费用占到总成本的 50%。现代物流对企业竞争力的影响也越加显著。

美国物流管理协会对物流定义：物流是供应链程序的一部分，是为满足顾客需要对商品、服务及相关信息，从产地到消费地高效、低成本流动和储存，而进行的规划、实施和控制的过程。

我国对物流的定义：物品从供应地向接受地的实体流动过程。根据实际需要，将运输、储存、装卸、搬运、包装、流通加工、配送、信息处理等基本功能实施有机结合。

根据社会经济活动领域中物流对象不同、物流目的不同、物流范围范畴不同，物流活动可以按宏观物流和微观物流、社会物流和企业物流、国际物流和区域物流、一般物流和特殊物流等几种形式来划分。其中企业物流包括企业生产物流、企业供应物流、企业销售物流、企业回收物流和企业废弃物物流等，如图 4-60 所示。

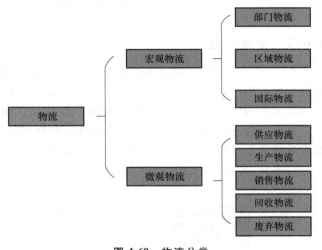

图 4-60　物流分类

1. 宏观物流

社会再生产过程中，国民经济各部门之间，区域之间以及国家之间的物流活动。宏观物流又称社会物流或国民经济物流。其中包括部门物流、区域物流和国际物流。

（1）部门物流　指国民经济各部门之间物资资料的流转。

（2）区域物流　包括一定区域范围内的物流和不同区域之间的物流。

（3）国际物流　国家之间经济交往、贸易活动中的物资资料流转。

2. 微观物流

局部范围的物流，又叫做企业物流。微观物流是企业生产过程各个阶段物资资料的流转，其中包括供应物流、生产物流、销售物流、回收物流和废弃物流。

（1）供应物流　企业供应生产所需原材料、零部件、燃料、辅助材料的物流活动。

（2）生产物流　指伴随着企业生产工艺的物流活动。

（3）销售物流　指伴随企业销售活动，将产品转送给客户的物流活动。

（4）回收物流　指企业在供应、生产、销售过程中产生的可再利用物资的回收活动。

（5）废弃物流　指企业供应、生产、销售过程中产生的废弃物品的收集、处理和再生的物流活动。

企业物流是企业内部的物资实体流动，它是在生产运作过程中，物品供应、生产、销售以及废弃物的回收、再利用所发生的运输、储存、装卸、搬运、包装、流通加工、配送、信息处理等活动，是原材料、半成品、产成品以及相关信息、服务从供应始点到消费终点的流动。

随着智能技术的发展，物流行业也迎来了智能化时代，仓储管理及识别设备的智能升级进一步提高了存取货物的效率。物流行业的发展阶段，如图 4-61 所示。

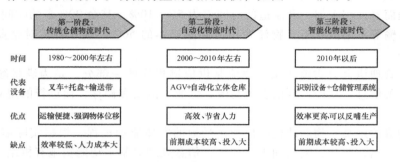

图 4-61　物流行业的发展阶段

4.6.2　企业物流

企业物流，是指在制品的流动以及废料余料的回收和处理，也就是说，原材料、燃料、外购件投入生产后，经过下料、发料，运送到各加工点和存储点，以在制品的形态，借助一定的运输装置，从一个生产单位（车间、工位或仓库）流入另一个生产单位，按照规定的工艺过程要求进行加工、储存，始终体现着物料实物形态的流转过程，从而构成了企业内部物流活动的全过程。企业生产物流的流程如图 4-62 所示。

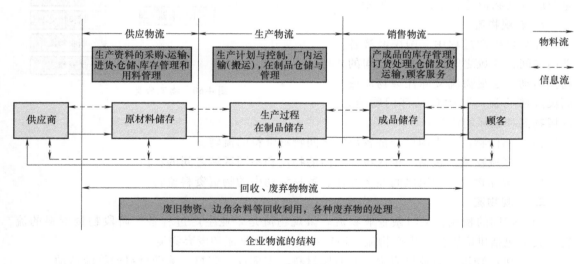

图 4-62　企业生产物流结构

企业物流几乎贯穿着企业的整个运营过程。企业物流主要环节包括采购计划、供应商选择、原材料及产成品运输、存货管理与仓储、企业内部物料搬运、生产计划制定、运输包装、客户服务、存货预测等。企业物流主要包括供应物流、生产物流和销售物流，这里主要介绍生产物流。

生产物流，也称厂区物流、车间物流，是企业物流的核心部分。企业生产物流是指伴随企业内部生产过程的物流活动，即按照工厂布局、产品生产过程和工艺流程的要求，实现原材料、配件、半成品等物料在工厂内部供应库与车间、车间与车间、工序与工序、车间与成品库之间流转的物流活动。

1. 生产物流的发展阶段

生产物流技术的发展大致可以划分为以下五个阶段。

第一代物流是人工物流。简单地说就是人们在生产活动中的举、拉、推和计数等人工操作，这是最原始的物流形态，但同时也是最普遍的，即使在今天它也存在于几乎所有的物流系统中。

第二代物流是机械物流。从 19 世纪中叶开始，机械结构和机构被大规模地引入到制造业，物流能力得到了大幅度的提高。人们依靠这些设备可以更快、更好地移动更重的物体，在单位面积上可以存储更多的物料。直到 20 世纪中叶，这种机械物流都占主导地位，而且也是当今很多物流系统的主要组成部分。

第三代物流是自动化物流。这个阶段是以自动存储系统、自动导引车、电子扫描器和条形码的应用为主要标志，同时也普遍采用机器人堆垛物料和包装、监视物流过程，自动输送机提供物料和工具的搬运，物流效率大大提高。

第四代物流是集成物流。它强调在中央控制下各个自动化物流设备的协同性，中央控制通常由主计算机实现。这种物流系统是在自动化物流的基础上进一步将物流系统的信息集成起来，使得物料计划、物料调度、物料运输等各个过程的信息通过计算机网络互相沟通。这样不仅使物流系统各单元之间达到协调，而且使生产与物流之间达到协调。

第五代物流是智能物流。在生产计划做出后，自动生成物料和人力需求，查看存货单和购货单，规划并完成物流，这种系统是将人工智能集成到物流系统中。

2. 生产物流的组成

现代生产物流系统由管理层、控制层和执行层三大部分组成。各部分功能如图 4-63 所示。

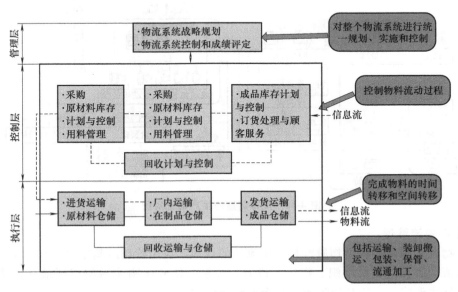

图 4-63　生产物流系统构成

（1）管理层　管理层是一个计算机物流管理软件系统，是生产物流系统的中枢。它的主要工作是：①接收上级系统的指令（如月、日生产计划）并将此计划下发。②调度运输作业。根据运输任务的紧急程度和调度原则，决定运输任务的优先级别。根据当前运输任务的执行情况形成运输指令和最佳运输路线。③管理立体仓库库存。库存管理、入库管理、出库管理和出/入库协调管理。④统计分析系统运行情况。统计分析物流设备利用率、物料库存状态、设备运行状态等。⑤物流系统信息处理。管理层是具有数据处理能力且智能性要求较强的系统。

（2）控制层　控制层是生产物流系统的重要组成部分，它接收来自管理层的指令。控制层是控制物流机械完成指令所规定的任务。控制层本身数据处理能力不强，主要是接收管理层的命令。控制层的另一任务，是实时监控物流系统的状态。如物流设备情况、物料运输情况、物流系统各局部协调配合情况等，将检测的情况反馈给管理层，为其调度决策提供参考。

（3）执行层　执行层由自动化的物流设备组成。物流设备的控制器接收控制层的指令，控制设备执行各种操作。这一层一般包括：①自动存储提取系统：高层货架、堆垛机、出/入库台、缓冲站和仓库周边输送设备。②输送车辆，如自动导引车和空中单轨自动车。③各种缓冲站。缓冲站是临时存储物料以便交接或移栽的装置。在装配线上的缓冲站一般称为工位缓冲站，在加工系统中附属于各种加工中心的缓冲站称为加工缓冲站，此外还有装配缓冲站和测量缓冲站等。

根据管理层、控制层和执行层的不同分工，物流系统对各个层次的要求不同：管理层要求具有较高的智能，控制层要求具有较高的实时性，执行层则要求具有较高可靠性。以汽车制造为例，其生产物流如图 4-64 所示。

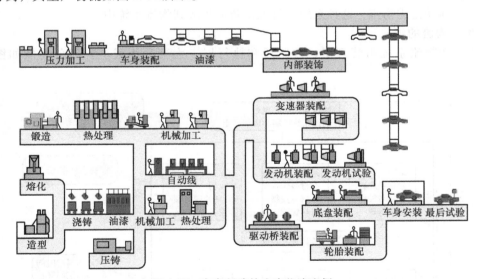

图 4-64　汽车制造的生产物流实例

3. 生产物流管理

生产物流管理是指根据物质资料实体流动的规律，应用管理的基本原理和科学方法，对企业物流活动进行计划、组织、指挥、协调、控制，使各项物流活动实现最佳的协调和配合，以降低物流成本，提高物流效率和企业经济效益。

生产物流子系统包括：搬运系统设计、配送系统设计和信息系统设计。搬运系统设计包括输送工具的选择、输送类型的选择和输送工具数量的选择。常用输送设备的特点见表 4-15。

表 4-15　常用输送设备的特点

输送设备类型	性能特点	缺点
自动导向小车 AGV	适应性好、柔性高、易于集成、自动化程度高	价格高、操作维护要求高、要求路面平整无障碍
有轨搬运车 RGV	成本低、可靠性好、维护方便、控制简单	路径固定、柔性差
工业机器人	占地少、智能化程度高	传送距离短、装载能力小
辊子输送机	在其上可同时进行多种作业（检测、装配等）、有一定缓冲作用、简单可靠、成本低、布置灵活、承载能力大	搬运速度低、占地面积达、柔性差
悬挂输送机	架空布置、可同时进行多种作业（清洗、喷漆等）、形式多样、路线长	柔性较差、故障影响全局

4.6.3　现代物流的发展

近年来，随着市场竞争的加剧，国际分工协作进一步完善，以及计算机网络技术的不断发展，现代物流系统技术的研究和开发出现了以下几个新趋势。

1. 集成化物流系统技术的开发与应用加速

在国内，随着立体仓库数量的增加，立体仓库技术的普及，很多企业已经开始考虑如何使自动存储系统与整个企业的生产系统集成在一起，形成企业完整的合理化物流体系。国外这种集成的趋势表现在将企业内部的物流系统向前与供应商的物流系统连接，向后与销售体系的物流集成在一起，使社会物流（宏观物流）与生产物流（微观物流）融合在一起。

2. 物流系统更加柔性化

随着市场变化的加快，产品寿命周期正在逐步缩短。小批量多品种的生产已经成为企业生存的关键。目前，国外许多适用于大批量制造的刚性生产线正在逐步改造为小批量多品种的柔性生产线。

3. 物流系统软件的开发与研究成为新的热点

企业对储运系统与生产系统集成的要求越来越高，由于两个系统的集成主要取决于软件系统的完善与发展，因此目前物流系统的软件开发与研究趋势为：集成化物流系统软件向深度和广度发展；物流仿真系统软件已经成为虚拟制造系统的重要组成部分；制造执行系统软件与物流系统软件合二为一，并与 ERP 系统集成。

4. 虚拟物流系统走向应用

随着全球卫星定位系统（GPS）的应用，社会大物流系统的动态调度、动态储存和动态运输将逐渐代替企业的静态固定仓库，由于物流系统的优化目的是减少库存直到零库存，这种动态仓储运输体系借助于全球卫星定位系统，充分体现了未来宏观物流系统的发展趋势。随着虚拟企业、虚拟制造技术不断深入，虚拟物流系统已经成为企业内部虚拟制造系统一个重要的组成部分。

5. 绿色物流

绿色物流是指在物流过程中抑制物流对环境造成危害的同时，实现对物流环境的净化，使物流资源得到最充分利用，它包括物流作业环节和物流管理全过程的"绿色化"。绿色物流是经济可持续发展的重要组成部分。

从物流作业环节来看，包括绿色运输、绿色包装、绿色流通加工等。从物流管理过程来看，主要是从环境保护和节约资源的目标出发，改进物流体系，既要考虑正向物流环节的绿色化，又要考虑供应链上的逆向物流体系的绿色化。

绿色物流关键技术包括自动识别技术，数据共享技术和物联网技术。其中，在绿色物流领域，自动识别技术主要包括一维码、二维码、RFID、图像识别、GPS、便携式打印等，是为物流领域提供自动识别与数据采集的关键技术，是绿色物流科技的一个重要分支。在信息技术高速发展的数字化时代，绿色物流的发展与信息化紧密结合。物流信息起到了从生产端到零售端供应链全链条的串联作用，极大提高了供应链流转效率。为了有效获取物流信息和商品信息，需要为供应链中的商品、托盘、运输车辆、工厂、配送中心、零供企业等实体赋予统一的信息标识，让供应链中每一个实物单元转化为标准数据，在供应链管理系统进行对接。通过物联网实现智能化、共享化、运输网络和商品信息互联网络，是绿色物流的重要推动力。基于物联网构建高效的物流网络，有利于消除"孤岛"现象，提升全社会物流资源互联互通的能力，为生产、流通、消费、产业提供更优质的物流服务，为上下游企业减少数据对接成本，节约社会资源，提升行业服务能力。随着物联网、云计算、大数据、区块链、人工智能等技术的发展，绿色物流科技不断涌现，对打造绿色高效的物流体系具有重要意义。

4.6.4 智能物流

1. 智能物流的组成

制造企业的采购、生产、销售都伴随着物料流动，因此，企业在重视生产自动化的同时，也要重视物流自动化，需要广泛应用自动化立体仓库、智能吊挂系统和无人引导小车等。在物流企业和制造企业的物流中心，需要应用堆垛机器人、智能分拣系统和自动辊道系统等。运输和仓储管理系统也是制造企业和物流企业保障物流和供应链畅通的重要手段。

智能物流是指货物从供应者向需求者的智能移动过程，包括智能运输、智能仓储、智能配送、智能包装、智能装卸以及智能信息的获取、加工和处理等多项基本活动。其中，智能仓储具有诸多优势，可提高空间利用率、降低人工成本、提高作业效率、促进仓储行业升级。

在智能制造模式下，利用物联网、大数据、人工智能等技术，将物流各要素连接入网，通过传感器实时采集物流运行过程中的各种数据，供后台大数据系统进行分析处理，根据智能算法给出决策方案，通过集成的物流管控系统对物流资源进行统一的调配、管控，减少因人工经验判断造成的操作错误，提升物流信息集成和业务协同程度。

从业务流程管控和运行支撑层面出发，可以将智能物流系统的总体架构设计分为7个层级，如图4-65所示。其包括执行层、采集层、网络层、数据层、决策层、管理支撑层和技术支撑层。前五层通过信息流的上下连续流转实现不同业务间的稳定循环，管理支撑层和技术支撑层，通过完善管理体系、优化业务流程和先进的技术方法应用保障物流业务的准时、高效、低成本的运行。

（1）执行层 负责物流运行的具体实施，如仓储、运输、配送、搬运、装卸等。接收来自物流管控系统发送的指令，完成相应的工作，并反馈给系统。

（2）采集层 负责对物流不同过程、不同要素数据信息的采集和对象状态的感知。利用数据采集技术，通过应用传感器、条形码、数据采集终端等设备对物料信息、设备信息、人员信息、环境信息进行采集，供物流系统各要素状态的监控。

（3）网络层 负责对物流不同过程、不同要素数据的传输，连接物流过程各要素，消除信息孤岛，实现信息融会贯通。以工控网、物联网等网络实现信息平台与仓储设备、运输配送车辆、搬运设备设施、物料等的互联互通。

（4）数据层 负责对物流不同过程、不同要素的数据进行存储、处理、挖掘、分析，供其他各层使用。该层以数据库、信息平台为依托，汇聚来自物流各环节不同要素的数据，

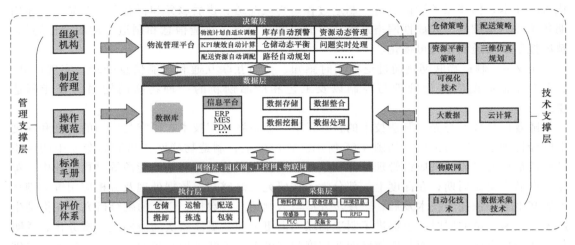

图 4-65　智能物流系统总体框架

应用大数据等数据分析处理技术，实现对异构数据的整合和关键信息的挖掘分析等功能。

（5）决策层　负责对物流运行过程中各项活动进行决策，并向循环链中各层发出执行命令。该层以物流信息管理平台为依托，依据数据处理、信息分析，并结合支撑层的业务流程、管理策略方案、算法模型，对物流任务、运行问题进行管理决策。

（6）管理支撑层　用于支持物流系统的平稳、有序的运行。该层通过对物流系统业务流程、要素进行梳理，固化流程、明确业务，构建相应的管理制度、标准规范和评价体系，优化组织管理模式，保证物流系统运转过程高效、稳定、规范的进行。

（7）技术支撑层　用于支持物流系统的高效、合理的运行。该层针对物流系统流程、要素，通过将先进技术、方法、工具、管理策略、管理模式等应用到物流管理过程，减少物流规划布局过程的浪费，提高物流运行效率，降低物流运行成本。

2. 智能物流关键技术

智能物流系统基础框架可总结为 3 个"及时"，及时对物流过程的基础数据进行收集，及时对收集的数据进行分析，及时对分析的结果进行响应。物联网、自动识别技术、GPS、GIS 技术、大数据以及人工智能技术等是智能物流系统建设过程中的关键技术。

（1）物联网　物联网是在互联网基础上延伸与扩展的一种"物物相连"的网络，可通过二维码识读器、射频识别装置、红外感应器、全球定位系统和激光扫描器等信息传感设备，按约定的协议将所有物品与互联网连接，进行信息交换和通信，以实现智能化识别、定位、跟踪、监控和管理，其全面感知、可靠传输，以及智能处理的特性与能力可有效满足当前离散制造业采集实时化、生产透明化、控制精准化、管理精细化的需求。物联网的应用领域非常广，主要有智能物流、智能家居、智能交通、智能农业等。

制造物联网的研究仍处于不断深入与快速发展阶段，目前并没有统一的定义，不同专家学者对其概念进行了不同的描述，目前具有代表性的制造物联网定义总结如下：

定义 1　制造物联网是以嵌入式、RFID、商务智能、虚拟仿真与建模等技术为支撑，实现了产品智能化、制造过程自动化、经营管理辅助决策等应用的信息技术。

定义 2　制造物联网是以制造车间物理资源互联为基础，以实时信息为驱动，用于生产过程实时监测与控制的车间优化管理系统。

定义 3　制造物联网是运用以 RFID 和传感网为代表的物联网技术、先进制造技术与现代管理技术，构建服务于供应链、制造过程、物流配送、售后服务和再制造等产品全生命周期各阶段的基础性、开放性网络系统，形成对制造资源、制造信息和制造活动的全面感知、精准控制以及透明化与可视化。

定义 4　制造物联网是通过泛在实时感知、全面互联互通和智能信息处理，实现产品/服务全生命周期的优化管理与控制以及工艺和产品创新的一种物联网增强的智能制造模式。

随着信息技术与先进制造技术的快速发展，制造物联网技术在研究与应用的广度和深度上已经得到了丰富与扩展，如图 4-66 所示。在广度上，制造物联网在离散制造业中的应用已经从最初的物流和供应链管理延伸到生产、维护、回收、再制造及能源等过程管控中，覆盖了产品全生命周期；在深度上，部分学者在研究实时感知、数据处理及分析应用等关键技术的基础上，依托新技术发展，正逐步开展与云制造、大数据、CPS 的融合研究，在推动生产模式快速变革的同时，也促进了制造物联网向更全面、更高层次的协同化、服务化、透明化、智能化方向发展。而制造物联网在广度与深度上的不断扩展与延伸，对关键技术的突破和应用提出了更大的要求与挑战。

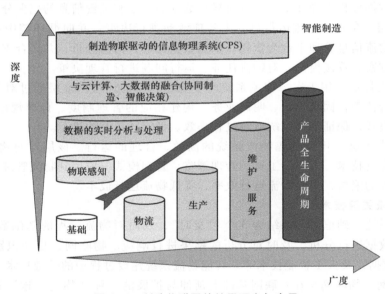

图 4-66　制造物联网的扩展研究与应用

从制造物联网的关键技术来看，针对离散制造车间标识感知、组网通信、数据处理、信息管理支持、智能决策等技术的发展与应用需求，在制造要素标识、感知与数据采集方面，突破了复杂零部件标识、微型化/强抗干扰/高穿透标签与天线设计、高可靠性与高兼容性传感器、高精度与高稳定性的实时定位等技术；在车间组网与数据通信方面，突破了底层车间多种传感网络与主网的接入及深度协同、高实时性和可靠性的数据传输、多源异构网络的空间并存与互联融合等技术；在实时制造数据处理方面，突破了高效可靠的多感知信息融合处理算法、制造大数据驱动的融合处理与并行计算、海量不确定事件的快速检测与处理等技术；在信息管理与支持方面，突破了多源异构制造数据的可视化管理与集成交互、车间复杂异构网络中数据的安全采集传输与存储管理等技术；在基于实时信息的智能决策方面，突破了基于海量制造信息的智能计算、知识发现和大数据挖掘、面向多应用的动态协同决策等技术，是以制造物联网快速发展与应用的基础与保障的全面协同为背景，以大数据为驱动，构建面向制造的 CPS，实现车间内部、车间与车间，甚至企业与企业的全面互联，是建设智能车间、智能工厂与智慧企业、发展智能制造的核心力量。

数据是智能化的基础，而物联网是获取数据的关键手段。物联网通过自动感知、识别技术与普适计算等通信感知技术，实现物物相连。在智能物流建设中开展物联网技术研究，就是要给物流相关资源、物料加上适当的传感器，实时采集物流资源相应的状态数据，并通过网络技术传输至数据处理服务器进行统一的处理和反馈。通过物流物联网的研究和实施，能够实现物料流转全过程、各要素状态信息的采集、传输、集成，实现运输配送车辆、搬运设备设施等物流资源的互联互通（见图 4-67），以提高信息的流通及时率，增强物流系统反应速度。

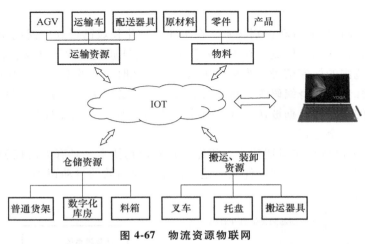

图 4-67 物流资源物联网

（2）自动识别技术 自动识别技术是信息数据自动识读、自动输入计算机的重要手段和方法，其在物流管理工作中的合理应用，可以有效提高物流管理工作的准确性与高效性，实现了物流管理的信息化、现代化发展。

1）条码识别技术。条码识别技术是集条形编码理论、光电传输技术、计算机技术、通信技术、条码印制技术于一体的一种自动识别技术。它是将纸质条码贴于货物表面，再由条码阅读器扫描识别的技术，最早进入流通领域的自动识别技术就是条码。条码识别技术出现于 20 世纪中期的美国，是计算机技术带动发展起来的，具有输入速度快、准确率高、可靠性强、寿命长、成本低廉等特点，是现如今最为经济实用的一种自动识别技术，广泛应用于物流仓储中。条码分一维码（条形码）和二维码，如图 4-68 所示。

图 4-68 条形码标签与读取设备

2）磁卡（条）识别技术。磁卡（条）识别技术和条码识别技术类似，成本较低，实现方便。磁卡是一种磁记录介质卡片，它由高强度、耐高温的塑料或纸质涂覆塑料制成，能防潮、耐磨且有一定的柔韧性。磁条从本质意义上讲和计算机用的磁带或磁盘是一样的，它可以用来记载字母、字符及数字信息，通过树脂黏合或热合与塑料或纸牢固地整合在一起形成磁卡。磁条上有 3 个磁道，在使用时可以读出，也可以写入，其中所包含的信息一般比长条码大。磁卡（条）识别技术的缺点为：磁卡（条）中的数据极易被损坏，因此必须要求磁卡（条）不能折叠或者损坏，然而在运输过程中很难保证，而且磁卡（条）在运输过程中容易受外界环境（如强磁性）干扰，从而消磁，内部信息损坏，所以目前在仓储中应用并不广泛。

3）RFID无线射频识别技术。射频识别技术（Radio Frequency Identification，RFID），也称无线射频识别技术，是利用射频信号通过空间耦合（交变磁场或电磁场）实现无接触信息传递，并通过所传递的信息达到自动识别的目的。相比于其他贴标签的自动识别技术，RFID的优势在于：标签可以嵌入和隐藏，无需在视线范围内；标签携带的信息可以通过除金属之外的任何材料读取；标签可以重新编程。RFID适用于恶劣环境，如室外，化学品，潮湿和高温环境。

RFID作为一种新兴的自动识别技术，在工业自动化领域已得到广泛应用。RFID主要由标签、天线和识读器3部分构成。在RFID系统中，信息通过识读器（又称阅读器）的天线发送出一定频率范围的标签信号。当标签进入磁场区域时，天线会产生感应电流，从而使得标签获得能量，标签将自身编码等信息通过载波信号发送出去。识别器会收到信号并对其进行解码，解码后的信息或数据被送至计算机主机进行处理，从而完成信息采集、信息识别、信息解码和信息传输全过程。

RFID技术的突出特点在识别环节。相比于其他识别技术，具有无需接触、识别速度快、适应工作环境范围广、批量处理等优点，是一种昂贵而高效的自动识别技术，其原理和读取设备如图4-69所示。

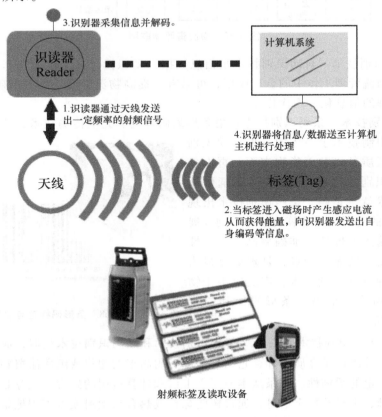

射频标签及读取设备

图4-69　RFID技术工作原理和读取设备

RFID 技术在物流仓储领域有着广阔的应用前景，国外 UPS FedEx、DHL 等物流巨头均致力于 RFID 技术的研究开发，以期通过在货物上大规模应用这种自动识别技术，有效提升物流货运效率，降低人工成本。

4）图像识别技术。图像识别技术是一种利用机器视觉获取货物图像，根据货物本身的属性，对货物图像进行处理，通过将货物图像与后台货物图像库进行匹配，从而获取货物相关信息的自动识别技术。其最大的优点是从客观事物的图像中提取信息进行处理，将像人眼一样的技术用于识别货物本身，而不是通过识别标签来识别货物，这种方法对识别对象不加选择，适用范围广。

近年来，由于三维深度传感器、激光雷达、结构光传感器的出现，出现了很多基于点特征描述的三维物体识别与定位方法，可见将基于机器视觉的自动识别技术应用到自动化立体仓库中才处于起步阶段，还有很大的发展空间，对于实现全自动化立体仓库具有非常大的意义，将像人眼一样的技术应用于立体仓储中，也有助于实现智能立体仓库。

随着人工智能的不断发展，图像识别技术在物流自动化中也得到了广泛应用，其应用主要有图像分类和 OCR 光学字符识别两个方向。其中，图形分类技术用于确定产品的类别属性信息，OCR 技术用于识别条码下方的英文字母和数字。目前，图像分类技术及 OCR 技术在自动分拣中常作为条形码识别的补充模块，当条形码识读出现异常时，由图像分类技术或 OCR 技术获取产品信息，结合条形码识读结果，确定产品即将流向的分拣口。

在物流自动化的实际应用中，通常会将包含有条形码和由英文字母和数字组成的标识信息张贴在货物外包装表面，通过对产品信息进行自动读取、处理，从而保证在输送、存储的过程中对货物进行有效管理。OCR 识别技术通过识读条码下英文字母和数字直接获得条码的标识信息；图像的自动识别主要由计算机视觉相关技术实现，其关键技术有图像分割、特征提取、图片匹配或分类等。目前，传统的特征提取方法需要人为进行特征提取，以图片像素点作为特征输入模型会使得特征过多，需要大量样本数据，以卷积神经网络为代表的深度学习算法被大量应用于计算机视觉领域，可用于物料的准确识别。

（3）GPS、GIS 技术 GPS 技术为全球定位系统，其系统可以实现在全球范围内利用动态定位技术以及导航卫星为客户提供实时定位服务。GIS 技术为地理信息系统，其系统包括与空间地理位置相关的信息，而且还能够针对地理信息数据进行收集、存储、检索以及分析处理，从而实现针对海量地理信息数据的分析和处理。GSM 技术又称为全球移动通信系统，主行其任务，给调度 Agent 反馈信息并等待下一个任务的下达。

物流的智能物流监控系统主要指将 GPS 技术、GSM 技术以及 GIS 技术应用在数据挖掘技术上，并利用可视化技术对于物流配送情况进行实时监控。GIS 的运作需要与 GPS、卫星系统相互连接，随之对地表信息进行采集、保存、管理、展示，同时具有自动化运作的表现。在 GIS 系统条件下用户可以在系统中输入坐标，由此得到坐标对应地点的地表信息，这是 GIS 的基本功能。在原理上，GIS 技术主要与 GPS、卫星等系统设备连接，通过各系统设备的地理测绘、高清拍摄实现数据采集功能，随后采集到的数据会实时传入 GIS 系统当中，由此实现数据保存功能，待 GIS 接收到采集信息之后，会结合实际地理坐标对各项信息进行整合，实现管理功能，最终通过计算机等终端设备，将整合后的信息展示出来，实现展示功能。

（4）大数据 物流系统的稳定运行需与企业其他信息系统（如 ERP、MES 等），进行信息和业务上的集成，需及时从海量的数据库，包括用户数据库、物料资源数据库、产品数据库等，获取大量的数据，加之物料流转过程中产生的数据类型繁多，如视频、图片、文本信息、地理位置等，既有结构化的数据表格，也有半结构化的文本、图像数据以及非结构化的空间数据等。如何将手工的、延时的、无序的、碎片化的数据转化成实时的、有序的、集成的信息，是大数据研究要决定的问题，也是构建智能物料决策系统的前提。

物流大数据关键技术通常包括：数据采集管理、分布式存储、实时计算处理技术等。数据采集管理技术包含数据抽取技术、数据清洗技术、数据融合技术、数据库技术等；分布式存储技术是将分布在不同地方的存储设备组成一个虚拟的存储设备，根据存储资源和需求情况将数据存储在最佳位置，以提高系统的存取效率；实时计算处理技术是将采集到的实时性信息，进行及时高效的处理，快速获取计算结果，并运用于物流运行的分析和决策中。

不同于其他行业中的大数据，物流大数据涉及运输、仓储、配送等多个环节，其空间大数据带有很强的行业属性和特色。具体说来，物流空间大数据具有海量性、稀缺性、复杂性和丰富性的特点。构建基于数据挖掘企业的物流智能管控系统涉及的数据挖掘相关技术可分为知识类的数据挖掘技术以及统计类的数据挖掘技术。具体来说，统计类的数据挖掘技术应用领域相对比较广泛，而且应用理论较为成熟，其主要包括聚类数据挖掘技术、数据回归技术、聚类和度量技术以及选择临近技术等方面内容。知识类数据挖掘技术则主要包括神经网络技术、遗传算法、决策树技术以及粗糙集技术这四个方面。

物流企业需要在数据库构建完成后设计智能化、高效的物流信息管控系统。毫不夸张地说，企业物流智能管控系统是基于数据挖掘的现代物流系统研究的关键内容，其系统设计的质量也会直接影响到整个物流系统的运行效率。影响智能化物流系统的关键技术主要包括智能仓储技术、数据挖掘技术、货物跟踪监控技术以及云计算技术等。

（5）人工智能技术　人工智能（Artificial Intelligence，简称AI），是一项用于模拟、延伸和扩展人的智能的新的理论方法、技术和应用系统的科学。该技术希望通过了解智能产生的本质，基于机器学习的方法推出一种能够做出类似人工智能向匹配的反应机制。自诞生以来，人工智能技术开始逐渐应用到多个行业，为多个行业的创新发展提供了新的契机。

随着人工智能技术的成熟，全自动化以及信息化程度更高的物流体系逐渐替代原有的人工物流系统，带来了更大的效能提升。整体来说，人工智能从前端选址、中端物流管理及后端供应链管理三个领域支撑物流业的发展，在物流体系各个阶段的影响机制如图4-70所示。

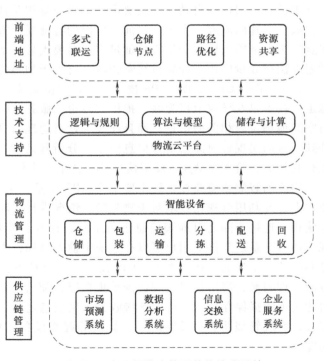

图 4-70　人工智能支持下的物流业系统

交通方式选择与仓储地点选址更为科学。人工智能的应用能够充分挖掘上游供应商、物流运输及下游客户的相关信息，通过相关算法的应用，能够为物流企业提供最优的交通仓储地点选址方案，多式联运以及路径优化提高了产品运输效率。

智能设备的应用提高了物流管理能力。传统的物流业对人力依赖较为苛刻，无论是货物分拣、产品运输、商品配送还是信息搜集整理，都需要不同类型的员工进行操作。人工智能技术的应用改变了传统物流体系，在物流仓储、运输、包装、分拣、配送等环节，大量无人机、智能仓储柜、无人仓库等智能设备的应用使得物流管理质量得到较大程度改善，同时物流信息能够通过智能设备终端传输到云平台，并实时完成相关数据的分析。

人工智能信息处理能力提升了供应链效能。人工智能的应用，能够充分利用现有信息对产品市场供需情况进行预测分析，大大提高了供应链的弹性。人工智能技术支持下的智能物流通过构建实时信息云平台，整个供应链的物流信息都能实时被物流企业所掌握，物流企业也能够对海量的物流数据进行分层次、分流程、分阶段的统计与分析，并为客户提供全方位的实时信息共享服务，提高了物流企业对整个供应链的管理效能。

随着以人工智能为代表的数字技术的发展，中国物流业逐渐向智慧物流发展，其对生产工具和生产方式的智能化要求更高。在智能物流系统下，物流的前端系统开发与方案设计、中端产品配送与物流信息管理、末端消费者服务与供应链管理都将基于人工智能技术得到较好的归集处理。总的来看，随着人工智能技术的不断普及，该技术的产业互动在物流行业将会更加明显，对物流业高效率的运转提供了重要的工具支撑。

4.6.5　智能物流应用

1. 物流智能无人仓

随着物联网技术、移动互联技术、RFID、机器人等技术的发展和应用，物流业迎来了智慧物流时代。智慧物流以自动化、智能化、信息化和网络化为主要特征，能够实现物流各个环节的高效率运转。仓储作为物流中的最重要一环，对智慧物流整体运作性能的发挥起着举足轻重的作用。传统仓库是劳动力密集型的作业模式，需要大量人力、效率低、易出错、人工成本高；智慧物流中的仓储实现了翻天覆地的变化，通过应用大量实时感知技术、信息处理技术以及人工智能技术实现了仓储的智能化，解放了大量的人力、物力，大大提高了运作效率和订单实时响应能力，智能仓储系统如图 4-71 所示。

随着我国电子商务的蓬勃发展，智慧仓的建设如火如荼，并初具规模，国内大件物流首个智能无人仓——日日顺智能仓储在即墨通济新经济区物流产业园启用。该项目总占地 238 亩，总投资 4 亿元，仓库总面积 7.8 万 m²，主要分为大件平面仓、高架仓、智能 AGV 仓、全品类无人仓 4 个部分，如图 4-72 所示。

其中，全品类无人仓占地 20 亩，建筑面积 1.8 万 m²。在日日顺智能仓储中心，物品要经历扫描入库、货物码垛、智慧仓储、货品分拣、自动化运输等程序，全部采用数字智能化扫描，号称"鹰眼侦察兵"的全景扫描技术为这些大件物进行全景扫描，完整获取产品图像和各项数据，比人工扫描效率高 80%；机器人能够实现动作起落间自主避障，安全准确地将产品放置到对应托盘，从流水线搬运到码垛完成用时仅 10s。

2. 智能物流机器人

在智能物流方面，以智能 AGV 为代表的仓储机器人在生产应用中发挥着越来越大的作用。传统的 AGV 利用电磁轨道设立行进路线，根据传感器进行避障，保障系统在不需人工引导的情况下沿预定路线自动行驶。而现代仓储机器人融合了 RFID 自动识别、激光引导、无线通信和模型特征匹配技术，使机器人更加精确地完成定位、引导和避障操作。结合大数

图 4-71　智能仓储系统

图 4-72　大件物流首个智能无人仓

据、物联网技术与智能算法，路径规划和群体调度的效率也大大提高。

亚马逊（Amazon）在各个仓库大规模部署物流机器人 Kiva（见图 4-73），该机器人可将货架从仓储区移动到拣货的仓库员工面前，工作准确率达到 99.99%，颠覆了电商物流中心作业"人找货"的传统模式，实现了"货找人"的新模式，大大降低了人力成本，提高了物流效率。

图 4-73　Amazon 仓库中的 Kiva 机器人正在快速搬运货物

本 章 小 结

先进制造自动化技术的发展经历了刚性自动化、柔性自动化、综合自动化、智能自动化的发展阶段。其典型代表有数控系统，柔性制造系统等，涉及数控技术、柔性制造技术、装配过程自动化技术、自动检测技术等。

数控系统作为制造技术与信息技术融合的产物，"工业 4.0"、工业互联网以及"智能制造"的发展对数控系统的设计提出了新要求，万物互联时代的到来为数控系统智能化提供了新方向。数控系统向多轴联动、复合化方向，智能化、柔性化、网络化方向发展。

在工业机器人及其他机器人技术方面，介绍了工业机器人的工作原理、驱动与控制系统；还对服务机器人的核心技术、水下机器人、军用机器人、微型机器人、微装配机器人作了重点分析和应用举例。

柔性自动化技术作为先进制造领域的基础技术，可助制造业快速响应市场动态需求和产品更新换代，是制造业发展的主流趋势，讲述了柔性制造系统的组成及特点，不同应用模式，柔性制造系统的应用实例。

自动装配物料运储与检测系统自动化方面，讲述的内容包括柔性运储系统：自动运输小车、工业机器人、自动化仓库等，物料自动识别及数据获取，检测系统基本组成、工作原理等。

　　在现代和智能物流方面，重点讲述了生产物流技术中管理层、控制层和执行层组成及功能，关键技术，发展趋势；绿色物流的关键技术，智能物流中自动识别、数据挖掘技术、人工智能、GIS 技术等关键技术等，给出了应用实例分析。

复习思考题

1. 简述数控系统的组成与工作原理。
2. 简述数控系统的新需求与发展趋势。
3. 简述开放式数控系统的特征和结构。
4. 简述智能数控技术的定义与体现。
5. 简述工业机器人的组成与分类方式。
6. 简述工业机器人手臂、手腕和末端执行装置的结构与设计要求。
7. 简述常用的工业机器人的技术参数。
8. 简述机器人的环境感知和运动控制技术。
9. 简述微装配机器人的组成和关键技术。
10. 简述智能工业机器人技术研究与应用现状。
11. 简述柔性制造系统的组成及特点。
12. 分析物料的识别方法与设备。
13. 简述自动导引小车 AGV 的组成，导引方式和特点。
14. 简述企业物流的定义与主要环节。
15. 简述生产物流的组成与设计原则。
16. 简述生产物流的发展趋势。
17. 简述绿色物流的关键技术。
18. 简述智能物流系统的总体框架及关键技术。

第5章 先进制造模式

本章侧重介绍了计算机集成制造（CIM）、并行工程（CE）、精益生产（LP）、敏捷制造（AM）、虚拟制造（VM）、智能制造（IM）、云制造（CM）等典型的制造业先进制造模式，包括这些模式的内涵与特征、系统组成、体系结构、关键技术及运行模式及典型应用等内容。

自 20 世纪 80 年代以来，为了适应日益多变的市场特点，制造企业必须努力使自己的产品在交货周期（Time）、产品质量（Quality）、产品成本（Cost）、客户服务（Service）以及环境友善性（Environment）等方面满足消费者需求，成为具有 TQCSE 综合特点的竞争者。制造企业单靠改进工艺和提高装备水平已经无法适应多变的市场竞争，这就要求制造企业必须从总体策略、组织结构和管理模式上进行创新。因此，出现了一系列先进制造模式，如计算机集成制造、虚拟制造、敏捷制造、智能制造、网络制造、云制造等。面对今天的新形势、新格局，现代制造理念和模式也正朝着更广、更深、更智能化的方向发展。

5.1 计算机集成制造

5.1.1 计算机集成制造的内涵

计算机集成制造 CIM（Computer Integrated Manufacturing，CIM）的概念是 1974 年由美国约瑟夫·哈林顿（Joseph Harrington）博士在 *Computer Integrated Manufacturing* 一书中率先提出的，包含两个重要观点：①系统的观点。企业的各个生产环节（从市场分析、产品设计、加工制造、生产管理、市场营销到售后服务的产品全生命周期）是一个不可分割的整体，要统一考虑。②信息化的观点。整个企业生产制造过程实质上是对信息的采集、传递和加工处理的过程，最终形成的产品可看作信息的物质表现。在约瑟夫·哈林顿上述两个观点中，一是强调企业的功能集成，另一是强调企业的信息化。若将其进行综合，可将 CIM 直接理解为"企业的信息集成"。

我国 863/CIMS 主题专家组对 CIM 的定义为："CIM 是一种组织、管理与运行企业生产的新理念，它借助计算机软硬件，综合应用现代管理技术、制造技术、信息技术、自动化技术以及系统工程等技术，将企业生产过程中有关人、技术和经营管理三要素及其信息流、物料流和能量流有机地集成并优化运行，以实现产品上市快、高质、低耗、服务好，从而使企业赢得市场竞争。"

5.1.2 CIMS 的内涵及构成

1. CIMS 的内涵

计算机集成制造系统（CIMS）是基于 CIM 理念而组成的系统。CIM 是一种组织、管理与运行企业的哲理，而 CIMS 则是基于该哲理的一种工程集成系统。

CIMS 将传统的制造技术与现代信息技术、管理技术、自动化技术、系统工程技术等有机结合，借助计算机（硬、软件），使企业产品的各阶段活动（市场需求分析、研究开发、设计、制造、支持，包括质量、销售、采购、发送、服务以及产品最后报废、环境处理等）中有关的人、组织、经费管理和技术等要素及信息流、物流和价值流有机集成并优化运行，实现企业制造活动中的计算机化、信息化、智能化、集成优化，以达到产品上市快、高质、低耗、服务好、环境清洁，使企业在市场竞争中立于不败之地。

1）CIMS 是一种组织、管理与运行企业的生产哲理，其宗旨是使企业的产品高质量、低成本、上市快、服务好、环境清洁，使企业提高柔性、健壮性、敏捷性以适应市场变化，使企业赢得市场竞争。

2）企业生产的各个环节，即从市场分析到最后产品报废等全部活动过程是一个不可分割的有机整体，要从系统的观点进行协调，实现全局的集成优化。其集成优化的模式按照信息集成优化、过程集成优化及企业间集成优化三个阶段发展。

3）企业生产过程的要素包括人、机构、技术及经营管理三要素。首先，人的作用最为关键，人在现代企业生产、经营管理中起主导作用；其次，三要素相互作用、相互制约，三要素要综合集成，以发挥最大工作效能，达到企业经营效率整体最优。

4）企业生产活动包括信息流（采集、传递和加工处理）、物流及价值流等三大部分。现代企业尤其重视价值流的管理、运行、集成、优化，以及价值流、信息流和物流间的集成优化。

5）CIMS 技术是基于传统制造技术、信息技术、管理技术、自动化技术、系统工程技术的一门综合性技术体系，它综合并发展了企业生产各环节相关技术，具体包括总体技术（CIMS 集成模式、体系结构、标准化技术、系统的建模与仿真等）、支撑技术（网络、数据库、CASE、集成框架、企业级产品数据管理、计算机支持协同技术、人机接口等）、设计自动化技术（CAD、CAE、CAPP、CAM、DFX）、加工制造自动化技术（DNS、CNC、工业机器人、FMC、FMS、拟实加工、绿色加工制造）、管理与决策信息系统技术（MIS、OA、MRPI-I、JIT、CAQ、BPR、ERP）。

2. CIMS 的构成

从生产过程各主要职能、计算机辅助系统及数据和通信的支撑系统角度来说，CIMS 包括四个主要功能系统和两个支撑系统。功能系统为工程设计自动化系统（CAD/CAE/CAPP/CAM）、制造自动化系统（MAS）、经营管理信息系统（MIS）和质量控制系统（QCS）。支撑系统为数据库管理系统（DB）和计算机网络系统（Web）。

具体内容如下：

（1）工程设计自动化系统　工程设计自动化系统是利用计算机技术进行产品概念设计、结构分析、工艺设计以及数控编程等产品设计，包括 CAD/CAE/CAPP/CAM 的 4C 技术。CAD 以计算机为工具，应用各类专业知识，对产品进行实体造型、工程分析、仿真模拟和图形处理等设计工作。一个功能完善的 CAD 系统应具有产品造型、工程分析、优化设计、图形绘制、图像处理、仿真模拟、物料清单生成等功能。CAE 是计算机辅助工程的简称，它是利用计算机软件来辅助工程分析的一种技术。CAE 工具广泛用于各个工程领域，包括汽车、航空、建筑、机械工程等，主要用于产品设计和开发的各个阶段。例如：模拟和分析、设计优化、虚拟原理和测试、集成与协作、用户友好性与可访问性。CAPP 根据产品设计所给出的产品几何信息和拓扑信息进行产品的加工方法和工艺过程的设计。CAPP 系统的功能包括毛坯设计、加工方法选择、工艺路线制订、工序设计以及工时定额计算等，其中的工序设计还应包括加工余量分配、切削用量选择、工序图生成、工装夹具设计以及机床和刀具选择等功能。CAM 通常是指走刀路线确定、刀轨文件生成、切削加工仿真以及 NC 指令代码生成等作业功能。CIM 理念使 CAD/CAE/CAPP/CAM 这 4C 技术集成化，使产品数据在各个系统中能够交流和共享，使产品数据越来越规范化和标准化。

（2）经营管理信息系统　经营管理信息分系统是对企业生产经营中的产、供、销、人、财、物等进行统一管理的计算机应用系统，其核心是制造资源计划（MRPH）。MRPH 是一个集生产、供应、销售和财务为一体的信息管理系统，它包含企业经营规划、产品数据（BOM）、物料需求计划、生产作业计划、能力需求计划、库存管理、财务管理以及采购销售管理等模块。通过这些功能模块，MRPH 将企业内的各个管理环节有机地结合起来，在统一的数据环境下实现管理信息的集成，从而达到缩短产品生产周期、减少库存和流动资金、提高企业应变能力的目的。

（3）制造自动化系统　制造自动化系统是直接完成各种加工制造活动的基本环节，通常由机械加工系统、物料储运系统、控制系统和自动检测系统四个环节组成。机械加工系统包括数控机床、加工中心、柔性制造单元和柔性制造系统等加工设备，用于产品的加工和装配过程。物料储运系统的功能是物料装卸、搬运和存储。控制系统是实现对机械加工系统和物流系统的自动控制。自动检测系统的任务是完成对加工工件和加工设备运行状态的自动检测与监控。

制造自动化系统在计算机的控制与调度下，按照控制指令将一个个毛坯加工成合格的零件并装配成部件以至产品，完成设计和管理部门下达的任务，并将制造现场的各种实时信息反馈到上层管理部门，以便合理地进行生产调度和控制。

（4）质量控制系统　质量控制系统以提高企业产品制造质量和管理质量为目标，通过质量控制规划、质量监控采集、质量分析评价和控制以达到预定的质量要求。CIMS 中的质量控制系统覆盖产品生命周期的全过程。

（5）数据库管理系统　数据库管理系统作为 CIMS 的支撑系统，是 CIMS 信息集成的关键，将前面各环节的计算机数据（经营管理、工程技术、制造控制、质量保证等所有数据）统一存储在一个数据库系统里以备调用，以实现各分系统信息的交换和共享。采用分布式异型数据库，通过互联的网络体系结构，实现全局数据的调用和分布式的事务处理。并且，数据库管理系统应满足对工程数据的特殊管理要求，包括对复杂数据结构和变长数据的表达和处理，对数据模式的动态修改，以及对工程图形数据的表示和处理等。

（6）计算机网络系统　企业范围内 CIMS 的计算机网络通常采用广域网和局域网并存的工业网络，在各厂区间采用广域网相连，在每个厂区内采用多层次、异机型、分布式结构的局域网。计算机网络和数据库管理这两个支撑系统是 CIMS 功能集成的有力保障，使得各功能系统之间有效地进行数据通信和信息共享。

5.1.3　CIMS 的结构体系

在对传统的制造管理系统功能需求进行深入分析的基础上，美国国家标准与技术局提出了 CIMS 的五级控制结构，分别是工厂级、车间级、单元级、工作站级和设备级。每一级又可进一步分解成子级，扩展成树状结构。每一级进行独立的控制处理，完成各自的功能，级与级之间保持信息交换，上级对下级发出指令，下级向上级反馈执行结果。每一级都由独立的计算机进行控制处理，这种控制模式包含了制造企业的全部功能和活动。

1. 工厂级控制系统

工厂级是企业最高的管理决策层，主要完成计划方面的任务，确定企业生产计划和资源计划的长期目标和任务，周期一般从几个月到几年。工厂级控制系统按主要功能又可分为三个子系统：①生产管理子系统。具有市场预测、制订长期生产计划、确定生产资源需求、制订资源计划等功能，并根据生产计划数据确定交给下一级的生产指令。②信息管理子系统。具有成本核算、库存统计、用户订单处理、采购人事管理等厂级行政和经营管理的功能。③制造工程子系统。包括 CAD、CAPP 等计算机工程设计与制造系统。

2. 车间级控制系统

车间级根据工厂级的生产计划指令协调车间生产作业和资源配置等，车间级的规划周期一般为几周到几个月。车间级控制系统从设计部门的 CAD/CAM 系统中接收产品物料清单（BOM），从 CAPP 系统接收工艺流程和工艺过程数据，并根据工厂级的生产计划和物料需求计划进行车间各单元的作业管理和资源分配。作业管理包括作业定单的制订、发放和管理，安排加工设备、机器人、物料运输等设备的预防性维护。资源分配是指将设备、托盘、刀具、夹具等根据作业计划分配给相应工作站。

3. 单元级控制系统

单元级完成任务的分解，进行资源需求分析，向上一级（车间级）报告作业进展和系统状态，决定分批零件的动态加工路线，安排下一级（工作站）的工序，布置下一级任务并监控任务，保证生产过程正常运行。单元级的规划时间在几小时到几周的范围。

4. 工作站级控制系统

工作站级负责指挥和协调车间中一个设备小组的活动，它的规划时间可以从几分钟到几小时。制造系统工作站可分为切削工作站、检验工作站、物料储运工作站、刀具管理工作站等。

5. 设备级控制系统

设备级包括各种加工、测量及运输等辅助设备，如机床设备、三坐标测量机、机器人及无人小车等。设备级是执行级，执行上级的控制指令，完成加工、测量及运输等任务。其响应时间从几毫秒到几分钟。

5.1.4　CIMS 应用实例——钢铁企业 CIMS 信息流分析与功能设计

CIMS 适用于离散型制造业、连续型制造业和混合型制造业。钢铁生产过程是集温度、时间、空间和资源约束为一体的复杂动态系统，同时具有连续与离散特质的多阶段混合生产方式，适合用 CIMS 进行组织管理。

钢铁企业 CIMS 总体结构如图 5-1 所示，由两个支撑分系统和四个功能分系统构成。本案例中，在总结大型钢铁联合企业 CIMS 的成功经验基础上，以信息流分析为基础进行功能设计。

1. 信息流分析

钢铁企业 CIMS 的核心是资源计划分系统（Enterprise Resource Planning，ERP）、生产执行分系统（Manufacturing Execution System，MES）和过程控制分系统（Process Control System，PCS）。其中，ERP 是

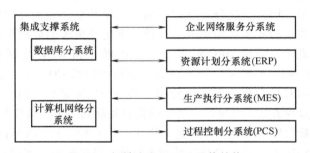

图 5-1　钢铁企业 CIMS 总体结构

经营管理与决策的基础，是改善企业管理的有效途径；MES 是 CIMS 信息集成中承上启下的重要环节，是实现生产过程优化运行与管理的技术核心系统；PCS 进行数据采集、生产过程操作与过程监控，是流程工业的关键系统。在复杂的钢铁生产过程中，单一的 ERP 无法实时采集生产数据，也不能对资源进行有效调度和配置，单一的 MES 无法对生产信息进行细化和分解，也无法实现与控制信息的有效结合，单一的 PCS 也无法将控制数据直接应用于生产调度。因此，必须实施信息集成化技术，有效利用上层的 ERP 与下层的 PCS 之间的数据，提高调度的实时性和灵活性。

（1）信息传递过程　在钢铁企业 CIMS 信息流中，从层次结构分析，MES 处于中间层，是连接 ERP 和 PCS 的桥梁，具有承上启下的作用，解决了生产管理与设备控制之间的断层问题。一方面，MES 为 ERP 提供数据信息；另一方面，运用 PCS 底层采集的数据，为优化和控制生产线提供依据和保证，以适应钢铁生产实时化的要求。从时间因素分析，ERP 处理的问题域是中长期的生产计划，MES 处理的问题域是近期生产任务的协调安排问题，PCS 实时地接收生产指令，使设备正常加工运转。信息流在 ERP、MES、PCS 之间传递和反馈，三者相互关联、互为补充，实现企业的连续信息流，保证了信息的实时性，使企业生产计划、调度和动态成本管理成为一体。

信息传递包括以下两个过程：

1）ERP 与 MES 之间的信息传递。ERP 是将物流、资金流和信息流进行全面一体化的信息系统，融合了管理理念、业务流程、基础数据和人力物力资源，核心功能是资源计划，将生产计划数据直接应用于 MES 的生产调度管理。同时，接收 MES 的生产统计、计量管理、物料平衡、生产管理和设备运行等数据，进一步优化资源计划。ERP 与 MES 之间传递的信息流包括物料清单、生产需求、生产工艺、加工计划、库存情况、人力资源、订单及完成情况、物资消耗、产品质量和备品备件等。

2）MES 与 PCS 之间的信息传递。PCS 负责处理生产过程中的各种信息，过程监控层接收现场信息后，利用各种先进控制方法，通过 DCS 优化控制，使生产过程在最佳状态下运行。故障发生时，可自动报警，利用专家系统进行故障诊断，并指导运行人员排除故障。MES 与 PCS 之间传递的信息包括生产调度、生产数据、工序情况、设备运行参数、设备运行状况、人员状况、生产计划、生产优化、生产情况报告和物料盘点信息等。PCS 根据 MES 传递的信息进行相应操作，并将操作结果和实时数据返回给 MES。

（2）信息集成过程　CIMS 信息来源于企业经营管理、生产调度、实时采集、上级部门、供应商和销售商等多种渠道，信息集成过程也就是对这些来源不同和形态不一的信息进行系统分析、合并同类、辨清正误和消除冗余的过程，进而实现 ERP、MES、PCS 的统一使用。信息集成分为数据传输、数据共享、数据互操作、数据与知识重用等四个层次。传输、共享和互操作是集成的基础，重用是集成的最高层次。结合钢铁企业 CIMS 的特点，信息集成建议采用 OPC 标准、共享数据库和 XML 数据交换技术相结合。其中，OPC（OLE for Process Control）标准定义了数据访问的 COM 接口，采集现场硬件设备的数据，通过标准的 OPC 接口供上层系统使用。共享数据库是成本最低、效率最高的集成方式，大部分数据使用这种方式，既可以将共享的信息复制到一个公共数据库，也可以采用数据联邦的方式构建虚拟数据库来实现多个数据库共享。对于不同平台的异构数据库，采用 XML 数据交换技术，发挥 XML 扩展性、自描述性和多语种支持的特点，实现跨平台和跨地域异构应用间的协同工作。

2. 软件功能设计

钢铁企业 CIMS 的功能结构由四个分系统构成，除企业网络服务分系统、未分解下层子系统外，ERP、MES、PCS 各个分系统又分解为若干个子系统。系统分解基于模块化的设计思想，每个子系统在逻辑上相互独立，通过信息流和信息集成技术实现子系统间的通信，保证子系统间的信息共享和协同工作。

企业网络服务分系统具有两种功能：一是作为门户网站，为企业提供信息展示和与客户进行有效沟通的渠道；二是作为 Web 服务，为 Web 应用提供支持并实现企业 Web 信息资源的有效整合。其他三个分系统的软件功能描述如下：

1）资源计划分系统 ERP。财务是现代企业管理的"心脏"，根据钢铁企业的生产经营管理流程和组织机构特点，应建立以财务管理为中心的 ERP 分系统，以均衡物料、安全高效、低耗优质和优化工艺操作为目标，最大限度地适应企业内部和外部环境，有效解决 ERP 实施过程中遇到的难题。

2）生产执行分系统 MES。钢铁生产是包括烧结、炼铁、炼钢、钢锭开坯和轧钢等一系列工艺过程的生产过程，为了充分发挥设备的生产能力，达到降低生产成本和提高经济效益的目的，按照先进制造技术和信息技术的发展趋势，应建立基于知识的 MES 分系统，通过知识的不断积累推动企业发展。

3）过程控制分系统 PCS。以计算机控制为主，还包括传感器、执行机构和在线分析等仪表系统及多媒体监控系统。钢材生成过程综合了物理、化学和物理化学等变化复杂机理，通过过程控制分系统 PCS，完成数据采集、工艺参数调整、生产过程操作、关键设备监控和生产协调等功能。

5.2 并行工程

5.2.1 并行工程的提出及特性

传统串行产品的开发需要经历市场需求分析、产品设计、工艺规划、加工制造及检验修改等环节，各环节在作业时序上没有重叠和反馈，产品设计过程由设计人员单独进行，很少考虑到工艺、制造、检测等部门的需求，部门间的沟通和互动不够，下一环节只能等到上游工作结束才能展开后期的设计或加工工作，这种方法在设计的早期不能全面地考虑其下游的可制造性、可装配性和质量可靠性等多种因素，产品生产的各个环节前后脱节，常常造成设计、修改反复循环，使产品开发周期长、成本高，难以适应激烈的市场竞争。

1988 年，美国国家防御分析研究所完整地提出了并行工程（Concurrent Engineering，CE）的概念：并行工程是一种对产品及其相关过程（包括制造过程和支持过程）进行并行的、一体化设计的工作模式，这种模式要求产品开发人员从设计一开始就考虑产品整个生命周期中从概念设计到产品报废的所有因素，包括质量、成本、进度计划和用户要求等。并行工程是对产品及其下游的生产和支持过程进行一体化设计的系统方法。

并行工程开发模式就是将时间上先后的知识处理和作业实施过程转变为同时考虑并尽可能同时处理的一种作业方式，打破串行开发的不同环节的前后逻辑关系，使不同的专业人员（包括设计人员、工艺制造人员和市场营销人员等）组成一个跨功能的产品开发小组协同工作。该模式中信息的流动是双向的或多向的，而不是单向流动，使产品在开发的早期阶段就能及早考虑下游的各种因素，优化设计方案，降低成本，缩短开发周期和新产品更新换代时间，提高创新效率。

基于并行工程的面向产品生命周期的并行产品设计，不能简单地理解为时间上的并发，并行工程的核心是基于分布式并行处理的协同求解，以及服务产品整个生命周期各进程活动的产品设计结果的评价体系及方法，在两者支持下，面向产品整个生命周期寻求全局最优决策。

并行工程全面缩短了产品的开发、生产及服务时间，对后期与生产有关的工艺方法、计划安排都进行了规划，不仅使设计阶段能够减少重复设计，而且在样品试制、生产准备和规模制造等环节也进行了工程设计，加快产品上市时间。并行工程可以大大降低开发成本，有效克服传统串行开发中的反复修改甚至推倒重来的缺陷，可以一次性开发成功，并在设计阶段就已经考虑到了后续过程中的其他事项，有利于减少后续生产维护的成本，从而使产品更具价格优势。并行工程可以通过强调过程设计，在生产中减少工艺变动，使产品的缺陷更少、便于加工、减少废品率等。

并行工程可以使产品开发周期缩短 40% ~ 60%，使制造成本降低 30% ~ 40%，提高产品设计质量，减少设计中的更改，使生产中工程变更的次数减少 50% 以上。通过并行制造对产品、制造等过程的优化，使产品的报废及返工率下降 75% 以上，减少了废品率和其他损耗。

与传统的串行生产方法相比，并行工程具有如下特性：

1）并行性。并行性是指把时间上有先后的作业活动转变为同时考虑和尽可能同时处理及并行处理的活动。

2）整体性。整体性是指将制造系统看成一个有机整体，各个功能单元之间存在着不可分割的内在联系，特别是有丰富的双向信息联系。强调全局性地考虑问题，从一开始设计产品时就考虑到产品整个生命周期中的所有因素，追求整体最优，有时为了保证整体最优，甚至可能不得不牺牲局部的利益。

3）协同性。协同性是指并行工程特别强调人们的群体协同作用，包括与产品全生命周期（设计、工艺、制造、质量、销售及服务等）的有关部门人员组成的小组或小组群协同工作，充分利用各种技术和方法的集成。利用这种方法生产出来的产品不仅有良好的性能，且产品研制的周期也将显著缩短。

4）约束性。约束性是指在设计变量（如几何参数、性能指标及产品中各零部件）上，考虑产品设计的几何、工艺及工程实施中的各种相互关系的约束和联系。

5.2.2 并行工程的关键技术

并行工程是一种以空间换取时间来处理系统复杂性的系统化方法，它以信息论、控制论和系统论为基础，在数据共享、人机交互等工具支持下，按多学科、多层次协同一致的组织方式从事产品的开发。并行工程的实施应具有以下关键技术。

1. 产品开发过程的重构

并行工程的产品开发过程是跨学科群组在计算机软硬件工具和网络通信环境的支持下，通过规划合理的信息流动关系及协调组织资源和逻辑制约关系，实现动态可变的产品开发流程。为了使产品开发过程实现并行与协调，并能面向全面质量管理做出决策分析，就必须对产品开发过程进行重构，即从产品特征、开发活动的安排、开发队伍的组织结构、开发资源的配置、开发计划以及全面的调度策略等各个方面进行不断改进和提高。

2. 集成的产品信息模型

并行工程强调产品设计过程上、下游协调与控制，以及多专家系统协调工作，因此需要建立一个集成的产品信息模型，它是实现产品设计、工艺设计、产品制造、装配检验等环节的信息共享和并行进行的基础和关键。

集成的产品信息模型应能全面表达产品信息、工艺信息、制造信息以及产品生命周期内各个环节的信息，能够表达产品各个版本的演变历史，能够表示产品的可制造性、可维护性和安全性，能够使设计小组成员共享模型中的信息。这样的模型应基于 STEP 标准对产品所有信息进行定义和描述，包括用户要求、产品功能、设计、制造、材料、装配、费用和评价等各类特征信息，采用 Express 语言和面向对象的技术，对产品信息模型进行描述和表达，并把 Express 语言中各个实体映射到 C++语言中的类，生成 STEP 中性文件，为产品设计（CAD）、工艺设计（CAPP）、可制造性评价以及制造过程（CAM）的集成与并行实施提供充分的信息。

3. 并行设计过程的协调与控制

并行设计的本质是产品设计开发的大循环过程包含许多小循环，是一个反复迭代优化的过程。产品设计过程的管理、协调与控制是实现并行设计的关键。产品数据管理（PDM）能够对并行设计起到技术支撑的作用。并行设计中的产品数据是在不断交互中产生的，PDM 能够在数据的创建、更改及审核的同时跟踪监视数据的存取，确保产品数据的完整性、一致性和正确性，保证每一个参与设计的人员都能即时地得到正确的数据，从而使设计的返工率达到最低。

5.2.3 并行工程的支撑技术

并行工程是产品全生命周期各个相关部门人员组成的小组或小组群协同工作的模式，必须有相关设计软件和网络通信环境作为支撑，具体如下：

1）计算机辅助设计工具（CAX）：包括计算机辅助设计（CAD）、计算机辅助分析（CAE）、计算机辅助工艺规划（CAPP）、计算机辅助制造（CAM）及计算机辅助质量检测（CAT）等。

2）面向 X 的设计技术（DFX）：包括面向制造的设计（DFM）、面向装配的设计（DFA）、面向检测的设计（DFT）和面向拆卸的设计（DFU）等。其中，DFM 主要是在设计过程中解决设计特征的加工问题，确保产品制造的合理性；DFA 主要是在设计中解决装配和装配加工问题，确保装配的可行性，避免装配中的干涉等问题。

3）网络通信手段：网络通信技术和多媒体仪器，是实现网络化的协同分布开发方式的环境保障。主要的网络通信手段有电子邮件、实时沟通软件（腾讯微信、QQ 等）及视频会议系统（腾讯会议、腾讯课堂、钉钉会议）等。

5.2.4 并行工程的应用

并行工程作为 CIMS 的一个新发展阶段，我国科学技术部选择了七个不同类型的企业在新产品开发中实施并行工程技术，使得产品的总体设计周期缩短了 60%，产品成本降低了 20%。例如，某电子科技工业集团，在复杂系统的机电产品开发过程中采用了并行设计模式组建多层次的集成产品开发团队，应用并行工程集成框架技术等并行工程的方法和技术，利用 PDM 软件进行项目的跟踪进展管理和系统的动态管理，使总体方案设计周期缩短 60%，工程绘图周期从 1~2 个月缩短到 2~3 周，工艺检查周期缩短 50%，更改反馈次数降低 50%，工艺规划时间缩短 30%，工装准备周期缩短 30%，数控加工编码与调试周期缩短 50%，综合评估后降低产品成本 20%。

5.3 精益生产

5.3.1 精益生产的提出

20 世纪初，主要生产模式是以美国福特为代表的大批量生产方式，以规模效应带动成本的降低，并由此带来价格上的竞争力，这种生产模式帮助美国战胜了当年工业最发达的欧洲成为世界第一大工业强国。到了 20 世纪 50 年代，数控、机器人、可编程序控制器、自动物料搬运器、工厂局域网等先进制造技术和系统也得到了迅速发展，但它们只是着眼于提高制造的效率，减少生产准备时间，却忽略了增加的库存可能带来成本的增加。当时日本丰田汽车公司的年生产总量不及福特公司一天的产量，丰田汽车公司在参观美国几大汽车公司之后，经过多年的努力，并根据日本的国情，终于形成了一套完整的丰田生产方式。日本丰田汽车公司副总裁大野耐一先生，注意到制造过程中的浪费是造成生产率低下和增加成本的根本，他从美国的超级市场运作受到启迪，形成了看板系统的构想。在 1953 年，丰田公司先通过一个车间看板系统的试验，不断加以改进，逐步进行推广，历经 10 年的努力，发展为准时生产（Just In Time，JIT）。同时又在该公司早期发明的自动断丝检测装置的启示下，研制出自动故障报警系统，加上全面质量管理，从而形成了丰田生产系统，之后先在公司范围内实现，然后又推广到其协作厂、供应商、代理商以及汽车以外的各个行业，全面实现丰田生产系统。

1973 年的石油危机，将整个西方经济带入了一个黑暗的缓慢增长期，而给日本的汽车工业带来了前所未有的发展机遇。市场环境发生变化后，大批量生产所存在的弱点日益显现，与此同时丰田公司的业绩日益上升，与其他汽车制造企业的距离越来越大，到了 80 年代初，日本的汽车、计算机、电视机等机电产品已经占领了美国和西方发达国家的市场。1980 年，丰田汽车的产量全面超过美国，成为当时世界汽车制造的第一大国，而此时丰田生产方式开始为世人所瞩目。

至此，美国开始对自己所依赖的生产方式产生怀疑。1985 年初，美国麻省理工学院（MIT）成立了一个由 50 多名专家组成的名为"国际汽车研究计划"（IMVP）的专门机构，耗资 500 万美元，对美国、日本和欧洲共 90 多家汽车制造厂进行了全面深刻的对比调研。研究表明，造成世界各国在汽车工业发展上的差距的根本原因在于生产方式的不同，而并非企业自动化程度的高低、生产批量的大小、产品类型的多少，这种生产方式创造了以低成本、高质量应对多品种、小批量市场需求的奇迹。他们随后出版了《改变世界的机器》一书，并将丰田生产方式正式命名为精益生产（Lean Production，LP）。之后，世界各国对精益生产的研究逐渐深入，首先在汽车行业开始采用，随后在越来越多行业吸收与推广。

5.3.2 精益生产的内涵及特征

从严格意义上来说，精益生产方式是指运用多种现代管理方法和手段，以社会需求为依据，以充分发挥人的作用为根本，有效配置和合理使用企业资源，用最少的投入实现最大产出，最大限度地为企业谋求经济效益的一种新型生产方式。《改变世界的机器》一书中认为精益生产基于四条原则：①消除一切浪费；②完美质量和零缺陷；③柔性生产系统；④生产不断改进。精益生产相对大规模生产，投入减少谓之"精"，即对需要投入的生产要素进行控制，力求节约，达到最精，在合适的、需要的时间制造出必需数量的商品；"益"则强调能够给企业带来增益，即良好的经济效益，使企业的经营活动能够盈利。精益生产由此得名。

精益生产是以顾客需求为拉动，以消灭浪费和快速反应为核心，使企业以最低成本获取最佳效益和对市场的快速反应；通过减少和消除产品开发设计、生产制造、管理和服务过程中一切不产生价值的活动（即浪费），缩短对客户的反应周期，快速实现客户价值增值和企业内部增值，增加企业资金回报率和企业利润率。精益生产是在持续不断地提供客户满意产品的同时，以追求最大化利润为目标。

《改变世界的机器》从五个方面论述了精益生产企业的特征，分别是工厂组织、产品设计、供货环节、顾客和企业管理；将精益生产的主要特征归纳为以人为中心，以精简的组织机构为手段，采用 TeamWork 和并行设计的工作方法和 JIT 供货方式，以实现零缺陷的最终目标。

（1）以顾客为中心的销售策略　将用户纳入产品开发过程，视顾客为上帝，将使顾客完全满意作为企业的业务目标和不断改进业绩的保证。贯彻需求驱动原则，按顾客需求生产适销对路产品；采用主动销售策略，与顾客直接联系，并将产品的适销性、适宜的价格、优良的质量、快的交货速度、优质的服务作为面向用户的基本内容，以最大限度满足顾客需求。

（2）以人为本　企业中每一个工作人员都是企业的主人，在企业中享有充分的自主权。精益生产中充分发挥人的积极性与创造性，参与创新和全过程管理，企业从制度上保证职工的利益，下放部分权力，使人人有权、有责任、有义务为企业解决问题。

（3）处处体现精简　精简化的组织机构，去掉一切多余的环节和人员，实现纵向减少层次、横向打破部门壁垒，将层次细分工，采用分布式平行网络的管理结构。在生产过程中，采用先进的柔性加工设备，减少非直接生产工人的数量，使每个工人都真正对产品实现增值。采用 JIT 和看板方式管理物流，大幅减少库存或实现零库存，减少库存管理人员、设备和场所。并在减少生产过程复杂性的同时，提供多样化的产品。

（4）小组化工作方式和并行设计　由企业各部门专业人员组成多功能设计组，对产品的开发和生产具有很强的指导和集成能力。工作组全面负责一个产品型号的开发和生产，包括产品设计、工艺设计、编制预算、材料购置、生产准备及投产等工作，并根据实际情况调整原有的设计和计划。综合工作组是企业集成各方面人才的一种组织形式。

（5）"零缺陷"的工作目标　要求产品质量"完美无缺"，争取实现"零缺陷"，将最好的产品提交给用户，并以此实施全面质量管理（TQM），确保有质量问题的产品不往下传递。

5.3.3　精益生产的体系结构

精益生产的核心内容是准时生产方式。这种方式可通过看板管理，成功地制止过量生产，实现"在必要的时刻生产必要数量的必要产品"，从而彻底消除产品制造过程中的浪费，以及由之衍生出来的种种间接浪费，实现生产过程的合理性、高效性和灵活性。JIT 是一个完整的技术综合体，包括经营理念、生产组织、物流控制、质量管理、成本控制、库存管理、现场管理等在内的较为完整的生产管理技术与方法体系。

精益生产是一个完整而开放的结构体系，包括一个基础和三根支柱。以计算机网络支持下的并行工作方式和小组工作方式为基础，在此基础上的三根支柱分别是：①全面质量管理，它是保证产品质量，树立企业形象和达到零缺陷目标的主要措施，没有它产品质量无保证；②JIT，它是缩短生产周期、加快资金周转和降低生产成本的重要方法；③成组技术（GT），这是实现多品种、小批量、低成本、高柔性按顾客订单组织生产的技术基础。

精益生产是在 JIT、成组技术以及全面质量管理基础上逐步完善的。三根支柱代表着精益生产的三个本质方面，它们之间相互配合、缺一不可。

精益生产强调以社会需求为驱动，以人为中心，主张消除一切不产生附加价值的活动和资源，从系统观点出发将企业中所有的功能合理地加以组合，以利用最少的资源、最低的成本向顾客提供高质量的产品服务，使企业获得最大利润和最佳应变能力。

5.3.4　精益生产实施应用

1. 推行精益生产的主要做法

在推行精益生产的过程中，可以根据精益生产的思维、原理（途径）和试点经验，结合本企业生产情况以及变化等因素制定以下举措：

（1）多品种作业　实施"多品种、小批量、转产快"的生产方式，一条生产线可间隔生产多个品种的不同产品，以此来提高企业对市场的适应能力，尽快满足用户的需要。

（2）加强人本管理　实施"一人多岗、一专多能、一线多品"和"多功能小组"的人本管理。人是企业最宝贵、最有价值、最富有创造性的资源，是企业生存与发展的无价之宝和资本。只有高度重视人本管理，才能提高员工的技能水平，充分发挥员工所具有的功能和潜力。

（3）强化物流管理　实施"一个产品流"、"一个盛具流"、"二分三定"配送流、"三定一线"（即定置、定具、划线）等物流管理的方式。其目的在于理顺物流关系，开通物流渠道，做到有序、畅通无阻的流转，为适应市场需要，实现"多品种、小批量、转产快"生产方式创造良好条件。

（4）推行准时生产　制定准时生产管理办法，具体做法是：首先，制定成车总装及配送的时间段；其次，承认延时的客观存在，制定允许的延时量范围；最后，加强检查考核，促进延工误时的逐步减少，直至"0"延时量——准时化的实现。

（5）推行"按需生产"　实施"按需配送差额生产"方式，成品总装部门按照市场销售的需要组织生产，生产现场又以总装为龙头拉动零部件生产。同时，各个环节生产的组织是采用上工序按照下工序的需要与现有库存周转量的差额方式进行的。整个物流过程是上工序按照下工序的需要进行配送流转的。这是企业组织生产管理，实现高效、有序运作的有效方式。只有这样才能实现"按需生产"。

（6）培养精兵强将　培养精兵强将的主要途径是加强员工的培训教育。通过"一人多岗、一专多能、一线多品"的实施和"企业制度"的培训教育，使员工在活动中明白该干什么，怎么干，在什么时间、什么地点完成规定的工作。在开展班组建设活动中，逐步地建立"多功能小组"，培养多功能型、复合型的人才。以此提高员工的"法制"观念和行为的规范性，为企业发展打造精兵强将。

（7）加强"四为"管理　加强以分厂厂长（车间主任）为主体的"四为"管理，形成以厂长为首的生产管理。

"四为"管理，简单来说，就是建立、健全、完善以厂长为首的管理运行机制、以生产为中心的作业运行机制、以员工为主体的行为规范激励机制和以产品质量为重心的质保运行机制。

（8）推行定置洁净管理　推行生产现场的定置、整齐、洁净等管理，实现定置划线有标识、"一平一齐五洁"的生产现场，形成有序物流、环境优美、行为文明的现场管理。其目的在于让员工心情舒畅地工作，树立一个良好的企业形象。

（9）强化责任制管理　在处理与协调接口关系或问题时，推行责任制管理，坚持"谁主管、谁负责""谁影响、谁负责、谁受罚"的原则，促进责任到位。

（10）加强企业制度现代化建设　为了促进员工行为规范化、生产经营管理现代化的逐步实现，要把有关精益生产管理的各项相对独立的活动，用企业制度的形式"固定"下来，形成现代化的运行机制和企业制度体系。这是企业健康、稳步、高效发展的需要。

（11）追求尽善尽美——"六零"管理　"六零"管理主要是指产品质量"零缺陷"、作业手段"零故障"、物资周转"零库存"、员工行为"零差错"、降低成本"零浪费"和现场管理"零松弛"。通过"六零"管理的追求，促进企业各项工作向"尽善尽美"的最高境界迈进，形成最科学、完善的管理体系。

2. 实施效果

1）向按需生产模式转化。

2）产品质量有所提高。

3）降低成品与生产资金占用，成效显著。

4）机构人员精简，费用降低。

5）现有生产能力得到充分利用。

6）促进多功能性人才的形成。

7）劳动生产率大为提高。

5.3.5　精益生产的应用

1. 精益生产在我国汽车制造业 YTKC 公司中的应用

YTKC 公司是以大中型客车研发设计、生产制造和市场销售为一体的现代化大型客车制造企业。企业总部位于河南省郑州市工业园，年产大中型客车整车十二万台以上。该公司是国内国外生产规模最大，生产工艺、生产技术最成熟、最优越的客车生产厂家之一。

（1）公司实施精益生产模式的策略　YTKC 公司在精益生产准备阶段，对全员普及精益知识。所有的员工必须要有获取并运用精益知识的意愿，学习并参与精益培训；同时公司也需要找一些专业的资讯公司或专业技术人员，进行专业性的指导、培训；企业也可以利用精益专家领导企业进行自我变革。但必须要保证企业的每位员工能够彻底理解并掌握精益生产思想的精髓，并且能够把精益生产的思想落实到自己的实际工作中。这需要后续的良好的配套措施来激励员工自己履行自己的工作职责，比如培养良好的企业文化，增加员工的认同感、存在感、主人翁精神等。

（2）YTKC 公司精益生产的实施

1）建立精益组织机构引导机制。YTKC 公司作为一家汽车公司要建立精益组织机构，需要按车型系列重新组织企业管理生产机构，明确每个车型的直接负责人，并且创建一种真正强大的精益促进职能。让员工在改革过程中树立改革中阻力是可以克服的，改革是势在必行的，改革目标前景是光明的等共识。在施行精益生产模式改革中，建立相依的激励机制也是必需的。

2）改进固化的管理模式，重塑精益生产环节。改进汽车装配生产现场原有的固化的管理模式，最实用的就是"5S"现场管理。"5S"现场管理法能积极调动每位员工的积极性和主动性，能够营造人人参与、人人有责、事事守规矩的良好气氛。在这样的生产环境氛围下，施行精益生产模式，更容易得到员工的赞同和配合，从而形成员工积极主动的强大前进动力。

3）推行订单式和市场引导相结合的批量生产方式。首先是改造汽车装配流程，改进自动化生产线与人工流水线的配比，使装配环节人机配比更加合理，既提高效率又节省成本。其次是构建包括各工序在内的生产单元，把整个生产过程从定量化的单一批量生产转变为弹性的订单式和市场引导的批量生产方式相结合的综合模式，最大限度地的满足不同市场客户需求。

4）积极施行精益成本控制。YTKC公司所有车型从产品设计环节、零配件采购环节、生产环节、销售环节及售后环节，都必须实行严格的精益成本核算。尤其是新车型从设计阶段就要进行成本控制，是在竞争环境日益激烈的情况下，汽车制造企业必须要考虑的首要问题，也是降低新车型成本的最佳途径，也是保障该车型竞争力的前提。

5）建立科学的评估体系和及时的市场反馈机制。建立科学的评估体系和及时的反馈机制，可以把生产环节信息、消费市场信息、流通环节信息、库存信息等有效信息及时反馈到公司决策层，进一步改进新车型的设计、生产、流通等环节的精益生产，形成对市场行情反应灵敏的自更新的循环管理系统，从而减少车辆库存、节约成本等。没有建立科学的评估体系和及时的反馈机制，各个环节的精益生产将流于形式。

2. 精益生产赋能红旗汽车极致品质

精益生产是一种先进的管理哲学，在提升系统的稳定性和生产效率的同时，提高产品品质。在红旗工厂，精益生产的情景随处可见。

在冲压车间，红旗新工厂采用"干式+湿式"双重冲压板料清洗模式，实现多种板料清洗方式任意组合，更强的清洁脏点能力使冲压板料表面更加洁净，极大提升冲压件表面质量。焊装车间是红旗首个高柔性化、高数字化、高绿色化的焊装车间，也是目前我们国内最先进的智能化和数字化焊装车间，焊点自动化率100%，涂胶自动化率97%。采用的激光焊接技术，强度比普通点焊强度高出10%，通过焊点加密大大提升了车身骨架扭转刚度，真正为驾乘人员铸造了一副安全保护罩；激光三光斑钎焊技术使得激光产生的钎焊缝达到分子间的结合，极其光滑、洁净，经得起"显微镜式考验"，实现安全与美观的完美融合。

在涂装车间，红旗新工厂采用了当今最先进的多色彩涂装技术。双色、多色个性化涂装的应用在国际上已成为提升整车产品魅点的重要手段之一，传统的"遮蔽—喷涂—卸遮蔽"的套色工艺必将被高效、精密的无遮蔽自动喷涂技术所代替。据了解，无遮蔽喷涂技术的发展共分三个阶段，即水平面喷涂、车身装饰性喷涂、全车身采用无遮蔽喷涂技术。目前绝大多数汽车厂的无遮蔽喷涂处于第一阶段，而一汽集团已经发展到了第二阶段，处于国际领先水平。而多色彩涂装的优势在于除了个性化的喷涂外，在节省原材料、降低投资、减少污染等方面也发挥着巨大作用。

在总装车间，底盘自动合装拧紧、轮胎自动拧紧装配、风挡自动涂胶装配、智能拧紧系统保证生产的极致精准。图5-2所示为红旗汽车自动装配车间。

图5-2　红旗汽车自动装配车间

5.4 敏捷制造

5.4.1 敏捷制造提出的背景

20 世纪 90 年代，世界已进入瞬息万变的信息时代，随之而来的是日趋激烈的市场竞争，企业能否赢得市场竞争，除了拥有优质、低价及满足用户性能的产品之外，必须对迅速改变的市场需求和市场进度做出快速响应，缩短产品开发周期，加速产品的更新换代，拥有灵活反应的企业生产机制。

美国为了重新夺回制造业在国际市场的领导地位，美国政府把制造业发展战略目标瞄向了 21 世纪。美国国会指示国防部拟定一个制造技术发展规划，要求同时体现美国国防工业与民用工业的共同利益，并要求加强政府、工业界和学术界的合作。在此背景下，美国国防部委托里海大学（Lehigh University）与 GM 等大公司，共同研制一个振兴美国制造业的发展战略，在研究和总结美国制造业的现状和潜力后，发表了具有划时代意义的《21 世纪制造企业发展战略》报告，提出了敏捷制造（Agile Manufacturing，AM）和虚拟企业（Virtual Enterprise，VE）的新概念，其核心观点是除了学习日本丰田生产方式的成功经验外，更要利用美国信息技术的优势，夺回制造工业的世界领先地位。这一新的制造哲理在全世界产生了巨大的反响，并且已经取得了令人瞩目的实际效果。

5.4.2 敏捷制造的内涵及特征

1. 敏捷制造的内涵

敏捷制造是 21 世纪市场竞争的主要模式，指企业采用现代通信技术，以敏捷动态优化的组织形式进行新产品开发，通过动态联盟（也称虚拟企业）、先进制造技术（以信息技术和柔性智能技术为主导）和高素质人员的全面集成，对迅速改变的市场需求和市场进度做出快速响应，及时交付新产品并投放市场，在尽可能短的时间内制造出满足市场需求的低成本、高质量产品，并投放到市场。

敏捷制造是在全球范围内对企业和市场进行集成，目标是将企业、商业、学校、行政部门及金融等行业都用网络进行连通，形成一个与生活、制造及服务密切相关的网络，实现面向网络的设计、制造、销售及服务。制造企业将不再拘泥于集中的办公地点、固定的形式和组织机构，而是一种以高度灵活的方式组织的企业。当出现某种机遇任务时，通过网络迅速联合最优的合作者，形成一个新型公司（即虚拟公司或虚拟企业），可从中获取最大利润，任务完成便迅速解散，参加新的重组。

敏捷制造是在具有创新精神的组织和管理结构、先进制造技术及有技术、有知识的管理人员三大类资源支撑下得以实施的，也就是将柔性生产技术，有技术、有知识的劳动力与能够促进企业内部和企业之间合作的灵活管理集中在一起，通过所建立的共同基础结构，对迅速改变的市场需求和市场进度做出快速响应。敏捷制造比起其他制造方式具有更灵敏、更快捷的反应能力。

2. 敏捷制造的主要特征

从其内涵，可归纳出敏捷制造具有如下主要特征：

（1）快速响应速度是敏捷制造的最基本特征　响应速度包括对市场的反应速度、新产品开发速度、生产制造速度、信息传播速度、组织结构调整速度等。敏捷制造通过并行化、模块化的产品设计方法，高柔性、可重构的生产设备，动态联盟的组织结构，从多方面来提高企业对市场的响应速度。

（2）全生命周期满足客户需求　通过并行设计、质量功能配置、价值分析等技术，使企业产品的结构和功能可根据用户的具体需求进行改变；借助仿真技术可让用户方便地参与设计，能够很快生产出满足用户要求的产品；产品质量的跟踪将持续到产品报废，在产品整个生命周期内的各个环节都满足客户需求。

（3）采用灵活多变的动态组织机构　面对市场需求，以动态组织联盟形式将企业内部的优势和企业外部不同公司的优势集成起来，最大限度地利用专业优势，快速组成最具竞争力的组织团体，将企业之间的竞争关系变为共赢的协作关系。

（4）采用开放的新型标准基础结构　敏捷制造技术采用开放的新型标准基础结构，实现技术、管理和人的集成。敏捷制造企业需要充分利用分布在各地的资源，把企业中的生产技术、经营管理和人力资源集成到一个相互协调的系统中。为此，必须建立新的标准结构来支持这一集成体系。这些标准结构包括大范围的通信基础结构、信息交换标准等硬件和软件。

（5）最大限度发挥人的作用　敏捷制造提倡以人为中心的管理，强调用分散决策代替集中控制，用协商机制代替递阶控制机制，最大限度地调动和发挥人的主动性。敏捷制造系统的人，必须是掌握先进知识的知识型工人，如计算机操作员、制图员、设计工程师、制造工程师、管理工程师。

3. 敏捷制造与精益生产的关系

敏捷制造与精益生产都是先进的生产模式，二者存在许多相似之处，也存在许多差异。虽然两者在表现形式上存在一些差异，但其基本原则和基本方法一致。敏捷制造中的多功能小组的协同工作、准时信息系统、最快的转换时间、最低的库存量以及柔性化生产等，使敏捷制造对市场变化具有高度适应能力，而这些能力也是精益生产的重要特征。表5-1对精益生产与敏捷制造在基本目标、生产方式、组织管理等基本原则和主要特征方面进行了比较。

表 5-1　敏捷制造与精益生产的特征比较

项目	敏捷制造	精益生产
基本目标	强调在连续和不可预测变化的环境下发展，承认并快速响应市场变化	消除冗余，减少浪费，追求"尽善尽美"
质量观念	适应用户需求，达到整个产品寿命周期内的用户满意	追求完美质量和零缺陷，达到用户完全满意
生产方式	采用大量定制生产方式，模块化产品设计和模块化制造系统，生产用户化产品	变批量，柔性生产，适应产品变化，缩短生产周期
关键技术	准时信息系统、并行工程、网络制造及虚拟制造等	及时生产、并行工程、成组技术及全面质量管理等
组织管理	基于任务的组织与管理，多学科群体项目组	权力下放，多功能小组，协同工作，扁平式管理
侧重点	注重组织与人员，实行动态重组	注重技术与操作，实行持续改进
协作关系	采取竞争、合作策略，组建虚拟公司，以快速响应市场需求和提高竞争力	强调供应管理，与供应商建立长期稳定关系，利益共享、风险共担
生产空间	涵盖整个企业范围，并扩展到企业之间	工厂级范围
雇员关系	建立基于信任的雇佣关系，实行"社会合同"	终身聘用，工龄工资，雇主与雇员风雨同舟

由敏捷制造和精益生产各自的特征可以看出，敏捷制造强调快速响应外界各种不可预测的需求变化，来提高客户服务水平。而精益生产是在相对平稳的产品和经营环境下，通过杜

绝一切非增值活动以降低产品成本来提高质量。相对企业的综合运行性能来讲，它们是互补的，而且二者无论在生产技术上还是在组织管理上都存在很多相似或共同之处。制造企业应根据自身产品和加工过程的特点、生产批量、在供应链中的位置和经营战略等因素，汲取敏捷制造和精益生产各自的长处，实现对企业的集成管理。

5.4.3　敏捷制造的基础结构及应用

1. 敏捷制造的基础结构及组织形式

虚拟企业生成和运行所需要的必要条件决定了敏捷制造基础结构的构成。一个虚拟企业存在的必要环境包括物理基础结构、法律保障结构、社会环境结构和信息支持结构四个方面，它们构成了敏捷制造的四个基础结构。

（1）物理基础结构　指虚拟企业运行所必需的厂房、设备、设施、运输及资源等必要的物理条件，也指一个国家乃至全球的范围内的物理设施。当机会出现时，为了抓住机会，尽快占领市场，只需要添置少量必需的设备，集中优势开发关键部分，而多数的物理设施可以通过选择合适的合作伙伴得到。

（2）信息支持结构　指敏捷制造的信息支持环境，包括能提供各种服务网点、中介机构等一切为虚拟企业服务的信息手段。

（3）法律保障结构　指有关国家关于虚拟企业的法律和政策条文，规定如何组织一个法律上承认的虚拟企业，如何交易，利益如何分享，资本如何流动，如何纳税，虚拟企业破产后如何还债，虚拟企业解散后如何善后，人员如何流动等问题。

（4）社会环境结构　虚拟企业要能够生存和发展，还必须有社会环境的支持。虚拟企业的解散和重组、人员的流动是非常自然的事，这些都需要社会来提供职业培训、职业介绍的服务环境。

敏捷制造的核心是虚拟企业，也称为虚拟公司，而虚拟企业是一个临时的企业联盟，是成员企业核心能力的集成体。为响应某个特定的市场机遇，把拥有不同核心能力的企业联合起来，共享技能和资源，其特点是成员间的合作以计算机网络和信息技术为支持。

虚拟企业往往是为了某个市场机会通过签订契约而组成的契约联盟，合作对象通常是在各自领域最具核心能力的企业，所以虚拟企业是经济活动在企业间能力分工的结果，各合作成员随着市场机会的更迭及生产过程的变化而进入或退出，甚至整个企业因合作使命的完成而消亡，即虚拟企业具有一定动态性。

虚拟企业的组织结构分为核心层、紧密层和松散层。核心层由新产品设计与开发企业构成，核心层企业之间的关系是共同分担成本与风险，分享利润。紧密层由专用零部件生产及总装企业构成，这一层企业按照合同要求相互配合（合同与核心层代表签订），负责按合同要求生产与装配。松散层由通用标准零部件生产企业组成，以市场化形式提供标准化、通用化的零部件，或按合同进行生产。

2. 敏捷制造的应用

目前，美国已有上百家公司、企业在进行敏捷制造的实践活动，一旦某公司抓住一个机遇，设想开发某一新产品后，为了能将产品快速推向市场，它可以通过网络迅速找到要寻求的技术或关键部件，以及拥有这些技术和关键部件的工厂；然后通过网络进行协商，组织跨地区、跨企业的"虚拟"开发组，利用挂在网络上的群件，高效地并行开发新产品，同时可利用网络收集用户信息及开拓市场。例如，美国汽车公司 USM（United States Motor Co.）是一家以国防部为主要用户的汽车公司。该公司向用户承诺：①每辆汽车都按用户要求制造；②每辆汽车从订货起三天内交货；③在整个寿命周期内，有责任使用户满意，汽车能够重新改造，使用寿命长。在敏捷制造模式提出前，任何公司不论花费多大的代价，都难以做到以上三点。如果 USM 公司的管理机构继续按传统的、多级的和自动流水线构成，即使采用高新技术，也难以实现这些的承诺。

在 USM 公司，用户可以自己利用 USM 软件设计自己的个性化汽车，这种软件能够生成用户构想的逼真的汽车图像和售价，并能估算在一定条件下的运行费用。若需要订货，将所设计的车型传送到销售中心即可，在那里用户可以进一步进行可视化虚拟模拟，驾驶人员坐在可编程的椅子上，戴上虚拟真实镜，在视野内就可以看到用户自己所选择的操纵板和座椅的结构、颜色及控制装置的位置，通过窗口能够看到前后盖板和挡泥板的形状、外面的景物，还可以听到各种行驶速度下发出的响声和风声。用户可以调整汽车的各种功能。这种模块化程度很高的汽车，可以使每个用户都可以得到一辆价格合理、专门定制的车。

由于汽车可以根据用户要求制造，交货期短，极大地提高了美国汽车公司的市场竞争力。欧洲也有不少公司进行了企业改造和重组，日本发起了 MATIC 计划，以汽车、电子和服装为典型对象开展敏捷制造的研究。

5.5　虚拟制造

5.5.1　虚拟制造的内涵及特征

广义上虚拟制造是指以计算机模型和仿真为基础实现产品的设计和生产的技术。"虚拟"指通过数字化手段对物质世界的动态模拟，在计算机上实现制造的本质内容。"制造"泛指围绕产品全生命周期的整个活动过程。

虚拟制造技术（Virtual Manufacturing，VM）是美国 1993 年首先提出的一种全新的制造体系和模式，它以软件形式模拟产品设计与制造全过程，无须研制样机，实现了产品的无纸化设计。它是制造企业增强产品开发敏捷性、快速满足市场多元化需求的有效途径。虚拟制造基本上不消耗资源和能量，也不生产实际产品，而是产品的设计、开发与实现过程在计算机上的本质实现。

虚拟制造技术目前还没有统一的定义，总的来说，虚拟制造就是利用仿真与虚拟现实技术，在高性能计算机及高速网络的支持下，采用群组协同工作方式，通过模型来模拟和预测产品功能、性能及可加工性等各方面可能存在的问题，实现产品制造的本质过程，包括产品的设计、工艺规划、加工制造、性能分析及质量检测等，并进行过程管理和控制。它能够使资源得到合理配置，可以创造虚拟的制造环境，预测产品性能，优化生产安排，从而得到最低成本下的最优质量和最好服务。

虚拟制造技术可实现新产品的设计修改、加工制造、装配检测及使用升级等全寿命周期内的模拟和仿真，大大缩短了开发时间，使产品开发成本下降，资源得以优化配置，从而使企业具有领先的市场竞争优势，形成技术驱动型的产业模式。它也是全世界各国研究和开发的热点。

虚拟制造技术采用计算机仿真与虚拟现实技术在计算机上群组协同工作，它是现实制造过程在计算机上的映射。这个映射非线性迭代过程，其定义域是实际制造过程，值域是虚拟制造过程，直接结果是全数字化产品，映射的介质是网络计算机环境。虚拟制造是多种计算机辅助技术面向产品全生命周期的集成化综合应用，是一种系统化的对产品、资源、制造的全面建模，而不是各项技术的简单组合，具有集成性、虚拟性、分布性等特点。

1. 集成性

虚拟制造是围绕模型展开的一系列模拟和分析过程，涉及的模型有产品模型、过程模型、活动模型和资源模型。

1）产品模型是产品信息在计算机上的表示，是产品信息的载体。

2）过程模型是产品开发过程的计算机表示，包括设计过程、工艺规划过程、加工制造过程、装配过程及性能分析过程等，产品设计过程模型和制造过程的仿真是其中的研究热点。

3）活动模型主要是针对企业生产组织与经营活动建立的模型。

4）资源模型是对企业的人力、物力等信息的描述。

通过这些数字化模型在计算机上的集成，工程人员可以对其进行设计、制造、测试及装配等操作，而不再依赖于对传统原型样机的反复修改。

2. 虚拟性

虚拟制造并不是真实的制造过程，是实际制造过程在计算机上的映射和本质表现。它不产生真实的产品、不消耗真实的材料和能量等。它是通过数字化手段（各种数字化模型）来对真实制造过程在计算机上进行动态的模拟，以实现制造的本质过程。

3. 分布性

虚拟制造采用基于网络的、全球化的分布协作模式，便于开发人员相互交流、信息共享，从而使产品开发快捷、优质、低耗地响应市场变化。

4. 高效灵活性

通过虚拟制造开发的产品可以存放在计算机里，不必像传统开发一样需要试制或储存大量样件，这样不但大大节省了仓储费用，更能快速更新换代，根据用户需求或市场变化进行改型设计，然后快速投入批量生产，从而能大幅缩短新产品的开发时间，提高产品质量，降低成本。

5.5.2　虚拟制造的分类

1994 年，在虚拟制造用户专题讨论会上，人们根据制造过程的侧重点不同，提出了"3个中心"的分类方法，即"以设计为中心的虚拟制造"、"以生产为中心的虚拟制造"和"以控制为中心的虚拟制造"，将虚拟制造分为 3 类，获得国际学术界的认同。虚拟制造技术是一种以计算机技术为支持构建起来的可对制造过程进行全进程模拟，并对产品全寿命周期的各个环节，包括设计修改、加工制造、装配检测、使用升级进行评估优化，使资源得到合理配置的技术手段，可以创造虚拟的制造环境、预测产品性能、优化生产安排，从而得到最低成本下的最优质量和最好服务。

1. 以设计为中心的虚拟制造

以设计为中心的虚拟制造将制造信息引入设计过程，利用仿真来优化产品设计，从而在设计阶段就可以对零件甚至整机进行可制造性分析，包括加工工艺分析、铸造过程热力学分析、运动学分析和动力学分析等。它主要解决"产品怎样进行设计"的问题。近期目标是针对设计阶段的某个关注点（如可装配性）进行仿真和评估，长远目标是对整个产品的各方面性能进行仿真和评估。

2. 以生产为中心的虚拟制造

以生产为中心的虚拟制造将仿真技术应用于生产过程模型，以此来评估和优化生产过程，以便以较快的速度和极低的费用评价不同的工艺方案、资源需求计划、生产计划等。它主要是解决"组织生产是否合理"的问题。其主要目标是评价可生产性,近期目标是针对生产中的某个关注点,如对生产调度计划进行仿真,长远目标是能够对整个生产过程进行仿真,对各个生产计划进行评估。

3. 以控制为中心的虚拟制造

以控制为中心的虚拟制造将仿真技术加到控制模型和实际处理中,实现基于仿真的最优控制。其中虚拟仪器是当前研究的热点之一,它利用计算机软硬件的强大功能将传统的各种控制仪表、检测仪表的功能数字化,并可灵活地进行各种功能的组合,对生产线或车间的优化等生产组织和管理活动进行仿真。它主要是解决"产品怎样控制"的问题。

5.5.3 虚拟制造的支撑技术

虚拟制造的实现主要依赖于 CAX(CAD/CAE/CAM/CAPP)和虚拟现实(Virtual Reality,VR)等技术,可以看作 CAX 发展的更高阶段。虚拟制造不仅要考虑产品,还要考虑生产过程;不仅要建立产品模型,还要建立产品生产环境模型;不仅要对产品性能进行仿真,还要对产品加工、装配和生产过程进行仿真。因此,虚拟制造涉及的技术领域十分广泛,从其软件实现和人机接口而言,虚拟制造的实现在很大程度上取决于虚拟现实技术的发展,这其中包括计算机图形学技术、传感器技术及系统集成技术等;从制造技术的角度讲,可将虚拟制造技术的体系结构分为 3 大主体技术群,即建模技术群、仿真技术群和控制技术群。

1. 虚拟现实技术

虚拟现实技术是虚拟制造的基础。所谓虚拟现实技术,是指综合利用计算机图形系统、各种显示和控制设备,在计算机上生成三维可交互的、有沉浸感的虚拟工作环境的一种仿真技术。虚拟现实系统包括计算机、人机接口设备以及操作者三个基本要素,操作者通过视、听、触等不同的人机交互接口设备,可深深地沉浸在直观而又自然的仿真环境中,观察虚拟制造系统的运行过程,评价模拟系统的工作性能。

虚拟现实技术是指综合利用计算机图形学、计算机仿真技术、人机接口技术、多媒体技术、传感器技术以及人工智能技术等,由计算机直接把视觉、听觉和触觉等多种信息合成,并提示给人的感觉器官,在人的周围生成一个三维可交互的虚拟环境,从而把人、现实世界和虚拟空间结合起来、融为一体,相互间进行信息的交流和反馈的一种仿真技术。

虚拟现实技术具有如下特征:

(1)多感知性 多感知性指除了一般计算机所具有的视觉感知外,还有听觉感知、力觉感知、触觉感知、运动感知,甚至包括味觉感知、嗅觉感知等。理想的虚拟现实就是应该具有人所具有的几乎所有的感知功能。

(2)沉浸感 又称临场感或存在感,指用户感到作为主角存在于虚拟环境中的真实程度,是虚拟现实技术中最主要的特征。这种沉浸感的来源是根据人类的视觉、听觉的生理、心理特点,由计算机产生的逼真的三维立体图像。理想的模拟环境应该达到使用户难以分辨真假的程度,比如用户戴上头盔显示器和数据手套等交互设备,便可将自己置身于虚拟环境中,成为虚拟环境中的一部分。用户与虚拟环境中的各种对象的相互作用,就如同在现实世界中一样。当用户移动头部时,虚拟环境中的图像也实时地发生变化,拿起物体可使物体随着手的移动而运动,有接触感和沉浸感,而且还可以听到三维仿真声音。用户在虚拟环境中有身临其境的非凡感受。

(3)交互性 在虚拟环境中,操作者能够对虚拟环境中的对象进行操作,并且操作的结果能够反过来被操作者准确地、真实地感觉到。例如,用户可以用手去直接抓取环境中的物体，这时手有握着东西的感觉，并可以感觉到物体的质量，现场中的物体也随着手的移动而移动。虚拟现实系统中的人机交互是一种近乎自然的交互，用户不仅可以利用计算机键盘、鼠标进行交互，而且能够通过特殊头盔、数据手套等传感设备进行交互。计算机能根据用户的头、手、眼、语言及身体的运动，来调整系统呈现的图像及声音。用户通过自身的语言、身体运动或动作等自然技能，就能对虚拟环境中的对象进行考察或操作。

（4）自主性　在虚拟环境中，对象的行为是自主的，是由程序自动完成的，要让操作者感到虚拟环境中的各种生物是有"生命的"和"自主的"，而各种非生物是"可操作的"，其行为符合各种物理规律。例如，当受到力的推动时，物体会向施加力的方向移动或翻倒，或从桌面落到地面等。

由图形系统及各种接口设备组成，用来产生虚拟环境并提供沉浸感觉以及交互性操作的计算机系统称为虚拟现实系统（Virtual Reality System，VRS）。虚拟现实系统包括计算机、人机接口设备以及操作者三个基本要素，操作者通过视、听、触等不同的人机交互接口设备，可深深地沉浸在直观而又自然仿真环境中，观察虚拟制造系统的运行过程，评价模拟系统的工作性能。

2. 建模技术

虚拟制造系统中的建模应该是能够前后连贯的一种模型表达方法，需要有效、可靠的数据接口，实现模型数据的通用和转换。与现有单独的 CAX 建模技术不同，这些建模技术在某些方面的应用是相互独立、互不相同的分散建模，数据之间缺乏前后连贯和系统性。基于几何建模和图像相结合的建模方法和算法，即可以实现模型的真实感，又可以减少模型的数据量，以满足实时交互的要求。基于图像的虚拟现实技术具有模型简单、数据量小的特点，适于计算机环境的实时建模和浏览。怎样能够有效地压缩数据、快速解压算法、快速实现三维重建是需要深入研究的关键。

虚拟制造系统下产品模型能通过映射、抽象等方法提取产品实施中各活动所需的模型，包括产品模型和工艺模型等。产品模型是制造过程中各类实体对象模型的集合。产品模型中除了包含必备的几何、形状和公差等静态信息以外，还必须能够通过映射、抽象等方法提取出制造过程中所需的动态信息。工艺模型将工艺参数与影响制造功能的产品设计属性联系起来，其必须具备计算机工艺仿真、制造规划、制造数据表、统计模型以及物理和数学模型。

制造系统建模方法主要有广义模型方法、IDEFIX 方法、GRAI 方法、Petri 网络方法和面向对象方法等，目前还没有一种非常合适的方式能够保证虚拟制造系统在与其他系统（如 MPR、CAD、CIMS）之间交换数据时，信息完全不丢失。

3. 仿真技术

仿真过程是实际的物理过程在计算机中的实现及优化。根据虚拟制造的着重点不同，可将仿真分为制造系统仿真、生产过程仿真、生产规划仿真及产品性能仿真等。其中，生产过程仿真又包括加工制造过程仿真和装配检测过程仿真。加工制造过程仿真主要包括对于产品设计合理性的仿真检验以及加工性能、方法、机床刀具等的运动仿真以及工件成型仿真。装配检测过程仿真可根据产品的几何形状和精度特征，进行虚拟环境下的模拟装配，可以检验零件装配中是否会产生干涉以及存在设计中的失误，并对装配过程及装配设备进行评估检验。生产规划仿真可以对车间不同的生产规划进行仿真。实际制造过程仿真包括数控机床的NC 代码仿真，以及冲压过程、浇注过程、焊接过程和切削过程等的仿真。仿真结果可用于生产规划、检验产品可制造性。产品性能仿真包括运用各种软件对产品的机械性能、动力学性能和热力学性能等进行模拟。

4. 控制技术

控制技术指建模过程中和仿真过程中所用到的各种管理、组织与控制的技术和方法，包括模型部件的组织、调度策略及交换技术，仿真过程的工作流程与信息流程控制、成本估计技术、动态分布式协作模型的集成技术冲突求解，以及基于仿真的推理技术模型及仿真结果的验证和确认技术，还包括面向产品开发过程的组织与管理等问题的研究等。

5.5.4 虚拟制造技术与其他技术的关系

1. 虚拟制造与计算机集成制造

虚拟制造是"节点"数字化模型的虚拟集成，计算机集成将企业活动的各个"节点"进行物理的、逻辑的连接。虚拟集成是实际制造的模型化映射。虚拟制造与计算机集成均可优化制造过程，但是虚拟制造优于计算机集成，其具有易创建及虚拟现实等优点。虚拟制造系统为计算机集成提供了仿真环境，提高了其运行效率。

2. 虚拟制造与精益生产

精益生产即把各方面的人才集成在一起，简化产品的开发、生产、销售过程，简化组织机构，实现最大限度的精简，获取最大效益。精益生产要求重视客户需求，强调一职多能，推行小组自治工作制，赋予每个员工一定的独立自主权；精益求精、持续不断地改进生产、降低成本，精简一切生产中不创造价值的工作，减少开发过程和生产过程及非生产费用；减少信息量，消除过分臃肿的生产组织。精益生产的种种特点决定其精益程度越高，虚拟制造实现起来就越容易，同时虚拟制造技术为研究制造过程简化方案提供了条件。

3. 虚拟制造与敏捷制造

敏捷制造以竞争力和信誉度为基础，选择合作伙伴组成虚拟企业，实现信息共享、分工合作，以增强整体竞争能力。敏捷制造具有动态联盟、高度的制造柔性、企业间协作集成等特征，其核心是快速应变。但虚拟制造技术可以为虚拟企业的合作伙伴选择及评价合作进程等提供协同工作及运行支持的环境。

4. 虚拟制造与绿色制造

绿色制造是综合、系统地考虑产品开发制造过程对环境的影响，在不牺牲产品功能、质量和成本的前提下，使产品在整个生命周期中对环境的负面影响最小，资源利用率最高，是一种综合考虑环境影响和资源效率的现代制造模式，具体内容包括绿色工艺、绿色材料及其选择以及绿色包装。选择具有良好环境兼容性的材料，提高产品材料的循环利用率，选用无毒、无害、可回收、易处理的包装材料，简化包装，以减少资源浪费，减少环境污染。绿色制造的提出是人们日益重视环境保护的必然选择。绿色制造在虚拟制造研究中对制造过程环境影响方面的研究尚不多见，但绿色制造仿真必定是未来虚拟制造系统的重要内容之一。

5. 虚拟制造与并行工程

并行工程是并行地进行产品设计及其相关过程的系统方法。要求在设计阶段就考虑产品整个生命周期中各下游环节的影响因素，避免传统方式下各环节严格串行所经常产生的大修大改和重新设计，即避免制造的大循环，提高各环节小循环之间的并行度和协同程度。为了达到并行工程的目的，必须实现产品开发过程的集成并建立产品主模型，通过它来实现不同部门人员的协同工作。并行工程是虚拟制造的实施目标之一，虚拟制造为并行工程的实现提供了一种有效的技术手段。为了达到产品的一次设计成功或减少反复，它在许多部分都应用了仿真技术，其中主模型的建立、局部仿真的应用等都是虚拟制造的重要研究内容。虚拟制造使设计和制造的并行成为可能。虚拟制造技术的发展为并行工程提供了技术支持，也使并行工程具有了新的内涵。

6. 虚拟制造与智能制造

智能制造技术是指在制造工业的各个环节，应用计算机来模拟人类专家的制造智能活动。智能制造是以整个制造业为研究对象，目标为信息和制造智能的集成与共享，强调智能型的集成自动化。智能制造系统是以高度集成化和智能化为特征的自动化制造系统，在整个制造过程中通过计算机将人的智能活动与智能机器有机融合。虚拟制造为智能制造过程优化提供了技术支持。

5.5.5　虚拟制造技术的应用

虚拟制造技术首先在航空、航天、汽车等领域得到应用，在缩短产品开发周期、降低开发成本、快速响应市场等方面呈现出明显的技术优势，产生了巨大的经济效益。福特汽车公司和 Chrysler 公司与 IBM 合作，开发虚拟制造环境并应用于某新型轿车的研制，在样车投入生产之前，发现了其定位系统的多处设计缺陷，并及时改进设计使该新车的研制开发周期缩短了 1/3，由过去所需的大约 36 个月缩短至 24 个月。

此外，虚拟仿真技术在生产制造阶段得到了应用。2018 年 10 月，英国谢菲尔德大学先进制造研究中心（AMRC）制造智能团队采用虚拟现实建模技术对波音公司在欧洲新建的首家工厂进行布局规划和离散事件仿真，创建了一个仿真工作包，用来仿真工厂的工作流程，验证生产力目标，检查工厂运行中可能存在的任何不确定因素，并确定工厂运行所需的设备、原材料等资源。仿真结果表明，波音公司新工厂未来产能可提高 50%。该项目是 AMRC 与波音公司合作开展的最大的建模仿真项目，也是该航空巨头首次采用此技术进行全新工厂布局规划与仿真。波音公司还打算将该技术推广到全球范围内已建或未来新建的工厂。

美国陆军针对减材工艺优化，开发了一种集成虚拟现实解决方案——数字化制造咨询系统，旨在帮助制造工程师编制最佳的零件制造程序，实现首件产品合格。该系统由多个模块组成，集成在有机云中，用于自动选择最优的加工工艺和参数。目前已经针对单个组件开发了一个知识库，并对一系列相似组件进行测试，得到了预期结果。预计该项目研究成果会在军用车辆和大口径火炮上进行验证，并向兵工厂和工业企业进行转移。

5.5.6　虚拟制造系统应用实例——数控铣床虚拟培训系统

将虚拟现实技术与智能化计算机辅助培训（Intelligent Computer-Aided Training，ICAT）结合可使被培训者通过图像、声音等多种形式提取环境信息，提高培训效果。香港科技大学工业工程系开发了增强型数控铣床虚拟培训系统（VRTS），如图 5-3 所示。

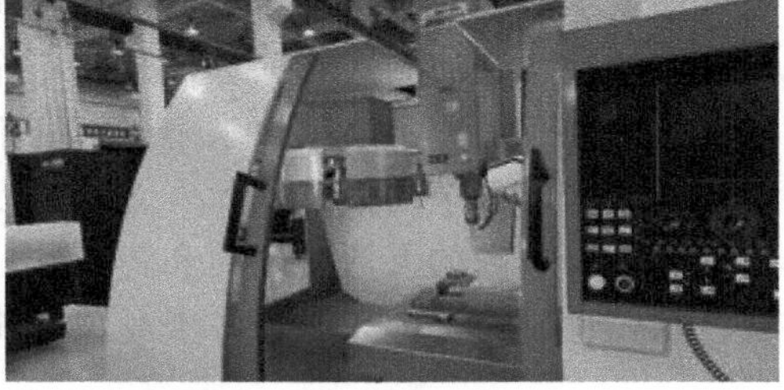

1. 系统配置

系统的硬件环境包括 SGI Onyxz 工作站、AcoustetronII 3D 声音服务器、VR4 头盔（或 CrystalEyes 液晶眼镜）和 Fastrak 位置跟踪器。

图 5-3　数控技术 VR 实训平台

2. 系统主要功能

系统除产生数控铣床 VR 模型，实现 X、Y、Z 三轴控制运动外，还可产生三维声响，并对材料去除过程、探头校验和紧急停车进行仿真，给用户一种真实感受。

三维声音效果是由 WTK7.0 提供的 API 应用程序通过 3D 声音服务器实现的，AcoustetronII 可将任一声音输入，根据听者的位置产生相应左、右耳的输入，实现声源的实时空间化。3D 声音服务器系统可由任一客户计算机按指定的通信协议实现控制，未指定通信协议时按 RS232 串行方式连接。该培训系统事先将相关声音（按钮声、坐标轴移动声、主轴启动声、钻孔声、铣削声等）事先录制成声音格式文件存在于声音服务器中。在工作时，将声音文件装入系统，然后设定声源的音量和位置，并选定听者位置，通常听者位置与场景的视点相同。

在 WTK 中有专门的功能函数，可以将声音附在各种对象上，例如加在某个按钮或工作台上，这样当压下按钮或工作台运动时，就产生某种声音，当听者位置变动时，声音也发生相应变化。

培训系统中设置了虚拟测头，以进行工件找正培训。用户按动"Z/D"按钮时，工作台向上运动。当工件上表面与测头接触后，发出指示信号，测头红灯亮，这时将工件位置设置为 Z 向零点。

对培训系统来说，紧急处理训练是十分重要的内容，在实际铣床上的最明显和最容易操作的位置上都布置了紧急停车按钮。培训系统也设置了紧急停车按钮，当按下该按钮时，立即取消所有正在处理的任务，包括虚拟机床的操作、鼠标以及数据手套的碰撞检测、3D 声音等都立即停止。

5.6 智能制造

5.6.1 智能制造的提出

从发展历程看，全球制造业经历了手工制作、福特生产、自动化和集成化制造、敏捷制造等阶段。就制造自动化而言，大致每 10 年上一个台阶：20 世纪 50—60 年代是单机数控；70 年代以后则是数控机床及由它们组成的自动化岛；80 年代出现了世界性的柔性自动化热潮。与此同时，由于传统设计方法和管理手段不能有效迅速地解决现代制造系统中出现的新问题，又出现了计算机集成制造系统（CIMS）。2000 年后，信息技术、网络技术、人工智能技术的快速发展和广泛渗透，为传统制造业提供了新的发展机遇。人们通过集成计算机技术、信息技术、人工智能技术与制造技术，发展出新一代的制造技术与系统，这便是智能制造技术与智能制造系统。

智能制造（Intelligent Manufacturing，IM）产生于全球经济一体化大环境背景下，制造信息的爆炸性增长使制造业处理信息的工作量猛增，目前，制造系统正在由原先的能量驱动型转变为信息驱动型，这就要求制造系统不但要具备柔性，而且还要表现出智能，否则难以处理如此大量而复杂的信息。此外，瞬息万变的市场需求和激烈竞争的复杂环境，也要求制造系统表现出更高的灵活、敏捷和智能性。为此，智能制造受到工业界和各工业国家的高度重视，正在世界范围内兴起。各国有关智能制造的战略规划及其特点见表 5-2。

表 5-2　各国有关智能制造的战略规划及其特点

国家	政府规划	战略重点	特点
德国	《高技术战略 2020》	工业 4.0 成为新一代工业生产技术的供应国和主导市场	智能制造企业实践 产学研推动 升至国家战略

（续）

国家	政府规划	战略重点	特点
美国	《重振美国制造业框架》 《先进制造伙伴计划》 《先进制造业国家战略计划》	再工业化、工业互联网 侧重"软"服务，用互联网激活传统工业，保持制造业的长期竞争力	企业提供解决方案 政府战略推动创新
日本	以 3D 造型技术为核心的产品制造革命	人工智能 智能化生产线和 3D 造型技术	人工智能是突破口 以机器人制造为基础
中国	《中德合作行动纲要》 《中国制造 2025》 互联网+	两化融合、制造强国 打造新一代信息技术产业 生物医药与生物制造产业 高端装备制造业产业、新能源产业	两化融合 高端装备制造业产业

5.6.2　智能制造的内涵及特征

随着新一代信息通信技术与先进制造技术的深度融合，全球兴起了以智能制造为代表的新一轮产业革命，数字化、网络化、智能化日益成为未来制造业发展的主要趋势，智能制造成为制造业变革的核心。

智能制造是面向产品全生命周期，在现代传感技术、网络技术、自动化技术、人工智能技术等先进技术的基础上，通过智能化的感知、人机交互、决策和执行技术，动态地适应制造环境的变化，实现设计过程、制造过程和制造装备的智能化。

《国家智能制造标准体系建设指南（2015 年版）》对智能制造的定义为：智能制造是指物联网、大数据、云计算等新一代信息技术与设计、生产、管理、服务等制造活动的各个环节融合，具有信息深度自感知、智慧优化自决策、精确控制自执行等功能的先进制造过程、系统与模式的总称。

智能制造基于传感技术、网络技术、自动化技术、人工智能技术等先进技术，通过智能化的感知、人机交互、决策和执行，实现产品设计、生产、管理、服务等制造活动的智能化，是信息技术、智能技术与装备制造技术的深度融合与集成。智能制造具有状态感知、实时分析、自主决策、高度集成、精准执行和以工业大数据为核心等特征。

1. 状态感知

对制造车间人员、设备、工装、物料、刀具、量具等多类制造要素进行全面感知，完成制造过程中的物与物、物与人及人与人之间的广泛关联，是实现智能制造的基础。针对要采集的多源制造数据，通过配置各类传感器和无线网络，实现物理制造资源的互联、互感，从而确保制造过程多源信息的实时、精确和可靠获取，智能制造系统的感知互联覆盖全部制造资源以及制造活动全过程。

2. 实时分析

制造数据是进行一切决策活动和控制行为的来源和依据。基于制造过程感知技术获得各类制造数据，对制造过程中的海量数据进行实时检测、实时传输与分发、实时处理与融合等是数据可视化和数据服务的前提。因此，对制造数据进行实时分析，将多源、异构、分散的车间现场数据转化为可用于精准执行和智能决策的可视化制造信息，是智能制造的重要组成部分，对制造过程的自主决策及精准控制起着决定性的作用。

3. 自主决策

"智能"是知识和智力的总和，知识是实现智能的基础，智力是获取和运用知识求解的能力。智能制造不仅仅是利用现有的知识库指导制造行为，同时要求具有自学习功能，能够在制造过程中不断地充实制造知识库，更重要的是还有搜集与理解制造环境信息和制造系统本身的信息，并自行分析判断和规划自身行为的能力。在传统的制造系统中，人作为决策智能体，具有支配各类"制造资源"的制造行为，制造设备、工装等并不具备分析、推理、判断、构思和决策等高级行为能力。而智能制造系统是一种由智能机器和人类专家共同组成的人机一体化系统，其"制造资源"具有不同程度的感知、分析与决策功能，能够拥有或扩展人类智能，使人与物共同组成决策主体，促使在信息物理融合系统中实现更深层次的人机交互与融合。

4. 高度集成

在实现制造业自动化、数字化和信息化的过程中，集成已成为制造系统重要的表现形式，涵盖了硬件设备和控制软件的集成、研发设计和制造的集成、管理和控制的集成、产供销的集成以及 PDM/ERP/CAPP/MES 等企业信息系统的综合集成。对于智能制造而言，集成的覆盖面更加广泛，不仅包括制造过程硬件资源间的集成、软件信息系统的集成，还包括面向产品研发、设计、生产、制造、运营、管理、服务等产品全生命周期所有环节的集成，以及产品制造过程中所有的行为活动、实时的制造数据、丰富的制造知识之间的集成。智能制造将所有分离的制造资源、功能和信息等集成到相互关联的、统一和协调的系统之中，使所有资源、数据、知识达到充分共享，实现集中、高效、便利的管理。

5. 精准执行

制造活动的精准执行是实现智能制造的最终落脚点，车间制造资源的互联感知、海量制造数据的实时采集分析、制造过程中的自主决策都是为实现智能执行服务的。数字化、自动化、柔性化的智能加工设备、测试设备、装夹设备、储运设备是制造执行的基础条件和设施，通过传感器、射频识别（Radio Frequency Identification，RFID）技术等获取的制造过程实时数据是制造精准执行的来源和依据，设备运行的监测控制、制造过程的调度优化、生产物料的准确配送、产品质量的实时检测等是制造的表现形式。制造过程的精准执行是使制造过程以及制造系统处于最优效能状态的保障，也是实现智能制造的重要体现。

6. 以工业大数据为核心

将大数据理念应用于工业领域，将设备数据、活动数据、环境数据、服务数据、经营数据、市场数据和上下游产业链数据等原本孤立、海量、多样性的数据相互连接，实现人与人、物与物、人与物之间的连接，尤其是实现终端用户与制造、服务过程的连接，通过新的处理模式，根据业务场景对实时性的要求，实现数据、信息与知识的相互转换，使其具有更强的决策力、洞察发现力和流程优化能力。

5.6.3 智能制造系统的主要支撑技术

1. 人工智能技术

智能制造系统（IMS）离不开人工智能技术。IMS 智能水平的提高依赖于人工智能技术的发展。同时，人工智能技术是解决制造业人才短缺的一种有效方法。在现阶段，IMS 中的智能主要是各领域专家即人的智能。但随着人们对生命科学研究的深入，人工智能技术一定会有新的突破，将 IMS 推向更高阶段。

2. 并行工程

对制造业而言，并行工程作为一种重要的技术方法学，应用于 IMS 中，将最大限度地减少产品设计的盲目性和设计的重复性。

3. 虚拟制造技术

用虚拟制造技术在产品设计阶段就模拟出该产品的整个生命周期，从而更有效、更经济、更灵活地组织生产，达到产品开发周期最短、产品成本最低、产品质量最优和生产率最高的目的。虚拟制造技术应用于 IMS，为并行工程的实施提供了必要的保证。

4. 信息网络技术

信息网络技术是制造过程的系统和各个环节"智能集成"化的支撑，是制造信息及知识流动的通道。因此，此项技术在 IMS 的研究和实施中占有重要地位。

5. 智能机器装备技术

智能制造系统的物理基础是智能机器，它包括具有各种程序的智能加工机床，工具和材料传送、准备、检测和试验装置，以及安装、装配装置等。

一般来说，判断一台机器是否智能，可以从以下几个方面来评估：①能识别人类的语言命令；②运行方案最优；③能自我控制以完成任务；④能识别周围的环境；⑤能与其他机器通信联络；⑥能自动修改错误；⑦依据人的判断能在意外情况下做出正确决定。

智能机器最基本的组成单元是传感器、执行器和基于知识的控制系统（如采用人工神经网络等方法）。智能制造系统工作时首先由智能机器接收来自传感器和输入设备的外部信息，然后通过智能控制器对外部信息进行识别、判断和推理，并做出相应的反应，最后通过执行器付诸实施。

5.6.4 智能制造系统的构成

智能制造系统是智能制造技术的载体，包括智能制造模式、智能产品、智能制造过程等。

1. 智能制造模式

智能制造技术发展的同时，催生或催热了许多新型制造模式，例如，家用电器、汽车等行业的客户个性化定制模式，电力、航空装备行业的异地协同开发和云制造模式，食品、药材、建材、钢铁、服装等行业的电子商务模式，以及众包设计、协同制造、城市生产模式等。这些制造模式以工业互联网、大数据分析、3D 打印等新技术为实现前提，极大地拓展了企业的价值空间。工业互联网使得研发、制造、物流、售后服务等各产业链环节的企业实现信息共享，因而能够在全球范围内整合不同企业的优势资源，实现跨地域分散协同作业。任何一台设备，一个工位、车间甚至企业，只要在资源配置权限之内，都可以参与到网络化制造的任务节点中去，实现复杂的任务协同。在新模式下，智能制造系统将演变为复杂的"大系统"，其结构更加动态，企业间的协同关系也更分散化，制造过程由集中生产向网络化异地协同生产转变，企业之间的边界逐渐变得模糊，而制造生态系统则显得更加清晰和重要，企业必须融入智能制造生态系统，才能得以生存和发展。正如在埃森哲公司在其 2015 年技术展望报告《数字商业时代：扩展你的边界》中所指出的那样，"单个想法、技术和组织不再是成功的关键，高级地位者是那些能将自己放在正在出现的数字生态系统中心的企业"。

2. 智能产品

所谓智能产品，是指深度嵌入信息技术（高端芯片、新型传感器、智能控制系统、互联网接口等），在其制造、物流、使用和服务过程中，能够体现出自感知、自诊断、自适应、自决策等智能特征的产品。产品智能化是产品创新的重要手段。和非智能产品相比，智能产品通常具有如下特点：能够实现对自身状态、环境的自感知，具有故障诊断功能；具有网络通信功能，提供标准和开放的数据接口，能够实现与制造商、服务商、用户之间的状态和位置等数据的传送；具有自适应能力，能够根据感知的信息调整自身的运行模式，使其处于最优状态；能够提供运行数据或用户使用习惯数据，支撑制造商、服务商、用户进行数据分析与挖掘，实现创新性应用等。下面从使用、制造和服务三个环节对智能产品的关键技术进行阐述。

（1）面向使用过程的产品智能化技术　无人机、无人驾驶汽车、智能手机等是典型的创新型智能产品，它们的"人-机"或"机-机"互动能力强，用户体验性好，甚至可以代替或者辅助用户完成某些工作，因而具有较高的附加值。其智能性主要通过自主决策（如环境感知、路径规划、智能识别等）、自适应工况（控制算法及策略等）、人机交互（多功能感知、语音识别、信息融合等）、信息通信等技术来实现。借助工业互联网和大数据分析技术，这类产品的使用信息也可以反馈回设计部门，为产品的改进与创新设计提供支持。还有一类特殊的产品就是智能制造装备，例如智能数控机床，它将专家的知识和经验融入感知、决策、执行等制造活动中，并赋予产品制造在线学习和知识进化能力，从而实现高品质零件的自学自律制造。智能制造装备和智能制造工艺密切相关。

（2）面向制造过程的产品智能化技术　产品是制造的目标对象，要实现制造过程的智能化，产品（含在制品、原材料、零配件、刀具等）本身的智能化是不可缺少的，它的智能特征体现在可自动识别、可精确定位、可全程追溯、可自主决定路径和工艺、可主动报告自身状态、可感知并影响环境等诸多方面。工业4.0中描述了这样一个场景：产品进入车间后，自己找设备加工，并告诉设备如何加工。这就是面向制造过程的产品智能化的具体体现，其实现的关键技术包括无线射频识别等自动识别技术、信息物理系统技术、移动定位技术等。

（3）面向服务过程的产品智能化技术　对于工程机械、航空发动机、电力装备等产品，远程智能服务是产品价值链中非常重要的组成部分。以通用电气（GE）为例，其位于美国亚特兰大的能源监测和诊断中心，收集全球50多个国家上千台GE燃气轮机的数据，每天的数据量多达10GB，通过大数据分析可对燃气轮机的故障诊断和预警提供支撑。为了实现远程智能服务，产品内部嵌入了传感器、智能分析与控制装置和通信装置，从而实现产品运行状态数据的自动采集、分析和远程传递。

3. 智能制造过程

作为制造过程创新的重要手段，智能制造过程包括设计、装备与工艺、生产和服务过程的智能化。

（1）智能设计　产品设计是产品形成的创造性过程，是带有创新特性的个体或群体性活动，智能技术在设计链的各个环节上使设计创新得到质的提升。通过智能数据分析手段获取设计需求，进而通过智能创成方法进行概念生成，通过智能仿真和优化策略实现产品的性能提升，辅之以智能并行协同策略来实现设计制造信息的有效反馈，从而大幅缩短产品研发周期，提高产品设计品质。其核心技术主要包括面向多源海量数据的设计需求获取技术、设计概念的智能创成技术、基于模拟仿真的智能设计技术、面向"性能优先"的智能设计技术等。

（2）智能装备与工艺　制造装备是工业的基础，制造装备的智能化是其未来发展的必然趋势，是体现制造水平的重要标志之一。智能制造装备的核心思想是装备能对自身和加工过程进行自感知，对与装备、加工状态、工件材料和环境有关的信息进行自分析，根据零件的设计要求与实时动态信息进行自决策，依据决策指令进行自执行，通过"感知→分析→

决策→执行与反馈"大闭环过程，不断提升装备性能及其适应能力，使得加工从控形向控性发展，实现高效、高品质及安全可靠的加工。除此之外，设备与人的协同工作，虚拟/虚实制造等也是智能装备与工艺的重要内容。其核心技术主要包括工况自检测、工艺知识自学习、制造过程自主决策和装备自律执行等。

（3）智能生产　智能指针对制造工厂或车间引入智能技术与管理手段，实现生产资源最优化配置、生产任务和物流实时优化调度、生产过程精细化管理和智慧科学管理决策。制造工厂或车间的智能特征体现为三方面：一是制造车间具有自适应性，具有柔性、可重构能力和自组织能力，从而高效地支持多品种、多批量、混流生产；二是产品、设备、软件之间实现相互通信，具有基于实时反馈信息的智能动态调度能力；三是建立有预测制造机制，可实现对未来的设备状态、产品质量变化、生产系统性能等的预测，从而提前主动采取应对策略。其核心技术主要包括制造系统的适应性技术、基于实时反馈信息的智能动态调度技术、预测性制造技术等。

（4）智能服务　智能服务目标是通过泛在感知、系统集成、互联互通、信息融合等信息技术手段，将工业大数据分析技术应用于生产管理服务和产品售后服务环节，实现科学的管理决策，提升供应链运作效率和能源利用效率，并拓展价值链，为企业创造新价值。其核心技术主要包括智能物流与供应链技术、智能能源管理技术、产品智能服务技术等，例如云服务平台技术、基于云服务平台的增值服务技术、能源综合监测技术、供应链管理智能决策技术等。

5.6.5　智能制造的应用

目前国内的饮料生产线主要还处于单机自动化控制状态，实现整线的集中控制较少，尚未实现从 ERP 订单到生产再到发货物流的一体化管控的真正智能化饮料制造。杭州娃哈哈集团作为饮料行业的龙头企业和中国食品饮料行业的典型代表，具备较强的饮料产品研发能力，同时具备一定的智能化设备设计与制造能力，率先建立食品饮料行业的智能生产试点，除能有效提高生产线的产能、工作效率，提高产品品质外，对行业具有典型的示范带动效应。图 5-4 所示为娃哈哈智能工厂。

图 5-4　娃哈哈智能工厂

1. 娃哈哈食品饮料智能工厂建设

娃哈哈通过信息技术与工业制造技术深度融合实现传统食品饮料制造业的智能化转型，采用基于现代传感技术实现自动数据采集的实时数据库技术、智能化在线控制生产车间、运用物联网及智能机器人技术的物流管理系统等，集自动化、数字化、智能化为一体，全面提升食品饮料生产流程的智能化水平。具体做法如下：

1）在线控制方面，实现从在线传感器到 ERP 管理系统的深度数字化融合，可全程监测生产线运行状态及各种设备工艺参数，并及时进行自动调整与优化。通过建立完整的全流程实时数据库系统，实现全流程生产过程的追踪和追溯，更好地服务于食品安全管控。

2）在运用物联网及智能机器人技术的物流管理系统方面，从订单到生产线设备自动排产、产品配方自动传输、自动的产品库存管理，以及按发货区域的自动物流管理，均结合智能物流机器人技术，实现全流程的自动化处理与信息化管控。此外，基于互联网技术，实时监控集团内 60 家外地分公司各条生产线关键设备运行情况，实现集团管控。

3）在机器人应用方面，娃哈哈先后自主研发了码垛机器人、放吸管机器人、铅酸电池装配机器人、炸药包装机器人等，输出机器人，发展装备制造业，进入高新技术产业。一瓶饮料的出厂，要经历 20 多道工序，在娃哈哈的数十条饮料生产线上，这些工序率先实现了全自动化生产。

娃哈哈食品饮料生产智能工厂示范项目通过食品饮料行业基于互联网的产销协同系统，能提高企业的产品产销联控能力，在提高企业生产计划的制订效率与准确率方面有积极示范意义，并通过对基于工业网络与智能传感器的实时数据采集与运行参数监测控制系统，提高企业的生产效率、工艺水平和产品质量。其在能源消耗等技术方面的摸索实践，也为食品饮料制造行业提高生产线运行效率提供了科学借鉴。

目前集团已实现 ERP/SAP 系统对订单管理与生产计划的管理，ERP 系统中的 PM（工厂维护）、QM（质量管理）、PS（项目管理）等模块，结合 PLM（产品生命周期管理）概念应用至产品的配方、工艺和原料标准、原材料及半成品成品的质量、设备的点检及维护等各单项业务环节的信息化管理。集团先进的饮料生产线也具备了部分的设备数据自动采集与记录、追溯功能，可以实现部分设备的远程故障诊断与解决。娃哈哈自主开发的 MES 具备车间成本核算、部分设备管理模块等功能。但是还缺少一个一体化的管控平台，设备的相关数据还不能直接实时传递给 MES 和 ERP 系统。

食品饮料流程制造智能化工厂项目是娃哈哈集团践行"中国制造 2025"战略部署，针对食品饮料行业特点，结合娃哈哈全国性集团化管理的特点，通过信息技术与制造技术深度融合来实现传统食品饮料制造业的智能化转型。该项目以企业运营数字化为核心，结合"互联网+"的理念，采用网络技术、信息技术、现代化的传感控制技术，通过对整个集团经营信息系统建设、工厂智能化监控建设和数字化工厂建设，将食品饮料研发、制造、销售从传统模式向数字化、智能化、网络化升级，实现内部高效精细管理，优化外部供应链的协同，推动整个产业链向数字化、智能化、绿色化发展，提升食品安全全程保障体系。

2. 伊利乳业基于全产业链信息化的乳品生产智能工厂建设

作为中国乳业领先企业，内蒙古伊利很早就洞察到信息化、智能化建设的大趋势，大力推进智慧乳业，在产业链上游，伊利开发的牧场管理系统将牧场工作流程进行数据化管理。每头牛的身体状况、饮食以及各类日常管理需要，都会由系统自动提示管理人员。在产业链中游的智能化工厂，伊利以 MES 为大脑，高效协同需求与生产，自动化生产线与机器人紧密配合，生产效率大为提升。在产业链下游，伊利搭建起大数据雷达平台，精准把握消费者需求。借助智慧乳业平台，伊利源源不断地为消费者提供更高品质、更多元化的健康产品与服务。

内蒙古伊利智能制造的目标是打造全集团在乳制品全产业链条的智能化，建设更加"透明、高效、敏捷"的智能工厂和产品服务体系。具体做法如下：

1）智能化系统构建。伊利紧跟新一代信息技术发展趋势，建设数字化、智能化工厂，打造覆盖产品研发、生产制造、质量管控、终端销售各个环节的智能化项目。目前已建设并成功运行企业资源计划管理系统（ERP）、奶粉 CRM 系统、DCS 系统、主数据系统、原料奶管控平台、冷饮物流监控平台、液态奶 CRM 系统、产品质量追溯系统等一系列智能化系统。

2) 伊利已经将建设数字化、智能化工厂的成功经验在全集团范围快速复制推广，并应用到了全球化战略中。智能创新使伊利的质量溯源体系更系统、更高效。从记录奶牛出生到第一次挤奶，通过原奶运输车辆的 GPS 跟踪、原奶入厂信息赋码、生产和检测过程的信息跟踪、关键环节的电子信息记录系统、质量管理信息的综合集成系统和覆盖全国的 ERP 网络系统，伊利实现了产品信息可追溯的全面化、及时化和信息化。

3) 各个环节具体做法。在奶源环节，各种信息化管理手段在多个生产环节都得到了成功应用，并极大地提升了牛奶单产和牧场精细化管理水平。例如，伊利牧场主要是通过阿波罗系统监测每头奶牛每天的产奶量以及变化情况。该系统与奶牛的耳标识别系统相连，通过收集耳标系统的基础数据，能轻松划分出高、中、低产奶牛，既可以为饲料配方提供参考，又可以起到"报警"作用。在管理方面，采用或借鉴全球最先进的管理方式、系统的维护体系和规范的运行控制系统，如 2014 年伊利通过牵手 SGS（瑞士通用公证行）、LRQA（英国劳氏质量认证有限公司）、Intertek（英国天祥集团）打造全球质量管理体系，使完善的流程、严格的检测达到国际先进水准。在设备设施方面，采用了具有全球前沿高端技术水平，并具有较高的附加值和技术含量的自动化生产线。在工序技术水平方面，伊利的原辅料接收、生产过程、风险管理、出入库等技术均处于国内或国际领先水平。例如，多年前伊利选择 7 个城市为作为母乳采样城市，历时多年形成了体现中国母乳成分特点的宝贵数据库，实现了基于消费者大数据的产品分析和研发，提升了产品设计手段。"金领冠"系列婴儿配方奶粉便是伊利集团应用母乳数据库研究成果的成功之作，该产品的成功上市标志着母乳研究科研成果向实际应用迈出了重要的一步。

4) 中国电信将为伊利集团提供端到端的 5G 通信解决方案，助力伊利集团打造全球领先的数字伊利和智慧园区。未来，伊利集团将充分利用中国电信 5G 资源优势，成为率先应用 5G 技术打造智慧乳业全新平台的乳品企业，通过"5G+智慧乳业"为全产业链赋能，实时联结牧场、生产、零售与研发端，通过 5G 万物互联技术将消费者个性化、多元化的健康需求与产业深度融合，打造智慧乳业升级版，更好地服务全球消费者。

5) 伊利通过运用大数据、物联网、人工智能、5G 等高新技术手段，在内蒙古自治区呼和浩特市伊利现代智慧健康谷新建 5G 绿色生产人工智能应用示范项目，引进智能服务型机器人、无人驾驶送样车、无人机园区安防、自动泊车、视觉识别、视频分析、智慧物流、智慧月台、AGV 原物料智能运输、智慧厂务管理、智慧楼宇管理等技术，将是行业内率先整合十几项人工智能科技的示范工厂。伊利智慧工厂如图 5-5 所示。

3. 特斯拉智能工厂

位于上海浦东临港地区的特斯拉超级工厂从奠基到建成用了不到十个月，创造了建厂奇迹，跑出了"上海速度"。特斯拉不仅在建厂上创造奇迹，在生产上也要创造新速度。特斯拉工厂内使用了大量的机器人和自动化生产工序，大大提高了生产效率。特斯拉上海超级工厂与传统工厂相比，机器人和自动化产业线的运用更加炉火纯青，单位生产成本较美国工厂降低了 65%。随着 5G 技术的加入，智能制造有了更多创新解决方案，这将对汽车制造行业产生长远的影响，就宛如"蝴蝶效应"，新兴产业中发生的一点变化，都会真实地投影到各垂直领域中。图 5-6 为特斯拉上海临港工厂生产线。

冲压生产线、车身中心、烤漆中心和组装中心这四大制造环节有超过 150 台机器人参与工作。整个工厂几乎都是机器人，每一个机器人可以完成多种动作，如车身喷漆，装挡风玻璃，装座椅，6 秒完成一个发动机盖，轻松将 1 吨重的原料钢板卷成一个圈，全程都由机器人独立完成。

图 5-5　伊利智慧工厂

图 5-6　特斯拉上海临港工厂生产线

5.7　云制造

5.7.1　云制造概念的提出及内涵

云制造概念来源于云计算技术，是云计算和智能化制造技术相互融合形成的产物。云计算（Cloud Computing）是一种基于互联网的计算方式，通过云计算，共享的软硬件资源和信息可以按需求提供给各种计算机和其他设备，用户通过计算机、手机等方式接入数据中心，按自己的需求进行运算。云计算模式提供了可用的、便捷的、按需的网络访问，可方便地进入可配置的计算资源共享池，包括网络、服务器、存储、应用软件、服务等，这些资源能够快速地提供给用户。若将"制造资源"代以"计算资源"，云计算的计算模式和运营模式将可以为制造业信息化走向服务化、高效低耗提供一种可行的新思路。这里的制造资源包括制造全生命周期活动中的各类制造设备（如机床、加工中心、计算设备）及制造过程中的各种模型、数据、软件、领域知识等。

云制造（Cloud Manufacturing，CM）是我国学者针对当前网络化制造没有良好的运营模式、不能实现动态制造资源共享，以及网络安全等问题而提出的一种利用互联网络和云制造服务平台，按用户需求组织优化网上制造资源，为用户提供各类制造服务的一种网络化制造新模式。云制造是一种面向服务的、高效低耗以及基于知识的网络化智能制造新模式，融合了现有的信息化制造、云计算、大数据、物联网、互联网、高性能计算等诸多技术。

云制造可以概括为一种利用网络和云的制造服务平台，按用户需求组织网上制造资源（制造云），为用户提供各类按需制造服务的一种网络化制造新模式。云制造将现有网络化制造和服务技术同云计算、物联网等技术融合，实现各类制造资源统一的智能化管理和经营，为制造全生命周期提供所需要的服务，也是"制造即服务"理念的体现。制造全生命周期涵盖了制造企业的日常经营管理和生产活动，包括论证、设计、仿真、加工、检测等生产环节和企业经营管理活动。

云制造与已有的网络化制造和云计算技术具有以下异同点：

当前的网络化制造虽然促进了企业基于网络技术的业务协同，但其体现的主要是一个独立系统，是以固定数量的资源或既定的解决方案为用户提供服务，缺乏动态性，同时缺乏智能化的客户端和有效的商业运营模式。另外，网络化制造只实现了局部应用，亟须借助云制造等技术实现更大范围的推广和应用。

云计算以计算资源的服务为中心，它不解决制造企业中各类制造设备的虚拟化和服务化问题，而云制造主要面向制造业，把企业产品制造所需的软硬件制造资源整合成为云制造服务中心。所有连接到此中心的用户均可向云制造中心提出产品设计、制造、试验、管理等制造全生命周期过程各类活动的业务请求，云制造服务平台将在云层中进行高效能智能匹配、查找、推荐和执行服务，并透明地将各类制造资源以服务的方式提供给用户。

5.7.2　云制造的运行模式

云制造平台是负责制造云管理、运行、维护以及云服务的接入、接出等任务的软件平台。它会对用户请求进行分析、分解，并在制造云里自动寻找最为匹配的云服务，通过调度、优化、组合等一系列操作，向用户返回解决方案。用户无须直接和各个服务节点打交道，也无须了解各服务节点的具体位置和情况。通过云制造平台，用户能够像使用水、电、煤、气一样方便、快捷地使用统一、标准、规范的制造服务，将极大地提升资源应用的综合效能。利用这种方式，资源的拥有者可以通过资源服务来获利，实现资源优化配置，而用户则成为云制造的最大获益者，最终实现多赢的局面。

5.7.3　云制造的体系架构

云制造的体系架构包括物理资源层（P-Layer）、云制造虚拟资源层（R-Layer）、云制造核心服务层（S-Layer）、应用接口层（A-Layer）、云制造应用层（U-Uyer）五个层次。

1. 物理资源层

该层为基础层，通过嵌入式云终端技术、物联网技术等，将各类物理资源接入到网络中，实现制造物理资源的全面互联，为云制造虚拟资源封装和云制造资源调用提供接口支持。

2. 云制造虚拟资源层

该层主要将接入到网络中的各类制造资源汇聚成虚拟制造资源，并通过云制造服务定义工具、虚拟化工具等，将虚拟制造资源封装成云服务，发布到云层中的云制造服务中心。该层提供的主要功能包括云端接入技术、云端服务定义、虚拟化、云端服务发布管理、资源质量管理、资源提供商定价与结算管理和资源分割管理等。

3. 云制造核心服务层

该层主要面向云制造三类用户（云提供端、云请求端、云服务运营商），为制造云服务的综合管理提供核心服务和功能，包括面向云提供端提供云服务标准化与测试管理、接口管理等服务；面向云服务运营商提供用户管理、系统管理、云服务管理、数据管理、云服务发布管理服务；而向云请求端提供云任务管理、高性能搜索与调度管理等服务。

4. 应用接口层

该层主要面向特定制造应用领域，提供不同的专业应用接口以及用户注册、验证等通用管理接口。

5. 云制造应用层

该层面向制造业的各个领域和行业。不同行业用户只需要通过云制造门户网站、各种用户界面（包括移动终端、PC 终端、专用终端等），就可以访问和使用云制造系统的各类云服务。

5.7.4　云制造的关键技术

云制造的关键技术大致可以分为：云制造模式、体系架构、相关标准及规范；制造资源和制造能力的云端化技术；制造云服务的综合管理技术；云制造安全与可信制造技术；云制造业务管理模式与技术。

云制造模式、体系架构、相关标准及规范主要从系统的角度出发，研究云制造系统的结构、组织与运行模式等方面的技术，同时研究支持实施云制造的相关标准和规范，包括支持多用户的、商业运行的、面向服务的云制造体系架构，云制造模式下制造资源的交易、共享、互操作模式，云制造相关标准、协议、规范等，如云服务接入标准、云服务描述规范、云服务访问协议等。

云端化技术主要研究云制造服务提供端各类制造资源的嵌入式云终端封装、接入、调用等技术，并研究云制造服务请求端接入云制造平台、访问和调用云制造平台中服务的技术，包括支持参与云制造的底层终端物理设备智能嵌入式接入技术、云计算互接入技术等，云终端资源服务定义封装、发布、虚拟化技术及相应工具的开发，云请求端接入和访问云制造平台技术，以及支持平台用户使用云制造服务的技术，物联网实现技术等。

制造云服务综合管理技术主要研究和支持云服务运营商对云端服务进行接入、发布、组织与聚合、管理与调度等的综合管理操作，包括云提供端资源和服务的接入管理（如统接口定义与管理、认证管理等），高效、动态的云服务组建、聚合、存储方法，高效能、智能化云制造服务搜索与动态匹配技术，云制造任务动态构建与部署、分解、资源服务协同调度优化配置方法，云制造服务提供模式及推广，云用户（包括云提供端和云请求端）管理、授权机制等。

云制造安全与可信制造技术主要研究和支持如何实施安全、可靠的云制造技术，包括云制造终端嵌入式可信硬件，云制造终端可信接入、发布技术，云制造可信网络技术，云制造可信运营技术，系统和服务可靠性技术等。

云制造业务管理模式与技术主要研究云制造模式下企业业务和流程管理的相关技术，包括云制造模式下企业业务流程的动态构造、管理与执行技术，云服务的成本构成、定价、议价、运营策略、相应的电子支付技术等，云制造模式各方（云提供端、云请求端、运营商）的信用管理机制与实现技术等。

5.7.5　云制造的未来发展趋势

在未来，云制造的发展将呈现以下几方面的发展趋势。

1. 企业业务移动化使得企业运转更加灵活

随着移动互联网的不断发展，移动终端开始逐渐融入各个领域企业的应用过程中，因此使得企业业务的发展具有一定的移动化特点，并且在此基础上使企业运转得更加灵活。这种业务应用的移动化特点与基于云计算的应用模式在本质上基本是相同的，都是通过互联网访问远端信息平台，通过远端平台的计算来实现业务数据的访问和交换，并且其数据都是在远端，而不是在本地。然而两者之间的区别在于，云计算的远端平台是一种虚拟化资源，能够更加高效地实现资源分配。

2. 在大数据的驱动下，制造业对云计算平台应用的依赖性越来越强

大数据的不断发展使得制造业企业对于云计算平台应用的依赖性越来越强，这是因为分析系统的性能越高，分析的时间则越短，这也就表明，企业在海量数据中挖掘到自己所需要数据的速度越来越快，这样企业在制定相关发展策略的时候也更加快捷、精准。但是借助传统的 IT 系统来实现精准的数据分析和决策制定是非常困难的，因为传统的 IT 系统在处理海量数据的时候其能力是相对有限的。但是基于云计算的优势，这种情况就大不一样了，云计算可以将那些分散的系统加以整合，最终形成一台虚拟的超级计算机，这种超级计算机在数据计算方面的能力是超级强大的。在这种具有超强能力的云计算之下，工业制造的生产速率必将大大提升，其产品的精准率也是可想而知的。

3. 云制造是"制造业+云计算"在制造业领域的终极模式

有人认为云制造就是制造业和云计算的结合。事实上，当前工业领域还并没有在"制造业+云计算"的融合中全面实现云制造。云制造的目标是："实现对产品开发、生产、销售、使用等全生命周期的相关资源的整合，提供标准、规范、可共享的制造服务模式"。从云制造的目标来看，当前的云制造在工业领域中的应用和发展，还仅仅局限在一些有限的制造业业务中，还没有从本质上涉及企业的核心系统和业务。但是相信随着"制造业+云计算"的进一步融合，未来云工厂中的云制造必将成为现实。

5.7.6　云制造的应用

随着云计算、大数据、虚拟现实技术和3D打印技术等在制造业中的广泛运用，云制造成为一种创新的制造模式在全世界范围内得到了关注，并有诸多实力雄厚的企业开始在迈向智能云制造的道路上进行探索。

沈阳鼓风机集团股份有限公司（简称沈鼓集团）是国有大型一类企业，其前身沈阳鼓风机厂始建于 1934 年，是全国第一个风机专业制造厂。作为国内的一家大型制造企业，沈鼓集团也在自身创建的云工厂中，为了实现工业 4.0 迈向智能云制造做过诸多努力，其取得的成果受到业界内外的一致认可和好评。

1. 打造云端共享平台

沈鼓集团在推进信息化与工业化"两化"融合的基础上构建了云制造平台，并且在云制造平台建设基地建立了企业私有云。集团私有云的内容包括利用虚拟现实技术建立集团基础平台；优化整合资源，建立"计算云"平台；优化改进系统，打造"管理云"平台；拓展服务领域，建立"服务云"平台。

沈鼓集团在云制造平台上统筹规划全集团的应用类软件，并且建立统一的应用共享平台，并借助云端共享平台实现如下创新：

1）在云端共享平台上，沈鼓集团的各个子公司能够实现资源共享，包括知识、技能、物料等，并且在云端共享平台上，对所有的子公司进行统一管理。

2）对硬件和网络改造以及协同办公系统进行了升级，建立了集团管理驾驶舱和决策反馈系统，通过云平台的统一管理，实现自上而下决策、自下而上反馈，从而推动了整个集团能够更加有序、健康地运营。

3）借助云端共享平台，进行远程技术监控，实现共享平台的信息共享，保证了生产技术的提升和制造业务的拓展。

通过云制造平台，可以化解各个子公司共同竞争的局面，使得集团的软件、硬件资源得到充分共享，以"服务即产品"的理念形成新的商业模式，从而为整个集团的发展赢得了更多优势。

2. 解决现有信息化难题

沈鼓集团在实现智能云制造的过程中借鉴了云计算的思想，是在云端共享平台的基础上，融合信息技术、制造技术和物联网技术等相关技术实现的。与此同时，在云端共享平台上，所有生产环节包含的信息资源都是可以共享的，在这个共享平台上，智能云制造的实现为沈鼓集团解决了诸多现存的信息化难题。

通过云制造平台，打破了传统制造模式受时间、空间、地域限制的瓶颈，可以进行跨地域、跨服务器改造和扩充已有的信息化系统。即便是某一环节出现故障，云系统会对故障信息进行分析和处理，使整个生产制造体系不受任何影响，同时下达新的指令信息，将出现故障环节所生产的产品部件重新"回炉"再造，这样既减少了因翻新而造成的硬件设备资源、原料资源的浪费，又可以将所有的资源进行整合，进而形成大的云资源，使得制造过程中的每个环节都能够通过云端平台实现按需取料、物料各尽其用。在解决这些信息化难题方面，传统制造业企业是难以企及的。

3. 得益于数字化研发设计等云平台建设，沈鼓工程信息化综合实力不断提高

目前沈鼓集团的产品从订单到设计、工艺、生产制造、发货、售后服务全过程实现数字化、物联化、虚拟化、服务化、协同化、智能化。沈鼓集团产能利用率达95%，产成品周转率达16.64%，流动资金周转次数达1.52次/年，成本下降，利润持续增长；社会贡献率达14.6%；全员劳动生产率达353717元/人。

更令人瞩目的是，"云制造"不仅可以在沈鼓集团实现，而且将会通过地域性的建设和应用，带动先进的信息技术、制造技术以及新兴物联网技术等更加有效地交叉融合，形成强大的、统一的社会资源，为制造业带来新的信息化应用理念和工业生产方式。同时，也为IT服务提供新的服务内容，带动"制造即服务、服务即产品"的新的运营模式的形成。图5-7所示为沈鼓集团云制造案例。

我国当前的整体经济发展还没有达到德国、美国等发达国家的水平，因此，我国仍需加大力度坚持科学发展观，加快产业结构调整、产品结

图5-7　沈鼓集团云制造案例

构调整和消费结构调整，实现从传统制造业向智能云制造的转变。就我国当前制造业的发展情况来看，我国需要实现五个方面的转变，即大规模生产向个性化定制转变，传统制造向数字化、网络化、智能化制造转变，速度效益型制造向质量效益型制造转变，资源消耗型、环境污染型向绿色制造转变，以及生产型制造向生产+服务型制造转变。

本 章 小 结

先进制造模式是体现企业经营策略、组织结构、管理模式的一种先进生产方式。目前，制造业出现了计算机集成制造（CIM）、并行工程（CE）、精益生产（LP）、敏捷制造（AM）、虚拟制造（VM）、智能制造（IM）、云制造（CM）等许多先进生产制造模式，这些模式逐渐走入实践，使制造业出现前所未有的新局面。

计算机集成制造综合利用现代管理技术、制造技术、信息技术、自动化技术和系统工程等技术，将企业生产过程中有关人、机构、技术和经营管理三要素有效集成，以保证企业内的工作流、物质流和信息流畅通。

并行工程是将时间上先后的知识处理和作业实施过程转变为同时考虑并尽可能同时处理的一种作业方式，要求将设计、工艺、制造、销售、服务等不同专业人员以开发团队协同作业的方式进行产品及其相关过程的设计。

精益生产是运用多种现代管理方法和手段，以彻底消除无效劳动和浪费为目标，以社会

需求为依托，以充分发挥人的作用为根本，少投入，多产出，有效配置和合理使用企业资源，为企业谋求最大经济效益的一种生产模式。

敏捷制造通过动态联盟、以团队为核心的扁平化组织结构，重构生产制造系统以及高素质的敏捷员工，迅速响应客户需求，及时开发新产品投放市场，并以此赢得市场竞争。

虚拟制造是以计算机模型和仿真为基础实现产品的设计和生产的技术，可以创造虚拟的制造环境，预测产品性能，优化生产安排，从而得到最低成本下的最优质量和最好服务。

智能制造是在现代传感技术、网络技术、自动化技术、拟人化智能等先进技术的基础上，通过智能化的感知、人机交互、决策和执行，实现设计过程、制造过程和制造装备的智能化。

云制造融合了现有的信息化制造、云计算、大数据、物联网、互联网、高性能计算等诸多技术，是一种利用网络和云的制造服务平台，按用户需求组织网上制造资源（制造云），为用户提供各类按需制造服务的一种网络化制造新模式。

复习思考题

1. 如何理解 CIMS 的内涵？
2. 简述 CIMS 的结构体系及各分系统的功能。
3. 简述并行工程的内涵与特征。
4. 分析精益生产的特点和体系结构。
5. 什么是敏捷制造？比较敏捷制造企业与传统制造企业的区别。
6. 何为动态联盟？分析动态联盟公司的生命周期。
7. 简述智能制造的含义、特征以及关键技术。
8. 如何理解虚拟现实技术的内涵？简述虚拟制造技术与其他制造模式有何区别。
9. 阐述云制造的运行模式、体系架构及关键技术。

第6章 现代制造管理技术

现代制造管理技术是指用于设计、制造、管理、控制、评价，改善制造业从市场研究、产品设计、产品制造，质量控制、物流直至销售与售后服务等一系列活动的管理思想、方法和技术的总称。现代制造管理技术包括制造企业的制造策略、管理模式、生产组织方式以及相应的各种管理方法。

现代制造管理技术是一项综合性系统技术，融合传统管理科学、行为科学、工业工程等多种学科思想和方法与不断发展的先进制造技术相结合，形成了独特的技术体系。现代制造管理技术的特点如下：

1）从传统的以技术为中心向以人为中心转变，充分重视人的作用，将人视为企业一切活动的主体，使技术的发展更加符合人类社会发展的需要。

2）企业的生产组织从传统的递阶多层管理结构形式向扁平式结构转变，强调简化组织结构、减少结构层次、增强生产组织体系的灵敏性。

3）重视发挥计算机的作用，由计算机辅助人们实时、准确地完成信息的存储、加工、交换，无论是管理信息系统还是柔性化的生产系统都离不开计算机及网络技术的支持。

4）企业从传统的按功能计划部门的固定组织形式，向动态的、自主管理的群体工作小组形式转变，由传统的顺序工作方式向并行作业方式转变。

5）企业从传统的单纯竞争走向既有竞争又有协作之路。

6.1 企业资源计划（ERP）

6.1.1 ERP 的定义与特点

20 世纪 90 年代以来，面对经济全球化和新科技革命的迅猛发展，制造业所面临的竞争日趋激烈。在这种全新形势下，制造业的发展方向也在发生转变，由以企业自身为中心的传统经营模式开始向以客户为中心的经营模式转变。

以企业自身为中心的经营模式，其企业组织形式是按职能划分的层次结构，企业管理方式着眼于纵向的控制和优化，企业的生产过程是由产品驱动的，并按标准产品组织生产流程。客户对于企业大部分职能部门而言都被视为外部对象，除了销售和客户服务部门都不直接与客户打交道。在影响客户购买的因素中，价格是第一位的，其次是质量和交货期。为此，企业的生产目标次序为成本、质量和交货期。

以客户为中心的经营战略，则要求企业的组织为动态的、可组合的弹性结构，企业管理着眼于按客户需求形成的增值链的横向优化，客户和供应商被集成在企业增值链中，成为企业受控对象的一部分。在影响客户购买的因素中，交货期是第一位的，企业的生产目标次序也由此转变为交货期、质量和成本。

实施以客户为中心的企业经营模式要对客户的需求迅速作出响应，并在最短的时间内交付高质量、低成本的产品。这就要求企业能够根据客户需求迅速重组业务流程，消除业务流程中非增值的无效活动，变顺序作业为并行作业，在所有业务流程中追求高效率，尽可能采用现代技术手段，快速完成整个业务流程。在这样的观念下，企业产品不再是定型的，而是根据客户的需求选配的；企业业务流程和生产流程不再是一成不变的，而是针对客户需求以减少非增值的无效活动为原则而重新组合的。特别是企业组织形式，也必须是灵活的、动态可变的。

在上述背景下，以客户为中心、基于时间、面向供应链经营理念的企业资源计划（Enternrise Resource Planning，ERP）便应运而生了。

ERP 最早是由美国 Garter Group 咨询集团公司提出的，其代表性的定义为：ERP 是一种现代企业管理的思想、方法和工具，采购、销售、制造、成本、财务、服务和质量等管理功能，以市场需求为导向，以实现企业内、外资源优化配置，消除一切无效劳动和资源消耗，实现企业的信息流、物料流、资源流集成，以提高企业竞争力为目标，以计划与控制为主线，ERP 借助网络和信息技术，有效提升企业竞争力，成为面向供应链管理的有力助手。

从 ERP 的定义可以看出：

1）ERP 是一种管理思想，是将企业信息集成管理的范围由企业内部扩大至企业外部，整合、管理企业整个供应链上的所有资源。

2）ERP 是一个管理系统，是整合了企业管理理念、业务流程、基础数据、人力物力、计算机软硬件为一体的企业资源管理信息系统。

3）ERP 是一个企业信息管理软件产品，是综合应用了 B/S 或 C/S 体系结构、大型数据库、面向对象技术、图形用户界面、网络通信等信息技术的成果，是面向企业信息化的计算机管理软件。

ERP 的发展是与计算机信息技术的发展紧密相关的，特别是数据库技术的发展对改变企业管理的思想起着不可估量的作用。ERP 及其企业管理模式的发展与信息技术的发展有着互为因果的关系。

6.1.2　ERP 的关键技术

1. 库存控制订货点法

在 20 世纪 30 年代之前，企业通过控制库存来控制物料需求，每种物料均有最大库存量和安全库存量，库存管理系统的主要功能仅限于发出订单和进行催货，没有更多先进的控制手段。库存管理系统发出生产订单和采购订单，通过缺料表确定物料的需求，缺料表上所列的是马上要用，但却发现没有库存的物料。然后，派人根据缺料表进行催货。

订货点法是在当时的条件下，为改变这种被动的状况而提出的一种方法，是按过去的经验预测未来的物料需求。这种方法有多种不同的形式，但实质都是实现"库存补充"。"补充"的意思是把库存填满到某个原来的状态，库存补充的方法是保证在任何时候仓库里都有一定数量的存货，以便需要时随时取用。当时人们希望用这种做法来弥补由于不能确定近期内准确的必要库存储备数量和需求时间所造成的缺陷。订货点法依据对库存补充周期内的需求量预测，并保留一定的安全库存储备，来确定订货点。安全库存的设置是为了应对需求的波动。一旦库存储备低于预先规定的数量（即订货点），则立即进行订货来补充库存如图 6-1 所示。

订货点的基本公式为

$$订货点 = 单位时区的需求量 \times 订货提前期 + 安全库存量$$

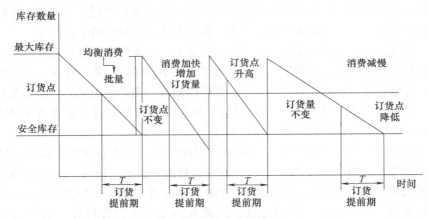

图 6-1 订货点法示意图

与缺料表模式进行物料管理相比，订货点法有了巨大的改进，然而，在实际应用中会经常出现物料库存过高或缺料的现象。究其原因主要体现在以下 4 个方面：

（1）对各种物料的需求相对独立 订货点法不考虑物料之间的关系，每项物料的订货点分别独立地加以确定。因此，订货点法是面向零件的，而不是面向产品的。但是，产品有一个特点即各物料的数量必须配套。由于对各项物料分别独立地进行预测和订货，就会在装配时发生各项物料数量不匹配的情况。这样，虽然单项物料的供货率提高了，但总的供货率却降低了。因为不可能每项物料的预测都很准确，所以累计起来的误差反映在总供货率上将是相当大的。

（2）物料需求的连续性 物流的连续性是订货点法非常重要的假设，认为需求是相对均匀，库存消耗率是稳定的。但是在企业的实际生产中，对产品零部件的需求恰恰是不均匀、不稳定的，库存消耗是间断的。这往往是由下道工序的批量要求引起的。订货点法根据以往的平均消耗来间接地计算物料的需要时间，对于不连续的非独立需求来说，会造成系统下达订货的时间或者太早或者太迟，势必出现库存积压或短缺的现象。

（3）库存消耗之后应立即被重新填满 当物料库存量低于订货点时，由于库存消耗之后应立即被重新填满，则必须发出订货，以重新填满库存。但如果需求是间断的，那么这样做不但没有必要，而且也不合理。因为很可能因此而造成库存积压。例如，某种产品一年中可以得到客户的两次订货，那么，制造此种产品所需要的钢材则不必因库存量低于订货点而立即填满。

（4）"何时订货"是一个大问题 "何时订货"被认为是库存管理的一个大问题。这并不奇怪，因为库存管理是订货并催货这一过程的自然产物。然而，真正重要的问题却是"何时需要物料"，当这个问题解决以后，"何时订货"的问题也就迎刃而解了。订货点法通过触发订货点来确定订货时间，再通过提前期来确定需求日期，其实是本末倒置的。

2. 时段式 MRP

时段式 MRP（物料需求计划）是在解决订货点法缺陷的基础上发展起来的，也称为基本 MRP。时段式 MRP 是一种模拟技术，它根据主生产计划（Master Production Schedule，MPS）、物料清单和库存信息，对每种物料进行计算，指出何时将会发生物料短缺，并给出建议，以满足需求，且避免物料短缺。时段式 MRP 通过编制生产计划和采购计划回答了企业经营中的要生产什么、生产多少、要用什么、已经有了什么、还缺什么、何时需要、何时订货、何时生产等重要问题。时段式 MRP 的逻辑流程图如图 6-2 所示。

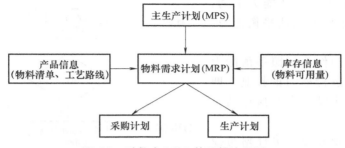

图 6-2　时段式 MRP 的逻辑流程图

与订货点法相比，它的改进主要体现在以下 3 个方面：

（1）通过物料清单（BOM）将所有物料的需求联系起来　BOM 表示了产品的组成及结构信息，包括所需组件、子件、零部件、原材料的结构关系和数量关系。时段式 MRP 通过 BOM 把所有物料的需求联系起来，考虑不同物料的需求之间的相互匹配关系，从而使各种物料的库存在数量上和时间上趋于合理。

（2）将物料需求区分为独立需求和非独立需求并分别加以处理　独立需求指的是需求量和需求时间不依赖于企业内其他物料的需求量，由企业外部的需求来决定，如客户订购的产品、科研试制的样品等。非独立需求是指由企业内独立需求物料的需求量来确定自身需求量的物料，如半成品、零部件、原材料等。

（3）对物料的库存状态数据引入了时间分段的概念　所谓时间分段，就是给物料的库存状态数据加上时间坐标，即按具体的日期或计划时区记录和存储库存状态数据。时间分段法使所有的库存状态数据都直接与具体时间联系起来。

3. 闭环 MRP

在讨论 MRP 的形成和制订过程中，考虑了产品结构相关信息和库存相关信息。但实际生产中的条件是变化的，如企业的制造工艺、生产设备及生产规模都是发展变化的，甚至还要受社会环境的影响，如能源的供应、社会福利待遇等的影响。时段式 MRP 制订的采购计划可能受供货能力或运输能力的限制而无法保障物料的及时供应。另外，如果制订的生产计划未考虑生产线的能力，就会在执行时偏离计划。因此，利用时段式 MRP 原理制订的生产计划与采购计划往往不可行。因为信息是单向的，管理信息必须是闭环的信息流，由输入至输出再循环影响至输入端，从而形成信息回路。

闭环 MRP 理论认为主生产计划与物料需求计划（MRP）应该是可行的，即考虑能力的约束，或者对能力提出需求计划，在满足能力需求的前提下，才能保证物料需求计划的执行和实现。在这种思想要求下，企业必须对投入与产出进行控制，也就是对企业的能力进行校检和执行控制。闭环 MRP 的逻辑流程图如图 6-3 所示。

在 MRP 的基础上增加了能力计划和执行计划功能的系统就是闭环 MRP。闭环 MRP 的运作过程如下：

1）企业根据发展的需要与市场需求制订企业生产规划，根据生产规划制订主生产计划，同时进行生产能力与负荷的分析。该过程主要是针对关键资源的能力与负荷的分析过程。只有通过对该过程的分析，才能达到 MPS 基本可靠的要求。

2）根据 MPS、企业的物料库存信息、产品结构清单等信息来制订 MRP。

3）由 MPS、产品生产工艺路线和车间各加工工序能力数据生成能力需求计划，通过对各加工工序的能力平衡，调整 MRP。如果本阶段无法平衡能力，则可能修改 MPS。

4）采购与车间作业按照平衡能力后的 MRP 执行，进行能力的控制，即输入/输出控制，并根据作业执行结果反馈到计划层。

闭环 MRP 能较好地解决计划与控制问题，从能力计划和反馈信息两个方面弥补了时段式 MRP 的不足。

1）能力需求计划（Capacity Requirement Planning，CRP）。在每一个需求计划层，同时进行能力计划。对应 MPS 层进行粗能力计划（Rough Cut Capacity Planning，RCCP），对应 MRP 层进行详细能力计划或能力需求计划。RCCP 输入的是生产产品所需要的资源清单和关键工作中心能够提供的能力。在 RCCP 阶段要用到约束理论，找出制约产出量的瓶颈工序。如果通过了 RC-

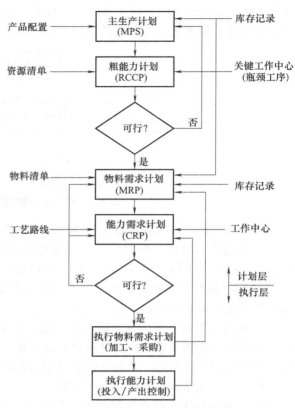

图 6-3　闭环 MRP 的逻辑流程图

CP 运算，证实 MPS 是可行的，方可进入 MRP 层。MRP 需要通过 CRP 来验证。CRP 的输入项是所有物料的工艺路线和所使用的工作中心的平均可用能力。

2）反馈信息。闭环 MRP 较时段式 MRP 增加了反馈信息。由 MRP 产生的计划经能力计划检验后可下达执行，执行的结果可以从两个方面来核实：一是物料计划的执行情况，如采购件是否按时到货，加工件是否按时完成；二是能力计划的执行情况，如工作中心的预计可用能力是否实现，是预计不准还是出现故障。如果计划的执行情况不符合计划要求，必须把实际执行的信息反馈给计划部门，进行调整、修订以后，再下达执行。也就是说，闭环 MRP 验证了供应是否满足要求，如果有问题，及时反馈修正，使需求计划正常执行。这样，既有自上而下的计划信息，又有自下而上的执行信息，形成了一个闭环的信息流和作业流。

4. MRP Ⅱ

闭环 MRP 虽然是一个完整的计划与控制系统，但是对于执行计划以后能给企业带来什么效益，这些效益能否实现企业的总体目标没能表述清楚。1977 年 9 月，美国著名生产管理专家奥列弗·怀特（Oliver Wight）提出了一个新概念——制造资源计划（Manufacturing Resources Planning），它的简称也是 MRP。为了与传统的 MRP 有区别，其名称改为 MRP Ⅱ。MRP Ⅱ是把经营、生产、销售、财务、采购等各个子系统集成为一个整体，是对企业资源和供、产、销、财各个环节进行有效计划、组织和控制的一整套方法。它围绕企业的基本经营目标，以生产计划为主线，对企业制造的各种资源进行统一的计划和控制，使企业的物流、信息流、资金流流动顺畅并动态反馈。MRP Ⅱ在闭环 MRP 的基础上，把企业的宏观决策纳入系统，也就是说，把经营规划与运作规划纳入到系统中来。这几个层次确定了企业宏观的目标可行性，形成一个小的宏观闭环，是企业计划层的必要依据。同时，MRP Ⅱ 把对产品成本的计划与控制纳入到系统的执行层，企业可以对照总体目标，检查计划执行效果。MRP Ⅱ 的逻辑流程图如图 6-4 所示。

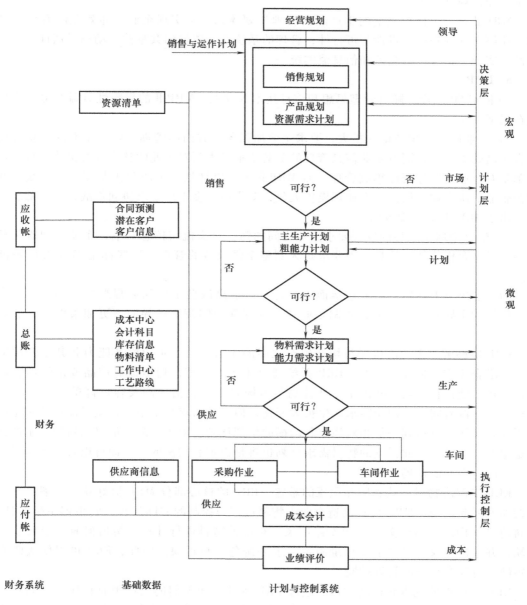

图 6-4　MRP Ⅱ 的逻辑流程图

这里对不同于闭环 MRP 的逻辑流程部分加以描述：

1）MRP Ⅱ 集成了应收、应付、成本、总账的财务管理。

2）采购作业根据采购订单、供应商信息、收货单及入库单形成应付款信息。

3）销售商品后，根据客户信息、销售订单信息及产品出库单形成应收款信息。

4）根据采购作业成本、生产信息、产品结构信息及库存领料信息等产生生产成本信息。

5）应付款信息、应收款信息、生产成本信息及其他信息等记入总账。产品的整个制造过程都是伴随着资金流的过程。通过对企业的生产成本、资金的运作过程的掌握，影响企业的生产经营规划、生产计划。

MRP Ⅱ是一个比较完整的生产经营管理计划体系，是实现企业整体效益的有效管理模式，能够实现计划的一贯性与可行性，管理的系统性，数据的共享性、动态反馈性、宏观预见性，实现了物流、资金流和信息流的统一。

5. ERP

20世纪90年代，随着管理思想和信息技术的发展，MRP Ⅱ的局限性日益凸显，主要表现在以下几个方面：

1）企业间的竞争范围的扩大，要求企业加强各个方面的管理，要求企业的信息化建设应有更高的集成度，同时企业信息管理的范畴要求扩大到对企业的整个资源集成管理，而不单单是对企业的制造资源集成管理。而MRP Ⅱ主要以计划、生产和作业控制为主线，并未覆盖企业的所有职能层面。企业规模扩大化，多集团、多工厂要求协同作战，统一部署，这都超出了MRP Ⅱ的管理范围。

2）信息全球化趋势的发展要求企业之间加强信息交流与信息共享，企业之间既是竞争对手，又是合作伙伴，信息管理要求扩大到整个供应链的管理，这些都是MRP Ⅱ所不能解决的。

为了解决以上问题，ERP应运而生。它汇合了离散型生产和流程型生产的特点，囊括了供应链的主导和支持功能，协调企业各个管理部门围绕市场导向，更加柔性地开展业务活动。

ERP能够解决多变的市场与均衡生产之间的矛盾。由于企业生产能力和其他资源的限制，要求企业均衡地安排生产。ERP系统通过主生产计划，均衡地对产品或最终项目做出生产安排，使得在一段时间内主生产计划与市场需求（包括预测及客户订单）在总量上相匹配。在这段时间内，即使需求发生很大变化，但只要需求总量不变，就可能保持主生产计划不变，从而可以得到一份相对稳定和均衡的生产计划。由于产品或最终项目的主生产计划是稳定和均衡的，据此得到的物料需求计划也将是稳定和均衡的，从而可以解决如何以均衡的生产应对多变的市场的问题。

ERP能解决物料短缺和库存积压的难题。ERP的核心部分MRP恰好就是为解决这样的问题而发展起来的。MRP模拟制造企业中物料计划与控制的实际过程，它根据主生产计划、物料清单（即产品结构文件）和库存记录，对每种物料进行计算，指出何时将会发生物料短缺，并给出建议，以最小库存量满足需求并避免物料短缺。因此，ERP可以解决既有物料短缺又有库存积压的管理难题。

ERP可以以低成本获得高质量。通过ERP系统，使人们的工作更有秩序，时间花在按部就班地执行计划上，而不是忙于对出乎意料的情况做出紧急反应。在这种情况下，工作士气提高了，工作质量提高了，不出废品，一次就把工作做好。于是，提高生产率，提高产品质量，降低成本和增加利润都是相伴而来的事情。

ERP可以改变企业中的部门本位观。ERP强调企业的整体观，它把生产、财务、销售、工程技术、采购等各个子系统结合成一个一体化的系统，各子系统在统一的数据环境下工作。这样，ERP就成为整个企业的一个通信系统，通过及时准确地信息传递，把大家的精力集中在同一个方向上，以工作流程的观点和方式来运营和管理企业，而不是把企业看作一个个部门的组合，从而使得企业整体合作的意识和作用加强了。每个部门可以更好地了解企业的整体运作机制，更好地了解本部门以及其他部门在企业整体运作中的作用和相互关系，从而可以改变企业中的部门本位观。

6. ERP Ⅱ

ERP Ⅱ 是 2000 年 Gartner Group 在原有 ERP 的基础上扩展后，提出的新概念。Gartner Group 给 ERP Ⅱ 的定义是通过支持和优化公司内部和公司之间的业务过程来创造客户和股东价值的一种商务战略，也是一套面向具体行业领域的应用系统。

其技术和系统特点主要有：

1）强调协同的功能，除了延伸 ERP 的功能，还整合企业内外部关键业务的协同功能。

2）领域化、精细化、前端功能增强和延伸以及交易群体的完全集成化。

3）以客户为中心，准时向客户提供产品和服务。

4）ERP Ⅱ 的角色从 ERP 的资源规划和交易事务处理，拓展为发挥信息的杠杆作用，保证企业前、后台资源的有机集成。

从图 6-5 中可以看出，ERP Ⅱ 系统从优化企业资源向价值链共享和系统服务发展，是面向全行业的扩展，从买和卖的角度支持信息共享，处理的业务流程从内部扩展到了外部，是完全 Web 化的开放系统。"协同、集成、内外部关系资源的整合"是 ERP Ⅱ 系统的关键理念。协同 ERP Ⅱ 已经从传统上优化企业资源与业务流程，转变为一种广泛利用企业内外部资源的非生产中央系统，不是电子采购与销售系统与传统 ERP 系统的拼凑，而是全面加强供应链管理（SCM）、客户关系管理（CRM）与价值网络的功能，强调企业的核心竞争力与内外部系统交互性，努力使企业在供应链和价值网络中找到最佳定位。

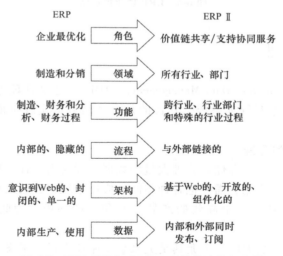

图 6-5 ERP 系统与 ERP Ⅱ 系统的比较示意图

MRP 主要强调库存计划与物料信息的集成；ERP Ⅱ 增加了有关财务的信息，是物流、资金流、信息流三者的集成；ERP 是面向多行业、多地区、多业务的供应链信息集成，与 ERP Ⅱ 相比增加了在库存等方面的信息管理功能；ERP Ⅱ 在 ERP 的基础上增加了客户关系管理、电子商务等，全面整合了企业的内外部关系和资源。图 6-6 所示为从功能的扩展上比较分析的 MRP、MRP Ⅱ、ERP、ERP Ⅱ，清晰地展现了 ERP 软件发展的每个阶段的特点。

协同商务

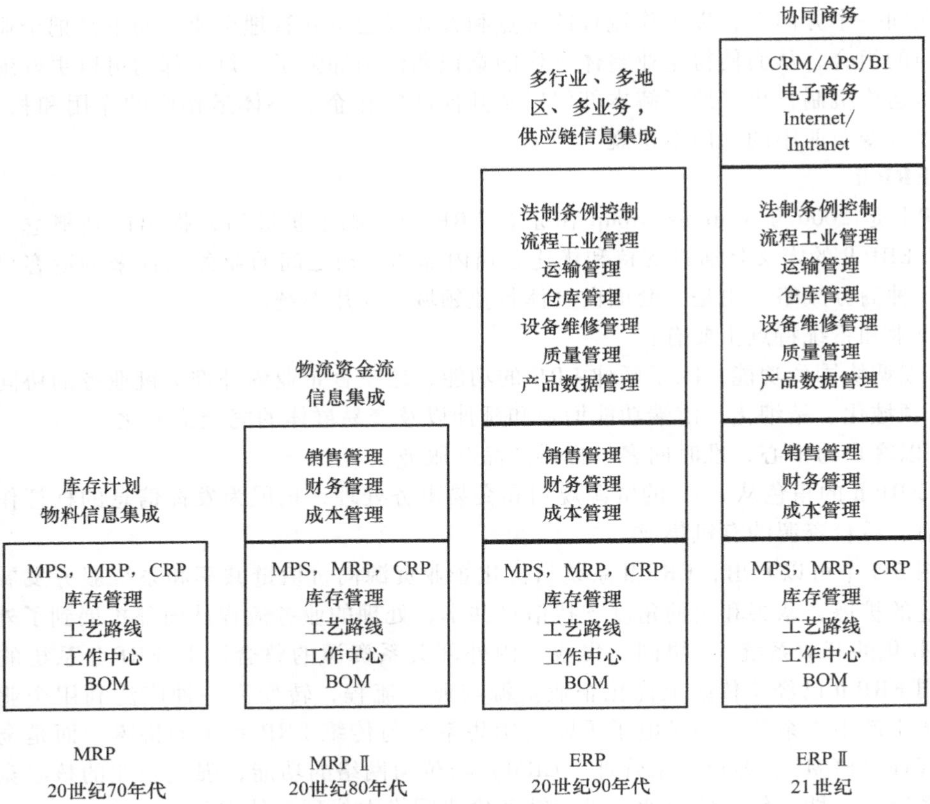

		多行业、多地区、多业务,供应链信息集成	CRM/APS/BI 电子商务 Internet/ Intranet

		法制条例控制 流程工业管理 运输管理 仓库管理 设备维修管理 质量管理 产品数据管理	法制条例控制 流程工业管理 运输管理 仓库管理 设备维修管理 质量管理 产品数据管理

物流资金流信息集成

	销售管理 财务管理 成本管理	销售管理 财务管理 成本管理	销售管理 财务管理 成本管理

库存计划
物料信息集成

MPS,MRP,CRP 库存管理 工艺路线 工作中心 BOM	MPS,MRP,CRP 库存管理 工艺路线 工作中心 BOM	MPS,MRP,CRP 库存管理 工艺路线 工作中心 BOM	MPS,MRP,CRP 库存管理 工艺路线 工作中心 BOM
MRP 20世纪70年代	MRP Ⅱ 20世纪80年代	ERP 20世纪90年代	ERP Ⅱ 21世纪

图 6-6　ERP 功能扩展图

6.2　产品数据管理

产品数据管理（Production Data Management，PDM），是以管理思想为基础，建立在信息和网络技术之上的一整套管理系统，其目的是对产品数据实现全面管理，支持并行产品设计。

1. PDM 技术产生的背景

企业在经营过程中通常要存储和管理大量的数据，同时由于计算机技术的飞速发展和在企业中得到越来越广泛的应用，需要把各种不同的应用系统集成起来以实现企业信息的集成甚至实现过程的集成，建立一个高效的产品开发和生产环境，为此人们做出了各方面的努力。

在 20 世纪 80 年代，数据库技术尤其是关系数据库技术得到了飞速的发展。数据库系统能够记录数据项之间以及记录之间的联系，处理结构化数据非常方便。同时，数据库系统能够考虑相关应用要求的数据结构，把数据的定义和描述从应用程序中分离开，提供了存储结构与逻辑结构、数据的总体逻辑结构与某类应用所涉及的局部逻辑结构之间的双重映象和转换功能，数据的存取管理交由数据库管理系统负责，用户不必再考虑存取细节以及数据库共享资源的完整性、一致性和安全性等问题，从而简化了应用程序的设计和开发。几乎所有的数据库系统都提供了结构查询语言（SQL）和友好的人机界面，易于学习和使用，极大地方便了用户。所有这些特点都为数据库技术在企业中的广泛应用提供了基础，人们也因此而期望将商用数据库用于工程数据的管理，支持企业的各种工程应用，如工程数据文件、材料明细表等。但是由于关系数据库在工程数据管理方面力不从心，因此需要作进一步的努力。作为这种努力的结果，出现了一些研究性的工程数据库管理系统。

工程数据库系统是满足工程设计与制造、生产管理与经营决策支持环境的数据库系统，虽然在普通的数据技术上有所突破，但最终并没有在实际中得到广泛的应用，这是因为工程数据库仍然存在着对工程应用支持不够的缺陷，主要表现在以下方面：

1）对工程应用的数据表示不够充分，不能全面描述数据类型之间的分类、组合、继承和引用关系。在产品的开发过程中存在着许多阶段，如需求分析、概念设计、结构设计、详细设计、工艺设计、加工仿真直到最后的制造和装配，每一步活动都会产生大量的数据，其结果是工程数据的类型非常多，例如，各种 CAD 系统所产生的产品设计信息，有限元分析等应用程序所产生的工程分析结果，CAPP（Computer Aided Process Planning，计算机辅助工艺规划）系统所产生的工艺信息、材料明细表、工程更改单、不同版本的产品结构、各种零件族、过程管理信息、记录各种技术说明和管理要求的文本文件、多媒体数据等。这仅是对产品开发有关信息的大致分类，如果继续细分还可以识别出很多小的类型。这些数据类型之间存在着广泛的分类、组合、继承和引用关系，但这些关系难以用普通的数据技术描述得足够清楚，也就更难于对它们实施管理。

2）对应用集成的支持能力不强，难以做到产品信息和应用程序的完全集成。由于各种工程数据必须由各自的应用系统产生和管理，因此，为了有效地实现产品的信息集成，实现各个应用系统的集成是最基本的要求。然而，现有的工程数据库在工程数据表示上所存在的困难导致应用系统对数据的功能操作受到了制约，难以完全满足应用系统无缝集成的要求。

3）应用开发接口能力差。由于不同企业对工程数据管理的实际需求各不相同，因此需要在通用的工程数据管理系统的基础上通过其提供的开发接口进行定制。但现有的工程数据库在这方面提供的手段显然不能满足要求。

除了上述几点，最重要的是总体设计思想方面的问题。在开发工程数据管理系统时，如果只管理一些相对简单和结构化的数据，则其功能扩展不多、意义不大，因此常常企图将所有工程数据的管理纳入其中，并还要强化数据库的应用集成功能，希望"大而全"。但由于在开发时没有采用面向对象的技术对数据加以层次上的划分和合理的组织，不论采用网状还是关系数据库技术都势必导致这些数据类型之间的关系复杂化，开发和管理遇到了很大困难。

从工程数据库的发展历史和现状可以看出，工程数据管理的任务非常庞大，采用单独的工程数据库系统是无法胜任的，比较合理的办法是划清功能界限，各司其职，开发一些功能相对独立的应用模块，同时采用面向对象技术，以面向对象技术所提供的分解、组合和继承特性来描述工程数据，实现对数据的层次化管理。正是基于以上思想，产品数据管理（PDM）系统应运而生。

2. PDM 的基本概念

PDM 技术最早出现在 20 世纪 80 年代初期，目的是解决大量工程图纸、技术文档以及 CAD 文件的计算机管理问题，然后逐渐扩展到产品开发过程中的三个主要领域：设计图纸和电子文档的管理，材料明细表的管理及与工程文档的集成，工程变更请求/指令的跟踪与管理。由于早期软件功能比较单一，各自解决问题的侧重点也不完全相同，所以有的称为文档管理，有的称为工程数据管理等。现在所指的 PDM 技术源于美国的叫法，是对工程数据管理、文档管理、产品信息管理、技术数据管理、技术信息管理、图像管理等信息管理技术的一种概括与总称。随着网络、数据库技术的发展，以及客户机/服务器与面向对象技术的应用，最近几年 PDM 技术产生了突飞猛进的发展，在美国、日本等发达国家的企业中得到越来越多的应用，在国内企业中也已受到广泛关注。但是，由于 PDM 技术与应用范围发展之快，人们对它还没有一个统一的认识，给出的定义也不完全相同。

主要致力于 PDM 技术和计算机集成技术研究与咨询的国际咨询公司 CIMdata 给出的定义是："PDM 是一门管理所有与产品相关的信息和所有与产品相关的过程的技术。"而 Gartner Group 给出的定义为："PDM 是一个使能器，它用于在企业范围内构造一个从产品策划到产品实现的并行化协作环境（Concurrent Art-to-Product Environment，简称 CAPE，由供应、工程设计、制造、采购、市场与销售、客户等构成）。一个成熟的 PDM 系统能够使所有参与创建、交流以及维护产品设计意图的人员在整个产品生命周期中自由共享与产品相关的所有异构数据，如图纸与数字化文档、CAD 文件和产品结构等。"从上面两个定义可以看出，PDM 可以是狭义上的，也可以是广义上的。从狭义上讲，PDM 仅管理与工程设计相关的领域内的信息；而从广义上讲，它可以覆盖整个企业中产品的市场需求分析、产品设计、制造、销售、服务与维护等过程，即全生命周期中的信息。综合上述两个定义，根据 PDM 规范，给出下列定义：

产品数据管理（PDM）以软件为基础，是一门管理所有与产品相关的信息（包括电子文档、数字化文件、数据库记录等）和所有与产品相关的过程（包括工作流程和更改流程）的技术。它提供产品全生命周期的信息管理，并可在企业范围内为产品设计与制造建立一个并行化的协作环境。

3. PDM 系统的主要功能

PDM 系统为企业提供了管理和控制所有与产品相关的信息以及与产品相关过程的机制与功能。PDM 软件产品种类繁多，不同软件商提供的 PDM 系统，在功能上均有一定的差异。PDM 系统的功能有两种划分方法：一种是按面向应用与系统支持的功能划分，将其分成电子仓库、面向用户的使用功能（包括文档控制、变更控制、配置管理、设计检索与零件库和项目管理等）和实用化的支持功能（包括通知与通信、数据传输、数据转换、图像服务、系统管理等）；另一种是按软件功能模块划分，可划分为电子仓库和文档管理、工作流程与过程管理、产品结构与配置管理、零件分类管理、工程变更管理、项目管理、电子协作、集成工具、浏览和圈阅等，前五项功能是 PDM 系统应具备的基本功能。PDM 规范中的 PDM 系统包括的功能有权限与系统管理、项目管理、文档及版本管理、电子仓库、产品管理、BOM 管理、配置管理、工程更改管理、工作流程管理、客户化工具和二次开发工具。

4. PDM 系统的体系结构

（1）用户界面层　向用户提供交互式的图形界面，包括图示化的浏览器、各种菜单、对话框等，用于支持命令的操作与信息的输入/输出。通过 PDM 系统提供的图视化用户界面，用户可以直观方便地完成对各种对象的操作。它是实现 PDM 系统各种功能的手段、媒介，处于最上层，如图 6-7 所示。

（2）功能模块及开发工具层　除了系统管理，PDM 为用户提供的主要功能模块有电子仓库与文档管理、工作流程管理、产品结构与配置管理、零件分类与检索、工程变更管理、集成工具等。

（3）框架核心层　提供实现 PDM 系统各种功能的核心结构与架构。由于 PDM 系统的对象管理框架具有屏蔽异构操作系统、网络、数据库的特性，用户在应用 PDM 系统的各种

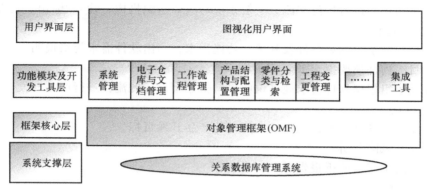

图 6-7　PDM 系统的体系结构

功能时，就实现了对数据的透明化操作、应用的透明化调用和过程的透明化管理等。

（4）系统支撑层　以目前流行的关系数据库系统作为 PDM 系统的支持平台，通过关系数据库提供的数据操作功能支持 PDM 系统对象在底层数据库的管理。

5. PDM 的体系结构特点

（1）对计算机基础环境的适应性　一般而言，PDM 系统以分布式网络技术、客户机/服务器结构、图形化用户接口及数据库管理等技术作为环境支持。与底层环境的连接是通过不同接口来实现的，如中性的操作系统接口、中性的数据库接口、中性的图形化用户接口以及中性的网络接口等，从而保证了 PDM 系统可支持多种类型的硬件平台、操作系统、数据库、图形界面及网络协议。

（2）PDM 内核的开放性　PDM 内核的开放性体现在越来越多的 PDM 产品采用面向对象的建模方法和技术来建立系统的管理模型与信息模型，并提供对象管理机制以实现产品信息的管理。在此基础上，提供一系列开发工具与应用接口帮助用户方便地定制或扩展原有数据模型，存取相关信息，并增加新的应用功能，以满足用户对 PDM 系统不同的应用要求。

（3）PDM 功能模块的可变性　由于 PDM 系统采用客户机/服务器结构，并具有分布式功能，企业在实施时，可从单服务器开始，逐渐扩展到几个、几十个，甚至几百个。用户在选用功能模块时，除必需模块外，其他模块可根据需要删减。

（4）PDM 的插件功能　为了更有效地管理由应用系统产生的各种数据，并方便地提供给用户和应用系统使用，就必须建立 PDM 系统与应用系统之间更紧密的关系，即基于 PDM 系统的应用集成。这就要求 PDM 系统提供中性的应用接口，把外部应用系统封装或集成到 PDM 系统中，作为 PDM 新增的一个子模块，并可以在 PDM 环境下方便地运行。

6. PDM 系统应用的开发

产品研发是非常严谨、科学的一系列工作的组织，整个体系应具有完整、灵活、严谨、高效的特性，进行严格的管理控制，以确保产品的质量和对市场反应的速度，保证工作的延续性，保证各类产品问题的可追溯性，尤其是各类过程控制文档与记录的保存。这里采用快速原型法开发模型，开发分为需求分析、原型设计、演示和评价原型及修正与改进四个阶段，每个阶段都有目的、作业程序和控制重点的要求，以下为快速原型法最基本的框架描述。

（1）需求分析

1）目的：在分析员和用户的紧密配合下，快速确定软件系统的基本要求。

2）作业程序：

① 分析员与用户进行广泛交流，了解系统对应的组织机构、输入/输出、资源利用情况和日常数据处理过程。

② 结合用户需求、约束条件及其他非功能需求，写出软件需求规格说明。

③ 在项目组内部还要提交 Use Case 图。

④ 由项目小组根据软件需求规格说明书，依原型设计的流程进行产品开发。

3）控制重点：

① 是否能平衡各种因素，制定切实可行的产品开发目标。

② 是否存在风险分析。

③ 是否提交了需求分析报告和 Use Case 图。

（2）原型设计

1）目的：在快速分析的基础上，根据软件需求规格说明，尽快实现一个可运行的系统。

2）作业程序：

① 若产品开发工作决定委托公司外部资源进行时，应由项目小组拟定外包契约，经总裁审核批准，由项目负责人监控。

② 产品开发过程中使用的各项标准应经过适当的规划。

③ 系统设计：包括概要设计和详细设计，设计完成后，应提交概要设计报告及详细设计报告，并经过适当审查。

④ 编码、调试：程序员根据系统设计文件及各种标准撰写程序，并对程序进行调试。

⑤ 产品测试：产品开发完成后应拟定测试计划与大纲，并经过严谨的测试，以确保产品质量，测试完成后应提交测试报告。

（3）演示和评价原型

1）目的：检查原型是否实现了分析和规划阶段提出的目标。

2）作业程序：

① 开发者给用户演示原型。

② 用户在开发者指导下试用，考核评价原型的性能，看是否满足需求说明中的要求，以及需求规格中的描述是否满足用户的愿望。

③ 纠正过去交互中的误解及分析中的错误，增补新的要求，并为满足用户的新设想而提出全面的修改意见。

3）控制重点：

① 用户是否亲自使用了原型系统。

② 用户和设计者之间是否进行了充分的交流。

③ 用户和设计者是否确定了什么时候更改是必需的。

④ 设计者是否能控制总开发时间。

（4）修正与改进

1）目的：根据修改意见对原型修改和完善。

2）作业程序：

① 根据修改意见拟出修改方案。

② 修改原型。修改原型有以下两种情况：若因为严重的理解错误而使正常操作的原型与用户要求相违背，应立即放弃；若由于规格说明不准确、不完整、不一致，或者需求有所变更或增加，这首先要修改并确定规格说明，然后再重新构造或修改原型，这即是原型的选

代过程。开发者和用户在一次次的迭代过程中将原型不断完善，以接近系统的最终要求。

③ 经过修改和完善的原型要达到参与者的一致认可，则原型的迭代过程即可以结束。

3）控制重点：

① 在修改原型的过程中，应保留前后两个原型。

② 装配和修改程序模块，而不是编写程序。

③ 如果模块更改很困难，则把它放弃并重新编写模块。

④ 不改变系统的作用范围，除非业务原型的成本估计有相应的改变。

⑤ 修改并把系统返回给用户和设计者的速度是关键。

6.3　制造执行系统

6.3.1　MES 的定义与功能模块

MES（制造执行系统）是由美国制造研究中心提出来的，是主要针对车间层的生产管理技术，通过它可以使企业管理人员了解生产现场的进度、质量，以及调整更好的生产计划。MES 可以监控从原材料到产品入库的整个过程，通过实时信息化使企业管理人员了解生产现场的进度、质量等，从而提高工作效率，降低生产成本。因此，MES 的实施增加了企业的信息化管理，能够有效地指引生产，增加企业的竞争力。

通过前面的分析并结合 MES 的功能特点可知，利用 MES 可以对企业的生产过程进行分析，并且可以提供运行系统的管理和优化。MES 还提供了实时收集数据的功能，如果公司情况发生变化，能够在系统中及时地记录，还能够对数据进行准确地处理。根据这种方式可以快速响应，以减少企业内部的附加值，还能够提高企业的生产效率。

1. MES 的理论基础

MES 是建立在计划管理系统中工业控制间的车间层的系统，它是为了能够更好地解决制造业企业的管理问题而开发的，并且可以建立企业间的信息互通。MES 在计划管理层与底层的控制层之间建立联系，并且能够更好地填补两者之间的不足。

AMR 在 20 世纪 90 年代就提出了企业集成模型（见图 6-8），并且通过企业集成模型可以确定 MES 在企业系统中的地位。

计划层（ERP）：是根据企业的计划来进行的，必须要有计划地管理企业。它是市场计划定位的需求，可以根据企业各种资源降低库存管理，从而提升管理效率。

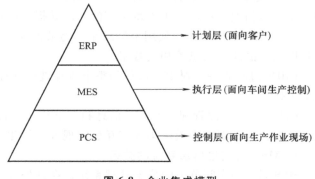

图 6-8　企业集成模型

执行层（MES）：它是计划的控制和执行的方式，根据 MES 把 ERP 生产现场控制的内容进行有效结合。

控制层：强调设备的控制。

MES 是面向制造过程的，它必然与其他的制造管理系统共享和交互信息，这些系统包括供应链管理系统（SCM）、上层计划管理系统（ERP）、销售和客户服务管理系统（SSM）、产品及产品工艺管理系统以及生产底层控制管理系统等。

总体来说，MES通过企业的管理方式，充分利用信息资源实现合理的资源分配。

2. MES功能模块介绍

MESA提出了MES的功能模型和与相关系统的集成模型，并定义了11个功能模块，包括生产计划和工序调度、资源管理、生产跟踪、设备维护管理、性能分析、单元管理、文档管理、质量管理、现场数据采集、过程管理和人力资源管理。

（1）生产计划和工序调度　生产计划与调度模块的主要功能是接收来自计划层的生产计划信息，对计划进行拆分调度，并将生产任务单下发给各个部门，各个部门能在实际生产出现问题时，及时对原计划进行调整并产生新的调度计划，目的是为了确保企业能够按期完成生产计划任务。

（2）资源管理　通过对原材料、设备等生产资料的配置管理，使生产资料保持良好的状态。

（3）生产跟踪　主要通过可视电子看板工具实现对产品生产过程的实时跟踪，追踪信息包括产品订单号、工进度、质量信息以及异常信息。

（4）设备维护管理　设备维护管理主要针对的是车间中的加工设备及工装设备。制订完备维护管理计划的目的是确保生产过程中机器设备可以良好地运转。日常根据维护管理计划对机器进行日常保养工作，当机器设备出现故障时，按照维护管理计划中的操作规程对机器设备进行维修。一切维护信息都需要录入维护管理日志。

（5）性能分析　主要分析生产线是否达到应有的生产率，为管理决策提供支持。

（6）单元管理　调度指令通过系统将原材料或投料生产指令传递到某一个加工单元，并开始由人员执行。

（7）文档管理　在系统数据库中管理与保存与产品相关的生产计划、工艺、质量、设计等信息，同时对生产过程历史数据进行保存与维护。

（8）质量管理　通过在制品管理、制成品管理和出库质量管理，实时了解生产过程中的产品质量情况，找出产生不良率高的原因并提出可行的解决方案。

（9）现场数据采集　使用手持终端扫码录入或者计算机手工输入方式获取人员、设备、物料以及产品质量信息等相关数据。

（10）过程管理　对生产过程的整个流程进行管理，实现ERP的下达与生产控制数据的反馈工作。

（11）人力资源管理　对人员信息和人员状态进行实时化管理，包括人员基本信息、技能等数据，与资源管理模块集成交互后实现人员优化分配。

3. MES与其他信息系统的关系

MES是面向车间范围的信息管理系统，在其外部通常有企业资源计划（ERP）、供应链管理（SCM）、销售和服务管理（SSM）、产品和工艺设计系统（P&PE）、过程控制系统（PCS）等面向制造企业的主流信息系统，这些信息系统都有各自的功能和定位，在功能上又有一定的重叠，如图6-9所示。

ERP——包括财务、订单管理、生产和物料计划管理以及其他管理功能。

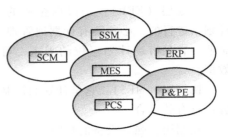

图6-9　MES与外部信息系统的关系

SCM——包括预测、配送和后勤、运输管理、电子商务和先进计划系统。

SSM——包括销售力自动化、产品配置、服务报价、产品召回等。

P&PE——包括 CAD/CAM、工艺建模、产品数据管理（PDM）等。

PCS——包括 DCS、PLC、DNC、SCADA 等设备控制以及产品制造的过程控制。

MES 作为车间范围的信息系统，是生产制造系统的核心。它与其他信息系统有着紧密的联系，负有向其他信息系统提供有关生产现场数据的职能。例如，MES 向 ERP 提供生产成本、生产周期、生产量和生产性能等现场生产数据；向 SCM 提供实际订货状态、生产能力和容量、班次间的约束等信息；向 SSM 提供在一定时间内根据生产设备和能力确定的报价和交货期的数据；向 P&PE 提供有关产品产出和质量的实际数据，以便于 CAD/CAM 修改和调整；向 PCS 提供在一定时间内使整个生产设备以优化的方式进行生产的工艺规程、配置和工作指令等。

同时，MES 也需要从其他子系统得到相关的数据。例如，ERP 为 MES 的任务分配提供依据；SCM 的主计划和调度驱动 MES 车间活动时间的选择；SSM 产品的组织和报价为 MES 提供生产订单信息的基准；P&PE 驱动 MES 工作指令、物料清单和运行参数；从 PCS 来的数据用于测量产品实际性能和确认自动化过程运行情况。

MES 与其他信息系统也有交叉和重叠。例如，ERP 和 MES 都可给车间分配工作；SCM 和 MES 都包括详细的调度功能；工艺计划和文档可来自 P&PE 或 MES；PCS 和 MES 都包括数据收集功能。但是，没有其他信息系统可替代 MES 的功能，虽然它们有些有类似 MES 的功能，但 MES 通常更关注与车间生产的性能，并致力于车间运行的优化，从全车间角度对生产状态和运行物流、人力资源、设备和工具等进行总体把握。

6.3.2　MES 的应用

东风汽车股份有限公司的 MES 应用案例如图 6-10 所示，目前采用以下几个功能：

图 6-10　东风汽车股份有限公司的 MES 应用案例

数据采集：目前采用条码，未来打算用汽车芯片，不仅解决生产中的问题，还能解决销售和售后服务中的系列问题。

过程监控：依靠 AVI 系统，对车体进行跟踪，并将信息传送给输送链系统和相关过程设备，相关设备根据条码进行工艺选择、防错。

同步物流：根据实际生产进度，拉动物料需求，实现车间配料准时化，最终实现生产准时化。

产品追溯：可追溯到批次信息、操作工人及一级供应商信息。

信息系统与业务管理集成：依托 MES 实施，实现 DFA-BOM、DFA-SCF 及 SAP 各系统集成，实现数据共享，打通设计、采购、生产与质量间的"部门墙"。

6.4　准时生产

6.4.1　JIT 的概念与体系结构

JIT 又称为准时生产或及时生产，它原本是物流管理中的一个概念，指的是把必要的零件，以必要的数量，在必要的时间送到生产位置，并且只把所需要的零件，只以所需要的数量，只在正好需要的时间送到生产位置。这是一个双向双重的意思，可以用"恰好"进行概括。

准时生产方式起源于日本，1953 年首先由日本丰田汽车公司提出，1961 年，在全公司推广。20 世纪 70 年代初，日本大力推广丰田汽车公司的经验，将其用于汽车、机械制造、电子、计算机、飞机制造等行业中。20 世纪 80 年代以来，西方一些国家开始重视对 JIT 的研究，并将之应用于生产管理。据统计，美国公司在 1987 年已有 25% 应用 JIT 方式，到 1992 年，应用 JIT 的公司已达到美国全部公司的 55% 左右，目前这个数字已超过 80%。

JIT 的创立者认为，生产工艺的改进对于降低生产成本固然重要，但当各企业在生产工艺上不存在很大差异时，只有通过合理配置和使用设备、人员，材料等资源，才能较多地降低成本。JIT 系统以准时生产为出发点，首先暴露出生产过量的浪费，进而暴露出其他方面的浪费（如设备布局不当、人员过多），然后对设备、人员等资源进行调整，如此不断循环，使成本不断降低，计划和控制水平也随之不断简化与提高。通过 JIT 思想的应用，日本企业管理者将精力集中于生产过程本身，通过生产过程整体优化，改进技术，理顺物流，杜绝超量生产，消除无效劳动与浪费，有效利用资源，降低成本，改善质量，达到用最少的投入实现最大产出的目的。

制造系统中的物流方向是从毛坯到零件，再到组装，最后总装。企业通常可以采用两种不同的生产组织与控制的方式。

一种是推动式的生产组织与控制方式，它从正方向看物流，即首先由一个计划部门按零部件展开，计算出每种零部件的需要量和各个生产阶段的提前期，确定每个零部件的生产计划，然后将生产计划同时下达给各个车间和工序，各个工序按生产计划开工生产，同时把生产出来的零部件推送到下一工序，直到零部件被装配成产品为止。在这种形式下，零部件由前工序推送到后工序，也就是各工序的生产是由生产计划推动的。

另一种是拉动式的生产组织与控制方式，该方式是从反方向看物流，即从总装到组装，到零件，再到毛坯。当后一道工序需要运行时，才到前一道工序去拿取所需要的零部件或毛坯，并同时下达下一段时间的需求量。在这种组织方式下，整个系统的总装线是由市场需求来适时、适量地控制的。总装线根据自身需要给前一道工序下达生产指标，而前一道工序则根据自身的需要给再前一道工序下达生产指标，以此类推。所以，在这种方式下，各工序的零部件由后工序领取，各工序的生产由后工序的需求拉动。

对于推进式生产系统，如果市场需求发生变化，企业需要对所有工序的生产计划（产品数量）进行修改，但是通过修改生产计划来作出反应很困难，因此，为了保证最终产品的交货期，一般采用增加在制品储备量的方法来应对生产中的失调和故障导致的需求变化。在这种生产方式下，各工序之间相互孤立，前工序不管后工序是否需要，只需按自己的计划生产即可，其结果必然是过量生产，并导致在制品的过剩和积压，使生产缺乏弹性和适应能力。而在拉动式生产系统中，生产计划只下达给最后的工序，明确需要生产的产品种类、需要的数量以及时间。最后工序根据生产计划，在必要的时刻到前工序领取必要数量的必要零部件用来按计划生产。在最后工序领走零部件后，其前工序即开始生产，生产的零部件种类及数量就是最后工序领走的部分，以此类推，直到最前工序为止。也就是说，各后工序在需要的时候到前工序领取需要的零部件，同时也就把生产计划的信息传递到前工序，各前工序根据后工序传递来的生产计划信息进行生产，而且只生产被后工序领走的零部件。这样，就可以保证各工序在必要的时刻，按必要的数目，生产必要的零部件。因此，为了达到零库存、无缺陷和低成本的目标，准时生产方式采用了拉动式生产组织与控制方式。

看板控制系统由看板及其使用规则构成，它是准时生产方式解决生产与库存控制问题的工具。

（1）看板种类　看板是拉动系统中启动下一个生产工序或搬运在制品到下游工序的一个信号工具，也可称"信号板"，其本质是传递生产信息的媒介体，通常是一张纸卡片。

看板在不同的环境下有不同的形式，经常使用的有两种，即工序间使用的领料看板（见图 6-11）和工序内使用的生产看板（见图 6-12）。领料看板表示本工序应该向前工序领取的零部件种类和数量等信息，用于向前工序发出领料指令。生产看板表示本工序必须生产的零部件种类和数量等信息，用于向本工序发出生产指令。

前道工序号	零件号 装箱类型 箱内数量 看板编号	后道工序号
出口位置号		入口位置号

图 6-11　领料看板

零件图		工序名称	前道工序	后道工序
		零件名称		
管理编号		箱内数量		实际数量	

图 6-12　生产看板

除以上两种看板，还有一些副看板，如用于工厂和工厂之间的外协看板，用于标明生产批量的信号看板，用于零部件短缺场合的快捷看板，用于发现次品、机器故障等特殊突发事件的紧急看板等。

（2）看板管理的运行过程　采用看板对生产和库存进行控制称为看板管理。用看板组织生产的过程如图 6-13 所示。工序 M+1 从工序 M 领取物料，工序 M 和工序 M+1 都有固定的输入物料存储点和输出物料存储点。装满了物料的料箱上必须附有一张看板，即生产看板、领料看板或其他形式的看板。各工序根据生产看板进行生产，没有生产看板的则不准生产。各工序根据领料看板领取物料，没有领料看板的则不准领料。

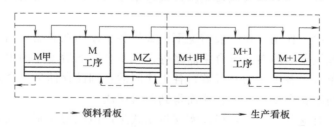

图 6-13　用看板组织生产的过程

工序 M 的生产看板和工序 M+1 的领料看板的运行过程如下：

1）工序 M+1 的领料人员定期（或定量，即领料看板积累到一定数量）地从工序 M+1 的领料看板架上取下领料看板，到存储点 M 领取物料。

2）若领料看板所要领取的物料在存储点 M 的输出物料中有存储，领料人员就把附在料箱上的生产看板取下并放在看板回收架上，这些生产看板很快就被送到工序 M 的生产看板架上。

3）在每一个取下了生产看板的料箱上，领料人员再放上一张领料看板。

4）领料人员把附有领料看板的料箱运到工序 M+1 的输入物料存储点中。

5）工序 M+1 处物料存储点中的物料在投入加工时，其上的领料看板被取下放在领料看板架上。

6）这时工序 M 的生产看板架上已至少有一张看板，若工序 M 正空闲，而且在其输入物料存储点中至少有一箱按生产看板进行生产所需要的物料，工序 M 就可以加工。

7）当工序 M 加工完一箱物料，加工人员就从生产看板架上取下一张生产看板放在该箱上，并将其送至工序 M 的输出物料存储点中，从工序 M+1 来的领料员可以在任何时候领走这一箱物料。

8）在第 1）步中，若领料看板所要领取的物料在工序 M 的输出物料存储点中没有，领料人员就回到工序 M+1，领料看板被放在领料看板等候处等候。通过处于等候状态的领料看板，就可以知道哪种物料的加工已经延迟了。等候的领料看板所需要的物料一加工出来，就立即通过领料看板被领走。

（3）看板管理的运行规则　看板管理的运行规则如下：

1）装满物料的料箱上必须附有一张看板，即生产看板、领料看板或其他形式的看板。

2）没有看板就不能生产或搬运。

3）要使用标准的工位器具，不允许使用非标准工位器具。

4）当从生产看板盒中按照看板出现的先后顺序取出一个生产看板时，只生产一个标准工位器具所容纳数量的零件。

5）装满后，将生产看板附着其上，放置到输出物料存储点。

6）永远不能把不合格、数量不正确的产品流入下一道工序。

7）看板数量应尽量少，以减少库存量。

8）减少看板数量时应小心，避免库存不够的问题出现。

（4）看板的作用　在上述的运行过程与规则下，看板的主要作用是向各工序传递生产和领料的指令信息，由此实现对各工序生产的控制。另外，看板还具有防止过量生产和过量领料的作用，这是因为各工序的各种看板的数量是一定的，而各工序部是在看板的指示下生产或领料的。这样，各工序就不可能过量生产或过量领料，由此也就实现了对各工序库存的控制。

看板也有一定的改善作用。在一般情况下，如果各工序的在制品存储量较大，即使生产中存在许多问题，如设备故障多、不合格品多等，也不会影响后工序的生产，这些问题很容易被掩盖起来。如果减少各工序的看板数，各工序间的在制品存储量就会降低，这样，在高存储下掩盖的各种问题就会暴露出来，从而得到及时解决。

正是由于看板具有这些作用，才得以实现拉动式生产组织与控制方式下的生产与库存控制，同时也为精益生产提供了一个追求尽善尽美的工具。

6.4.2 准时生产管理方式的实现方法

为了消除或降低各种浪费，准时生产采取的主要措施是适时适量生产、最大限度地减少操作工人、全面及时地进行质量检测与控制。

1. 适时适量生产

适时适量生产的具体方法包括以下两种：

（1）均衡化生产 所谓均衡化生产，是指企业在生产中尽可能地减小投入批量的不均衡性，使生产线每日平均地生产各种产品。可通过以下措施实现均衡化生产：

1）制订合理的生产计划，控制产品投产顺序。

2）在专用设备上增加工夹具，使得专用设备通用化，以加工多种不同的零部件或半成品，制订标准作业规范、合理的操作顺序和规范等。

（2）生产过程同步化 生产过程同步化的理想状态是前一道工序的加工结束后，立即转入下一道工序，工序间不设置仓库，使工序间在制品存储量接近于零。为接近理想状态，采取的措施包括合理地布置设备、缩短作业更换时间、确定合理的生产节拍、采取后工序领取的控制流程。

2. 最大限度地减少操作工人

准时生产方式打破了传统生产"定员制"的观念，采取各种措施，以实现弹性作业人数的配备。实现弹性作业人数配备采取的主要方法有以下两种：

（1）配置适当的设备 把几条U形生产线作为一条统一的生产线连接起来，使原先各条生产线的非整数人工互相吸收或化零为整，使每个操作人员的工作范围可简单地扩大或缩小，实施一人多机、多种操作，将特定的人工分配到尽量少的人员身上，从而将人数降下来。

（2）培养训练有素、具有多种技能的操作人员 日本丰田汽车公司采取职务定期轮换的方法，该方法包括的主要内容有定期调动、班内定期轮换、岗位定期轮换、制订或改善标准作业组合。

3. 全面及时地进行质量检测与控制

在准时生产管理方式中，将质量管理贯穿于每一道工序中，对产品质量进行及时的检测与处理，实现提高质量与降低成本的一致性（传统观念认为，要想提高质量，就得花费人力、物力来加以保证）。实现质量的及时检阅与处理可以通过下述措施来实现：

1）将产品质量差的原因消除在萌芽状态。

2）生产一线操作人员发现产品或设备问题时，可自行停止生产。

准时生产管理方式追求生产的合理、高效性，其基本原理和诸多的方法、措施对许多行业都有积极的参考价值。但是，在实际的生产过程中实现准时生产方式并不容易，需要一定的条件，以及采用一些独特的方法和手段。

准时生产是精益生产管理体系的一个方面，必须以管理体系的其他方面为基础。准时生产方式的实现必须以全面质量管理为支撑。

本 章 小 结

ERP是从企业库存管理订货点法、物料需求计划（MRP）、闭环MRP、制造资源计划（MRP）逐步成熟发展起来的，有其各个发展阶段的基本特征、功能特点、工作原理以及作用领域。MRP/MRPⅡ侧重企业内部的物料流和资金流的管理，而 ERP 则以供应链为核心，对包括供应商和客户在内的所有企业资源进行管理。

PDM 是管理企业所有产品数据和产品研发过程的技术和工具，具有电子仓库管理、产品结构与配置管理、产品生命周期/工作流程管理、项目管理、组织与资源管理的功能。

MES 是作用于企业车间层的生产管理工具，起到连接企业经营管理层 ERP 和生产设备层的过程控制系统的桥梁作用。

JIT 是物流管理中的一个概念，指的是把必要的零件，以必要的数量，在必要的时间送到生产位置，并且只把所需要的零件，只以所需要的数量，只在正好需要的时间送到生产位置。

复习思考题

1. 简述现代制造管理技术的特点。
2. 简述 ERP 的内涵及发展过程。
3. ERPⅡ技术和系统的特点主要有哪些？
4. 简述 PDM 的基本概念。
5. 简述 PDM 系统的主要功能。
6. MES 的功能模块主要有哪些？
7. 简述 MES 与其他信息系统的关系。
8. 简述看板管理的运行过程。

参 考 文 献

[1] 熊检. "中国制造2025"和德国"工业4.0"对比研究 [J]. 中国集体经济, 2019 (10): 86-87.

[2] 阳晓伟, 闭明雄. 德国制造业科技创新体系及其对中国的启示 [J]. 技术经济与管理研究, 2019 (5): 32-36.

[3] 张迎红. 美德英工业战略比较及对中国的影响 [J]. 德国研究, 2019, 34 (4): 4-20.

[4] 满颖. 日本高端装备创新发展的经验与启示 [J]. 中国经贸导刊, 2019 (23): 68-70.

[5] 王立岩, 李晓欣. 日本智能制造产业发展的经验借鉴与启示 [J]. 东北亚学刊, 2019 (6): 100-110, 150, 151.

[6] 朱玮炜, 王晓军. 当前疫情对中国制造业智能化趋势的影响 [J]. 广东技术师范大学学报, 2020 (3): 96-100.

[7] 戈晶晶, 屈贤明: "十四五"中国制造还需攻克"卡脖子"技术 [J]. 中国信息界, 2020 (6): 12-16.

[8] 李林, 杨锋林, 何建洪. 美、德、日、中先进制造技术优势的比较研究 [J]. 情报杂志, 2020, 39 (10): 65-71, 58.

[9] 郭进. 全球智能制造业发展现状、趋势与启示 [J]. 经济研究参考, 2020 (5): 31-42.

[10] 肖艳, 廖丽婷. 美国制造业回流现状及趋势 [J]. 今日财富: 中国知识产权, 2018 (6): 8-10.

[11] 杨建龙, 李军. 提升中国制造业全球价值链地位的关键和具体措施 [J]. 经济纵横, 2020 (6): 80-88.

[12] 史丹. 新工业化与"十四五"时期中国制造业发展方向选择 [J]. 中国经济学人: 英文版, 2020, 15 (4): 38-63.

[13] 郭磊, 贺芳兵, 李静雯. 中国智能制造发展态势分析: 基于制造业上市公司年报的文本数据 [J]. 创新科技, 2020, 20 (2): 61-71.

[14] 闫纪红, 李柏林. 智能制造研究热点及趋势分析 [J]. 科学通报, 2020, 65 (8): 684-694.

[15] 张鄂. 现代设计理论与方法 [M]. 北京: 科学出版社, 2007.

[16] 何涛, 杨竞, 范云, 等. 先进制造技术 [M]. 北京: 北京大学出版社, 2006.

[17] 陈定方, 卢全国, 等. 现代设计理论与方法 [M]. 武汉: 华中科技大学出版社, 2012.

[18] 蔡锐龙, 李晓栋, 钱思思. 国内外数控系统技术研究现状与发展趋势 [J]. 机械科学与技术, 2016, 35 (4): 493-500.

[19] 樊留群, 刘琛, 丁凯, 等. 迈向智能数控系统的需求与展望 [J]. 航空制造技术, 2020, 63 (23/24): 32-39.

[20] 孔楚海. 浅谈虚拟装配技术及其在模具装配中的应用 [J]. 模具制造, 2017 (8): 80-84.

[21] 李建广, 夏平均. 虚拟装配技术研究现状及其发展 [J]. 航空制造技术, 2010 (3): 34-38.

[22] 杨欢, 幸芦笙. 自动化立体仓库中货物自动识别技术 [J]. 江西科学, 2019, 37 (2): 287-292.

[23] 李璐. 自动化立体仓库专利技术综述 [J]. 物流技术与应用, 2019 (7): 116-122.

[24] 黄心汉. 微装配机器人: 关键技术、发展与应用 [J]. 智能系统学报, 2020, 15 (3): 413-424.

[25] 黄少华, 郭宇, 查珊珊, 等. 离散车间制造物联网及其关键技术研究与应用综述 [J]. 计算机集成制造系统, 2019, 25 (2): 284-302.

[26] 钟衡, 胡军, 胡廷贵, 等. 面向航空制造的智能生产物流体系研究 [J]. 制造技术与机床, 2019 (9): 136-140.

[27] 刘斌, 程方毅, 龚德文. 图像自动识别技术在物流自动化中的研究与应用现状分析 [J]. 机电工程技术, 2020, 49 (10): 104-109.

[28] 姚驰, 丁一, 赵晨. 中国ECR委员会践行绿色可持续发展: 绿色物流浅谈 [J]. 条码与信息系统, 2020 (5): 26-30.

[29] 陶永, 王田苗, 刘辉, 等. 智能机器人研究现状及发展趋势的思考与建议 [J]. 高技术通讯, 2019, 29 (2): 149-163.

[30] 亿欧智库. 2020中国服务机器人产业发展研究报告解析 [J]. 机器人产业, 2020 (3): 83-100.

[31] 颜云辉，徐靖，陆志国，等. 仿人服务机器人发展与研究现状 [J]. 机器人，2017，39（4）：551-564.

[32] 张晶晶，陈西广，高佼，等. 智能服务机器人发展综述 [J]. 人工智能，2018（3）：83-96.

[33] 朱宝星，于复生，梁为，等. 水下机器人结构形式及其发展趋势分析 [J]. 船舶工程，2020，42（2）：1-7.

[34] 曹少华，张春晓，王广洲，等. 智能水下机器人的发展现状及在军事上的应用 [J]. 船舶工程，2019，41（2）：79-84，89.

[35] 黄琰，李岩，俞建成，等. AUV 智能化现状与发展趋势 [J]. 机器人，2020，42（2）：215-231.

[36] 赵磊，王兰云. 柔性制造系统专利技术综述 [J]. 河南科技，2018（10）：50-53.

[37] 王学文. 机械系统可靠性基础 [M]. 北京：机械工业出版社，2019.

[38] 叶南海，戴宏亮. 机械可靠性设计与 MATLAB 算法 [M]. 北京：机械工业出版社，2018.

[39] 蒋庄德，等. MEMS 技术及应用 [M]. 北京：高等教育出版社，2018.

[40] 唐晓波. 企业资源计划（ERP）[M]. 武汉：武汉大学出版社，2009.

[41] 张军翠，张晓娜. 先进制造技术 [M]. 北京：北京理工大学出版社，2013.

[42] 徐翔民，等. 先进制造技术 [M]. 成都：电子科技大学出版社，2014.

[43] 王隆太. 先进制造技术 [M]. 北京：机械工业出版社，2015.

[44] 盛晓敏，邓朝晖. 先进制造技术 [M]. 北京：机械工业出版社，2000.

[45] 裴未迟，龙海洋，李耀刚，等. 先进制造技术 [M]. 北京：清华大学出版社，2019.

[46] 袁哲俊，王选逵. 精密和超精密加工技术 [M]. 3 版. 北京：机械工业出版社，2016.

[47] 师汉民. 金属切削理论及其应用新探 [M]. 武汉：华中科技大学出版社，2003.

[48] 秦现生，等. 并行工程的理论与方法 [M]. 西安：西北工业大学出版社，2008.

[49] 吴锡英，周伯鑫. 计算机集成制造技术 [M]. 北京：机械工业出版社，1996.

[50] 宗光华，毕树生. 关于 21 世纪初我国仿生机械与仿生制造的若干思考 [J]. 中国机械工程，2001，12（10）：1201-1204.

[51] 卢秉恒，李涤尘. 增材制造和 3D 打印 [J]. 机械工程导报，2012（11/12）：4-10.

[52] 李涤尘，等. 5D 打印：生物功能组织的制造 [J]. 中国机械工程，2020，31（1）：83-88.

[53] 黄云，黄仲庸. 高速加工技术在模具制造中的应用 [J]. 模具制造，2020（9）：64-67.

[54] 郭林娜，等. 高速切削机床关键技术研究与分析 [J]. 机械设计与制造，2018（2）：210-212.

[55] 贺永，高庆，刘安，等. 生物 3D 打印：从形似到神似 [J]. 浙江大学学报，2019，53（3）：407-419.

[56] 李涤尘，靳忠民，卢秉恒. 生物制造技术研究与发展 [J]. 机械工程导报，2013（167）：7-10.

[57] 颜永年，熊卓，等. 生物制造工程的原理与方法 [J]. 清华大学学报，2005，45（2）：145-150.

[58] 中国兵器工业集团第二一〇研究所. 先进制造领域科技发展报告 [M]. 北京：国防工业出版社，2019.

[59] 中国企业联合会. 智能制造 [M]. 北京：清华大学出版社，2016.

[60] 蔡余杰. 云工厂：开启中国制造云时代 [M]. 北京：人民邮电出版社，2017.

[61] 卢海洲，罗炫，陈涛，等. 4D 打印技术的研究进展 [J]. 航空材料学报，2019，39（2）：1-9.

[62] 刘福德，姚明海. 钢铁企业 CIMS 信息流分析与功能设计 [J]. 制造业自动化，2017，39（1）：134-137.

[63] 苏超杰. 精益生产在我国汽车制造业 YTKC 公司中的应用研究 [J]. 汽车实用技术，2021（1）：149-151.

[64] 赵亮，程凯，丁辉，等. 隐形眼镜模具超精密加工与测量的集成方法研究 [J]. 精密加工及检测技术，2021（3）：17-26.

[65] 张光曦，刘世锋，杨鑫，等. 增材制造技术制备生物植入材料的研究进展 [J]. 粉末冶金技术，2019，37（4）：312-318.

[66] 高振，段珺，黄英明，等. 中国生物制造产业与科技现状及对策建议 [J]. 2019，37（5）：69-75.

[67] 侯文峰，詹欣荣. 轮毂的五轴高速加工及工艺分析 [J]. 2018，52（1）：110-112.

[68] 管文. 精密和超精密加工技术 [M]. 北京：机械工业出版社，2018.